人人都是数据分析师系列

DAX

设计模式

第2版

[意] 阿尔贝托·法拉里（Alberto Ferrari） 马尔科·鲁索（Marco Russo）◎ 著

BI 佐罗团队 ◎ 译

人民邮电出版社

北 京

图书在版编目（CIP）数据

DAX设计模式：第2版 /（意）阿尔贝托·法拉里
(Alberto Ferrari)，（意）马尔科·鲁索
(Marco Russo) 著；BI佐罗团队译. -- 北京：人民邮
电出版社，2022.9
（人人都是数据分析师系列）
ISBN 978-7-115-57726-9

Ⅰ. ①D… Ⅱ. ①阿… ②马… ③B… Ⅲ. ①可视化软
件—数据处理 Ⅳ. ①TP317.3

中国版本图书馆CIP数据核字(2021)第214745号

版权声明

Copyright ©SQLBI Corp. 2022.

First published in the English language under the title 'DAX Patterns second edition – (9781735365206)'.
本书中文简体版由 SQLBI Corp.授权人民邮电出版社出版。未经出版者书面许可，对本书的任何部分不
得以任何方式或任何手段复制和传播。

◆ 著　　　[意] 阿尔贝托·法拉里（Alberto Ferrari）

　　　　　[意] 马尔科·鲁索（Marco Russo）

　　译　　　BI 佐罗团队

　　责任编辑　武晓燕

　　责任印制　王　郁　焦志炜

◆ 人民邮电出版社出版发行　北京市丰台区成寿寺路 11 号

　　邮编　100164　电子邮件　315@ptpress.com.cn

　　网址　https://www.ptpress.com.cn

　　天津翔远印刷有限公司印刷

◆ 开本：800×1000　1/16

　　印张：18.5　　　　　　　　　2022 年 9 月第 1 版

　　字数：426 千字　　　　　　　2022 年 9 月天津第 1 次印刷

　　著作权合同登记号　图字：01-2020-7649 号

定价：89.80 元

读者服务热线：(010)81055410　印装质量热线：(010)81055316
反盗版热线：(010)81055315
广告经营许可证：京东市监广登字 20170147 号

内容提要

Power BI 自 2015 年 7 月发布后，极大地改变了商业智能市场的格局，连续多年被评为商业智能产品的领导者。本书集合了 20 多套运用 Power BI 的 DAX 引擎来处理、分析常见商业问题的即用型解决方案。

DAX 设计模式是由 BI 领域专家——阿尔贝托·法拉里和马尔科·鲁索总结并提出的。本书同时使用 Power BI 和 Excel 作为工具进行编写，并对应用模式进行了大幅更新，内容涵盖了时间智能、分组、ABC 分类、客户分析、购物篮分析等常用模式。本书所包含的每一套设计模式都经过不断的实践，被提炼为易用的数据模型和优雅的 DAX 公式。

本书适合 Excel 高级用户、商业智能分析人员、使用 DAX 和微软分析工具的专业人士阅读。

译者序一

2019 年至 2020 年，我从一名 Excel 的成熟爱好者发展成为 Power BI 的初级爱好者，这是一件自然而然的事情。以我现在的水平，我还无法清晰且准确地将 Power BI 的神奇之处全部讲出来，但我相信随着 Power BI 功能的日益强大和应用范围的日益扩大，会有越来越多的人发现其中的奥妙。

Power BI 的世界充满了诱惑力，于是我四处寻找可以掌握它的途径。寻寻觅觅中，我关注到罗叔（BI 佐罗）的公众号"PowerBI 战友联盟"。该公众号中有罗叔对 Power BI 的特有阐述、对 DAX 底层的特有解析和对 Power BI 应用场景的详细说明。

偶然间了解到罗叔有意翻译这本很棒的图书，我意识到这是一个将充满魅力的 Power BI 推荐给更多人的机会，并且，我可以系统地学习 DAX 的神奇之处。于是，我毛遂自荐，希望能成为译者团队的一分子。

感谢罗叔给我这样的机会，一方面可以让我深入地学习 DAX，另一方面使我可以综合应用个人能力。

感谢翻译团队的小伙伴，他们中的每一位都是我学习的榜样，每一位都是优秀的协作者，每一位都是乐于助人的好老师。

感谢我的女儿。她看到深夜里、台灯下、写字台前码字的我，而写了一篇《妈妈，我想对您说》的作文。这篇作文流露了对我满满的关心和理解。希望我们这代人，可以为下一代提供更丰富、更优良的知识财富。

王薇（第 1～5 章译者）

译者序二

Power BI 不仅是一个工具，更是一套先进的数据分析方法论和驱动企业数字化管理的强大引擎。

在翻译本书的过程中，让我感受最深的是 DAX 在各种业务场景中的灵活运用，本书所涵盖的 DAX 模式能解决企业 90% 以上的复杂业务问题，这不得不让我再次惊叹 DAX 的伟大！

最后，我想对读者说，数字化时代已经到来，微软作为 Gartner 分析和 BI 平台魔力象限的领导者，用 Power BI 为我们个人赋予了上亿级数据的分析能力，当你真正接触这个恐怖的"外挂"后，你就会明白什么叫作"科学技术是第一生产力！"

周舟（第 6~9 章译者）

译者序三

Power BI 是我所遇到的最适合非 IT 科班出身却从事数据分析的人士使用的专业数据分析工具之一。它能够在不依靠 IT 的前提下，把复杂的业务指标和业务逻辑精准地在数据模型中展现，真正实现一个人、一台计算机、一天时间、玩转一亿数据，并进行个人商业分析。

DAX 语言入门简单，融会贯通却不易，需用户不断地实践、领会、重读、再实践，如此往复才能真正学懂、学通。

本书正是运用优雅的 DAX 语言，将商业问题中使用极为广泛的多种业务模式完整透彻、条理清晰地展示在读者面前，既让读者领略了高级数据大师如何分析商业问题，又帮助读者进一步学习、巩固 DAX 语言。本书是 Power BI 领域非常好的集业务、技术于一体的佳作。

在翻译本书的过程中，书中的很多场景、模式给了我很大的启发，很多公式的写法也让我对 DAX 语言的认知有了新的提升，并且这些模式和公式也成功地运用在了我日常工作的分析模型中。

所以，对于想在 Power BI 领域深入学习，运用 Power BI 解决商业问题的小伙伴们，本书一定是你无悔的选择！愿越来越多的小伙伴能够加入 Power BI 的学习，我们共同勉励、共同成长进步！

郑志刚（第 10～14 章译者）

译者序四

我和 DAX 邂逅于 2015 年，那一年恰逢 Power BI 诞生。彼时的我正在用 Excel Power Pivot 笨拙地摸索数据建模并苦于不谙 DAX 原理而匍匐前行。在辗转学习了不同的 BI 工具，走了不少的弯路后，作为非技术出身的业务人员，我最终被 Power BI 所折服。在这条学习的道路上，有幸跟随 SQLBI 的两位意大利专家（本书作者）和 BI 佐罗不断学习探究 DAX 的原理和应用，借助 Power BI 洞察业务的同时一窥自助式商务智能的魅力。

成为优秀的 DAX 开发人员将会是一段奇妙之旅，从按业务场景搭建数据模型、理解 DAX 基本原理、撰写正确的度量值到驾驭复杂的动态解决方案，每一个里程碑都会让你感到无比欣喜。本书即是这段旅途的必备之选，它吸取了作者的两本著作 *Analyzing Data with Microsoft Power BI and Power Pivot for Excel*（中译名《Power BI 建模权威指南》）和 *The Definitive Guide to DAX*（中译名《DAX 权威指南》）的精华，用 20 多套经典商业数据分析场景下的数据模型以及解决通用业务需求的高级 DAX 设计模式令你大开眼界。

本书收录了作者从多年从事咨询工作和教授 DAX 解决方案经验中提炼出的最佳实践，提供给读者站在巨人肩膀上登高望远的契机。书中的每一种模式无不凝聚了细致的构建，缜密的逻辑，精妙的算法和丰富的创造力。除此以外，作者孜孜不倦地优化 DAX 方案性能，愈发让这一整套设计模式精益求精。在翻译的过程中，我再一次领略了 DAX 之美，感受到它的威力是无穷的。更难能可贵的是我结识了 BI 佐罗翻译团队中来自各行各业的优秀伙伴，承蒙诸位一路的帮助和相伴，让本书在如此短的时间里与中文读者见面！

"利不百，不变法；功不十，不易器。" Power BI 以其强大的建模分析功能在数据时代极大地改变了不计其数的企业和个人通过数据快速获得见解的方式。今天它才 6 岁，仍然在茁壮地成长，它未来的前景会更为开阔。而创造这个盛世的人群里，一定少不了你，请相信过程。

在此，还要特别感谢我的太太和女儿小西瓜，谢谢你们在整个过程中给予的无条件支持，让我能够将业余时间投入翻译工作。你们的陪伴是本书中文版面世的极大贡献。

陆文捷（本书介绍及第 15～19 章译者）

译者序五

在过去（更准确地说是在 2015 年 7 月以前），一个不会写代码的业务人员想做些分析，除了使用 Excel，似乎没有太多选择。他可能先开个会，向 IT 伙伴说明自己头脑中还不太确定的想法；接下来耐心配合内部流程的步调，被动地等待项目推进；中间还隐藏着客户或老板提出来的大幅度更改需求而导致分析方向完全转弯的风险。

当他有机会认识了 Power BI，才发现：啊！原来我也可以独立完成复杂的分析。这样一来，他很难不被 DAX 所吸引。他会学习这个不同于以往思维习惯的语言，尽可能地去应用它，遇到瓶颈就想知道更多方法，并提出各式各样的问题……

本书就是在这样热切的学习氛围中逐渐成形的。

两位意大利老师总结了他们历年来在咨询与培训中被无数 DAX 学习者反复询问的问题，归纳出目前可知的最佳解。不同行业与职能的分析人士参考借鉴这些最佳解，并对其加以适当调整，就能做出立即可用的最小可行产品（Minimum Viable Product，MVP）。有了 MVP，他们就可以为自己的想法提供初步的验证，与利害关系人进行沟通，甚至将其直接作为启动后续大型项目的原型。

这实际上是一个令人振奋的过程：带着对业务的深刻理解，我们思考真正的需求，找寻各种可能的解法，提取数据的最大价值。书中介绍的 20 多个模式，加速了整个过程，让我们得以在坚实的基础上深入发挥所学。

本书的英文版帮助我掌握了在数据分析时会遇到的关键场景，也让我深深感受到 DAX 语言的魅力。参与本书翻译工作，如果能让更多中文读者体会到运用 DAX 的乐趣和成就感，那真是一件让我感到非常开心的事情！

你可以轻松地翻开本书，先大致浏览目录，再挑选那些吸引你的章节开始阅读。

欢迎各位与我们一起学习！

蔡至洁（第 20～24 章译者）

前言

在 SQLBI，我们有着一份不错的工作：我们是全球范围的培训师和顾问，每年都会结识来自世界各地成千上万的人——一群非同寻常、对商业智能和 DAX 怀揣热忱的人。我们的学员和客户会询问各种复杂场景下的解决方案。

如果有学员因为要计算他们报告中新客户的数量而寻求帮助，你一而再、再而三地解决了这样的问题，那么总会在某个时刻，你会觉得下一次又要回答相同的问题时，如果有一个现成的解决方案就太好了。这就是我们于 2013 年开始建设 DAXPATTERNS 网站的原因。我们自此开始收集常用的模式，并创建了一套 DAX 公式，旨在解决常见的问题。当时的目标并不是写一本新书。相反，我们的目标是建立某种记忆库，以便搜寻解决方案。我们原以为自己会是这个网站的主要用户。

计划往往赶不上变化。而这次，我们是更上了一层楼。DAXPATTERNS 网站取得了巨大的成功。用户下载了示例文件并实现了两个不同的目标：他们找到了现成的解决方案，并根据我们编写的公式提高了他们的 DAX 技能。为了满足更多用户的需求，我们提供了用于 Excel 2010 和 Excel 2013 的示例文件——后者仍然适用于更高版本的 Excel。最终，我们把网站的内容整理成一本书。这就是 *DAX Patterns* 第 1 版，那是发生在 2015 年年底的事。当时，我们还没有出版 *Definitive Guide to DAX* 的第 1 版。因此，我们在这一版的 *DAX Patterns* 中包含了对 DAX 的简短介绍。

在接下来的 5 年里，许多事情发生了变化。DAX 拓展了许多有用的特性。最重要的是 Power BI 面世了，使用 DAX 的用户数量呈指数级增长。如今大多数 DAX 用户使用 Power BI 创建解决方案。而在我们出版本书的第 1 版时，Power BI 甚至还没有发布。

在这 5 年里，模式收集这件事仍在继续。我们遇到了更多的学员，解决了更多的问题，我们的 DAX 技能也愈发精进。另外，我们现在有成千上万的用户能够对以前的模式提供反馈。通过研究用户评论，我们可以更好地了解读者的需求。同时，我们还出版了 *Definitive Guide to DAX*[①]。所以，我们已经没有理由在一本关于设计模式的书中教授 DAX 了。

长话短说，建立全新的 DAX 设计模式网站和编写一本新书是很有意义的，因此我们撸起袖子加油干，完成了这本你正在阅读的图书。

我们没有采用第 1 版的任何内容。我们想要一个新的开始。所有代码都是从头开始编写的，本书使用了最新的[②]DAX 和 Power BI 特性，并在必要时将代码和 Excel 2019 做了适配。

在新版中，我们做了一些改变。

❑ 增加了大量的关于时间智能计算的内容。时间智能是迄今为止研究最广泛的主题。因此，增加与时间相关的计算和模式的数量是有意义的。

---

① 本书作者撰写的介绍 DAX 的著作的中文译本《DAX 权威指南（第 2 版）》已上市。——译者注
② 截至 2020 年 6 月。——译者注

❑ 同样，新客户和回头客户模式也相当重要。我们在书中对该模式着墨较多，并增加了计算新客户和回头客户的公式和模型的数量。

❑ 增加了模式的总数，根据经验，添加了一些可能对读者有用的模式。

❑ （相较第 1 版）我们决定去掉一些模式。例如，有关统计计算的内容在 2015 年还有用，因为那时 DAX 缺少统计功能。自此以后，DAX 引入了许多新函数来计算与统计相关的公式。到 2020 年就不需要这些内容了。

❑ 不再提供代码片段。第 1 版图书展示了大量的代码，包括读者可能更改的列的占位符。我们不再这么做了。我们展示了有效的代码，因为你经常需要调整数据模型和公式中的其他细节。我们认为这将使代码更具可读性，更易于使用和适配你的模型。

❑ 对每一个公式都做了优化。你在模式中看到的所有代码都经过了仔细的性能检查。这并不意味着这些模式就是最好的，它们仅是我们能想到的最优的。如果你能使代码执行得更好、更快，请让我们知道！可以在 DAXPATTERNS 网站的评论区提供反馈。

❑ 我们为每个示例文件都创建了 Power BI 和 Excel 的版本。在本书中，我们提供了 Power BI 报告的截图，其显示了代码运行的结果，但是在供你下载的示例文件中，Power BI 和 Excel 版本都有。

如何使用本书

你在这本书里会发现什么？每一章都包含独立的模式，你可以在没有阅读其他章的情况下直接阅读任意一章。例如，你可以在不曾阅读过第 22 章或任何与时间相关的计算的章节的情况下直接阅读第 23 章。

与设计模式相关的章节以对应的业务场景的简述开始，然后详述解决方案并给出为解决业务场景而部署的所有 DAX 代码。我们保留了简短的代码描述，必要时在代码中添加了注释（注释内容以“--”开头）来解释度量值的含义。

本书内容需和示例文件配套使用。你可以从异步社区下载 Power BI 和 Excel 版本的示例文件。

本书希望成为读者的工具参考书。当你想要实现一个模式时，你不会想去阅读冗长的描述：你希望看到代码及其结果。因此，我们尽可能地保持内容的紧凑，将焦点放在 DAX 代码上。

也就是说，如果你想实现一个模式，我们强烈建议你在实施任何代码前阅读整个章节。原因是我们有时会为某些场景提供多种解决方案，你需要从中选择最符合你特定场景需求的代码。对于每个模式，我们还提供了 Power BI 和 Power Pivot for Excel 中的示例文件。有时两个版本中的代码略有差异。本书始终采用 Power BI 的解决方案，并使用了截至发布时 DAX 的最新特性。其中一些功能在 Power Pivot 中是不可用的，比如计算表，这也是造成两者差异的主要原因。

有一个例外：时间相关的计算。正如先前介绍的，本书中与时间相关的计算篇幅最大：有 4 种不同的模式（第 2～5 章）。这 4 种模式都有不少内容，占据了本书篇幅的 40% 之多。因此，我们专为时间相关的计算创建了一个介绍性章节，旨在帮助你为场景选择正确的模式。如果你需要实现与时间相关的计算，请先阅读第 1 章，然后阅读你决定使用的模式的完整章节。

预备知识

给读者的一个忠告：本书不是教你如何使用 DAX 的。

你应该已经了解 DAX 并可以充分利用这些模式。大多数模式使用了进阶的 DAX 技术，欢迎学习并在你的解决方案中运用。本书并不会帮助你从基础开始学习 DAX。但如果你已经了解 DAX，那么你可能会成为一名更好的 DAX 开发人员。

我们建议你在最新版本的 Power BI 或 Excel 中使用这些模式，因为 DAX 会随着时间的推移而不断发展和改进。我们在 2020 年 6 月发布的 Power BI 版本、Excel 2019 和 Excel for Microsoft 365 version 2006 上测试了这些模式。大多数模式适用于 Power BI 和 Excel 的早期版本，但我们不能保证这一点，因为我们没有对所有早期版本进行完整的测试。

致谢

我们最要感谢的是你。这项工作是由我们与读者、用户、客户和像你这样的学员的长期讨论所促成的。因此，即使还未得知你所做的贡献也要说声感谢。如果你在我们的公共论坛上发表评论，那么你的贡献度会更进一步。

另外，还有一些伙伴在本书的整个写作过程中做出了直接贡献：丹尼尔·马斯柳克（Danil Maslyuk）仔细核对了每一种模式，找到其中所有的错误并提供了宝贵的反馈意见；克莱尔·科斯塔（Claire Costa）校对了我们的英语语法和可读性①，使这本书更准确和易于阅读；塞尔焦·穆鲁（Sergio Murru）构建了示例文件的 Excel 版本，使得这些模式也适用于 Power Pivot for Excel 的用户；达妮埃莱·佩里利（Daniele Perilli）是本书和 DAXPATTERNS 网站能够如此美观的幕后功臣。我们对本书内容和出现的任何错误负责，但如果你能通过英语，在 Excel 和 Power BI 华丽的整体呈现中阅读到精确的数字，那就要感谢他们了。

尽情享受 DAX 吧！

---

① 原书为英文版，两位作者是意大利人。——译者注

资源与支持

本书由异步社区出品，社区（https://www.epubit.com）为您提供相关资源和后续服务。

配套资源

本书提供配套示例文件。要获得配套资源，请在异步社区本书页面中单击 配套资源 ，跳转到下载界面，按提示进行操作即可。注意：为保证购书读者的权益，该操作会给出相关提示，要求输入提取码进行验证。

提交勘误

作者和编辑尽最大努力来确保书中内容的准确性，但难免会存在疏漏。欢迎您将发现的问题反馈给我们，帮助我们提升图书的质量。

当您发现错误时，请登录异步社区，按书名搜索，进入本书页面，点击"提交勘误"，输入勘误信息，单击"提交"按钮即可。本书的作者和编辑会对您提交的勘误进行审核，确认并接受后，您将获赠异步社区的 100 积分。积分可用于在异步社区兑换优惠券、样书或奖品。

扫码关注本书

扫描下方二维码，您将会在异步社区微信服务号中看到本书信息及相关的服务提示。

与我们联系

我们的联系邮箱是 contact@epubit.com.cn。

如果您对本书有任何疑问或建议，请您发邮件给我们，并请在邮件标题中注明本书书名，以便我们更高效地做出反馈。

如果您有兴趣出版图书、录制教学视频，或者参与图书翻译、技术审校等工作，可以发邮件给我们；有意出版图书的作者也可以到异步社区在线提交投稿（直接访问 www.epubit.com/selfpublish/submission 即可）。

如果您来自学校、培训机构或企业，想批量购买本书或异步社区出版的其他图书，也可以发邮件给我们。

如果您在网上发现有针对异步社区出品图书的各种形式的盗版行为，包括对图书全部或部分内容的非授权传播，请您将怀疑有侵权行为的链接发邮件给我们。您的这一举动是对作者权益的保护，也是我们持续为您提供有价值的内容的动力之源。

关于异步社区和异步图书

"异步社区" 是人民邮电出版社旗下 IT 专业图书社区，致力于出版精品 IT 技术图书和相关学习产品，为作译者提供优质出版服务。异步社区创办于 2015 年 8 月，提供大量精品 IT 技术图书和电子书，以及高品质技术文章和视频课程。更多详情请访问异步社区官网 https://www.epubit.com。

"异步图书" 是由异步社区编辑团队策划出版的精品 IT 专业图书的品牌，依托于人民邮电出版社近 30 年的计算机图书出版积累和专业编辑团队，相关图书在封面上印有异步图书的LOGO。异步图书的出版领域包括软件开发、大数据、AI、测试、前端、网络技术等。

异步社区

微信服务号

目　　录

## 第 1 章

与时间相关的计算

本章介绍 4 种与时间相关的计算模式。其目的是帮助你根据自己的特定需求选择正确的模式。确实，在进行时间相关的计算时，模式的选择是个难题。

首先，什么是与时间相关的计算呢？与时间相关的计算是指任何涉及时间的计算。比如期初至今（年初至今、季初至今或月初至今）相关的一组计算。这些计算从一个时间段（年、季度、月）开始并返回自该时间段开始到报告中所示日期的度量值的聚合。时间段的定义会根据你使用的是公历日历还是会计日历而存在差异。在图 1-1 中，你可以看到一个期初至今计算的示例，其中，YTD 代表年初至今、QTD 代表季初至今。

Year	Sales Amount	Sales YTD	Sales QTD	Sales Fiscal YTD
⊞ **2007**	**9,008,591.74**	**9,008,591.74**	**2,731,424.16**	**5,616,670.71**
⊟ **2008**	**9,927,582.99**	**9,927,582.99**	**2,797,611.46**	**5,373,157.05**
Jan 2008	656,766.69	656,766.69	656,766.69	6,273,437.41
Feb 2008	600,080.00	1,256,846.69	1,256,846.69	6,873,517.40
Mar 2008	559,538.52	1,816,385.21	1,816,385.21	7,433,055.92
Apr 2008	999,667.17	2,816,052.38	999,667.17	8,432,723.09
May 2008	893,231.96	3,709,284.34	1,892,899.13	9,325,955.05
Jun 2008	845,141.60	4,554,425.94	2,738,040.73	10,171,096.65
Jul 2008	890,547.41	5,444,973.35	890,547.41	890,547.41
Aug 2008	721,560.95	6,166,534.30	1,612,108.36	1,612,108.36
Sep 2008	963,437.23	7,129,971.53	2,575,545.59	2,575,545.59
Oct 2008	719,792.99	7,849,764.52	719,792.99	3,295,338.58
Nov 2008	1,156,109.32	9,005,873.85	1,875,902.31	4,451,447.90
Dec 2008	921,709.14	9,927,582.99	2,797,611.46	5,373,157.05

图 1-1　期初至今计算的示例

这些模式还包括将特定时间段内的参数和另一时间段内的参数进行比较。例如，你可以将当月的销售额与去年同月的销售额进行比较。与时间相关的计算的另一个示例是一段时期内的移动平均，例如，12 个月的移动平均可以让折线图平滑并消除对计算结果的季节性影响。4 个与时间相关的模式会执行相同的一组计算。

对日历的不同定义会使模式产生不同的结果。通过查看图 1-1，你已经可以理解年初至今计算的不同定义。

根据使用的是公历日历还是会计日历，日期的数值会有差异。由于对日历的定义不同，事情处理起来很容易变得非常复杂。

例如，你可能有遵循 ISO 标准或你自己定义的基于周的日历。在基于周的日历中，每个月从一周的同一天开始，这一年也是如此。因此，基于周的日历中的一年可能在上一个公历年开始，也可能在下一个公历年结束。此外，出于会计目的，某些日历会将一年分为 13 个时间段，而不是 12 个月。不同的日历需求是导致对与时间相关的模式进行选择的主要原因。

4 个与时间相关的模式（依复杂程度递增的排序）如下所示：

❑ 标准时间相关的计算；

❑ 与月相关的计算；

❑ 与周相关的计算；

❑ 自定义时间相关的计算；

标准时间相关的计算模式利用常规的 DAX 时间智能函数来实现。该模式的实现基于你的日历是常规公历日历，并且你的会计日历起始于公历季度。例如，如果你的会计日历从 7 月 1 日（公历日历第三季度的开始日期）开始，则 DAX 时间智能函数可以正常工作。但是，如果你的会计日历从 3 月 1 日开始，则可能会出现出乎意料的计算结果。这既因为 3 月不是一个公历季度的开始，又因为会计日历在处理闰年方面的历史缺陷。尽管有这些限制，该模式还是易于使用和执行的，因为它依赖于标准 DAX 函数，并且可以与常规日期表配合使用，几乎没有要求。

其他的 3 个模式不使用 DAX 时间智能函数计算。它们使用基本的 DAX 函数编写，这就给以季度、月份和周定义的日历提供了更大的灵活性。这些模式需要你创建一个 Date 表，DAX 度量值需要通过该表中的列来识别该年度的时间段。例如，你需要一个包含年份的列、一个包含季度的列、一个包含月份的列，以及其他用于简化计算的列。

此外，在检测和筛选时间段时需要考虑许多细节。事实证明，许多看起来对于人类而言很容易的计算，而对于计算机就非常复杂。当你将一个季度与上一个季度进行比较时，你需要为两个季度选择不同的天数：1 月至 3 月的季度比 4 月至 6 月的季度短。月份也是如此：1 月比 2 月长，但是如果要逐月进行比较，则你所需要的两个日期选择会具有不同的长度。

如果标准时间智能函数不能满足你的需求，则你需要执行其他 3 种模式中的一种。这 3 种模式都需要创建你自己的 Date 表。

与月相关的计算模式是最简单的。该模式所执行的所有计算均假设你并不在意日常细节。例如，如果你需要生成两个月份之间进行比较后的计算和报告，该模式非常适用。该模式不支持选择子月份。如果你要比较一个季度中的 3 天与上一季度中相同的 3 天，则超出了这个模式的能力：它不起作用。尽管其分析能力存在很大局限性（仅限于月粒度），但与月相关的模式的分析速度仍非常快速且易于执行。此外，对于数据超过 12 个月的情况，它也可以无缝处理。它具有定制模式的灵活性，并且比标准时间相关模式简单。如果月粒度这个局限不会影响你的计算，那么非常建议你选择使用这个模式。

在**与周相关的计算**模式中，星期是日历的基础。尽管很多国家采用不同的国家标准来标识年份、季度和星期，但 ISO 8601 是提供星期日期系统定义的标准之一。一年有 52 或 53 个星期，每个季度有 13 个星期，每个季度又分为 5+4+4 个星期、4+5+4 个星期或 4+4+5 个星期。如果一年中有 53 个星期，则其中一个季度有 14 个星期。因为一个星期不一定完整地包含在一个月份中，所以应将一个季度中的一组星期称为"时间段"，虽然我们通常称之为"月份"。因此，在以下描述中，我们会将月份名称称为"时间段"。

由于星期是主要单位，因此公历日历中的一年与基于周的日历中的一年之间没有对应关系。基于周的日历始终在相同的星期几开始，例如星期一或星期日。因此，偶尔才会在 1 月 1 日发生这种情况。对于基于周的年，一年起始于上一年的 12 月 29 日，还是当前年份的 1 月 3 日，都没有关系。尽管有些不同，但是基于周的日历具有显著的特点：一个季度中的每个"月"都包含相同数量的星期几。将一个季度与另一个季度进行比较，意味着比较相同的天数和相同的星期几。

基于周的日历需要一个专用的 Date 表。该表包含进行 DAX 计算的若干列。此外，由于没有现成的可用于对基于周的日历进行计算的 DAX 函数，所以使用自定义 DAX 代码来执行此类计算。与周相关的模式的复杂程度要高于与月相关的模式，因为与周相关的模式可让你实现筛选任何时间段，直到"天"的级别。如果你使用基于周的日历，则必须采用基于周的计算模式。

自定义时间相关的计算模式是最灵活（且最复杂）的。作为最后一个模式，它提供与标准时间相关模式相同的计算。它的特点在于整个模式是使用基本的 DAX 函数编写的，而不使用任何 DAX 时间智能函数。该模式极为灵活，因为你可以随意变动计算的执行方式。当然，更高的灵活性也会带来更高的复杂性。

那么，你应该选择哪种模式呢？

❑ 如果常规的公历日历能满足你的需求，那么显而易见，选择**标准时间相关的计算**模式。

❑ 如果月粒度足以满足你的报告需求（通常是这种情况，而且比预期的要多得多），那么**与月相关的计算**模式就是最佳选择，因为它快速而简便。

❑ 如果你使用基于周的日历，则需要**与周相关的计算**模式。

❑ 如果以上情况均不足以满足需求，并且你确实需要完全的灵活性，请准备加入一场漫长而有趣的旅程，深入了解复杂的筛选上下文，然后直接进入**自定义时间相关的计算**模式。

切记：对于商业智能项目，越简单越好。选择最能直接满足你需求的模式。不用多说，如果你对各种模式之间的差异感到好奇，那么在做出选择之前快速通读所有章节可能会对你很有帮助。

第 2 章

与标准时间相关的计算

在此模式中，我们向你展示如何使用标准日历来实现与时间相关的计算，例如年初至今、上年同期，以及百分比增长。标准日历的最大优势是，你可以依赖几个内置的时间智能函数。内置函数可以为常见的需求提供正确的结果。

如果内置函数无法满足你的需求，或者如果你使用的是非标准日历，则可以使用常规的（与时间无关的）DAX 函数来达到相同的目的。以这种方式，你可以控制代码运算的结果。也就是说，如果你需要自定义计算，则还需要使用 DAX 公式来操作筛选器所需的一组列以丰富日期表。这些自定义计算包含在**自定义时间相关的计算**模式中。

如果你使用常规的公历日历，则此模式中的公式是生成时间智能计算的最简单、最有效的方法。请记住，标准的 DAX 时间智能函数仅支持常规的公历日历——由 12 个月组成、每个月都有其公历天数、3 个月组成一个季度、具备人们普遍使用的所有常规日历特征的日历。

2.1 时间智能计算介绍

为了使用所有时间智能计算，你需要一个格式正确的日期表（Date 表）。该 Date 表必须满足以下要求。

❑ 必须具备年份中的所有日期。该 Date 表必须始终始于 1 月 1 日、终于 12 月 31 日，并包括此日期范围内的所有天。如果报告仅采用会计年度，则 Date 表必须包含从会计年度的第一天到最后一天的所有日期。例如，如果 2008 会计年度始于 2007 年 7 月 1 日，则 Date 表必须包括从 2007 年 7 月 1 日到 2008 年 6 月 30 日的所有天。

❑ 必须具有包含数据类型为"日期/时间"或"日期"的不重复值的列。该列通常命名为 Date。尽管 Date 列通常用于定义与其他表的关系，但这不是强制的。不过，Date 列必须包含不重复值，并应为其应用"标记为日期表"功能。如果该列还包含时间部分，则不应使用时间——例如，时间应始终为 12:00 am。

❑ 模式中的 Date 表必须标记为 Date 表，以防没有基于 Date 而与其他表（如示例中的 Sales）建立联系。[①]

创建 Date 表的方法有以下几种。只要 Date 表满足要求，创建 Date 表的方式就不会影响你使用标准时间智能计算。如果你已经有一份符合报告需要的 Date 表，则只需在确保该表可以满足最低要求后，便可将其导入并将其标记为 Date 表。如果没有 Date 表，则可以使用 DAX 计算

---

① 对于符合 Date 表要求且位于一对多关系一端的 Date 表，不将其标记为 Date 表，它也会自动具备 Date 表的特性。——译者注

表来创建（后面会做介绍）。

最佳做法是对用于时间智能计算的 Date 表应用"标记为日期表"设置。"标记为日期表"设置会在每次对 Date 列应用筛选器时，在 Date 表上增加一个 REMOVEFILTERS 修饰符。用于 CALCULATE 的所有时间智能函数都会执行此操作（对 Date 列应用筛选器）。如果你使用 Date 列定义 Sales 表和 Date 表之间的关系，则 DAX 会执行相同的操作。尽管如此，将"标记为日期表"设置应用于 Date 表依然是最佳做法。如果你有多个 Date 表，则可以将它们全部标记为日期表。

如果你没有采用"标记为日期表"设置，而且也没有使用 Date 列来建立关系，那么每当你在 CALCULATE 中使用时间智能函数时，都必须在 Date 表上增加一个 REMOVEFILTERS。SQLBI 官网中的"Time Intelligence in Power BI Desktop"一文对此进行了详细描述。

2.1.1　什么是标准 DAX 时间智能函数

标准时间智能函数是表函数，该函数返回在 CALCULATE 中用作筛选器的日期列表。通过编写更复杂的筛选器表达式可以获得时间智能函数的结果。例如，DATESYTD 函数可以返回筛选上下文中从显示的日期所在年份的第一天到显示的最后一天之间的所有日期。下方的表达式：

```
DATESYTD ( 'Date'[Date] )
```

对应下方的 FILTER 表达式：

```
VAR LastDateAvailable = MAX ( 'Date'[Date] )
VAR FirstJanuaryOfLastDate = DATE ( YEAR ( LastDateAvailable ), 1, 1 )
RETURN
    FILTER (
        ALL ( 'Date'[Date] ),
        AND (
            'Date'[Date] >= FirstJanuaryOfLastDate,
            'Date'[Date] <= LastDateAvailable
        )
    )
```

时间智能函数有很多，大多数时间智能函数是以这种方式呈现的。请注意：时间智能函数应用作 CALCULATE 的筛选器参数，有时你会通过使用变量来实现这一点。在迭代器中使用时间智能函数是很危险的，因为会触发隐式上下文转换，从而导致从筛选上下文中检索有效日期。DAX 指南文档中提供了更多详细信息。

以下是使用时间智能函数时最佳做法的快速指南。

❑ 仅在 CALCULATE / CALCULATETABLE 的筛选器参数中使用诸如 DATESYTD 之类的时间智能函数，或给变量分配筛选器。

❑ 在返回值的 DAX 公式中使用 EDATE 和 EOMONTH 之类的标量函数（也称为标量表达式）。这些函数不是时间智能函数，可以用于以行上下文执行的表达式中。

❑ 使用 CONVERT 将日期转换为数字，反之亦然。

❑ 有关时间智能函数的完整最新列表，请访问 DAX GUIDE 网站。

DAX 初学者经常将时间智能函数与常规（标量）时间函数混淆。这种混淆导致出现常见错误，可以通过遵循以下建议来避免。

❑ 不要使用 DATEADD 来返回前一天或后一天。可以使用简单的数学运算符来做到这一点。

❑ 不要使用 PREVIOUSDAY 来计算标量表达式中的前一天。从日期中减 1，即可获得标量表达式中的前一天。

❑ 不要将 EOMONTH 用作筛选器，而应使用 ENDOFMONTH。EOMONTH 是标量表达式。ENDOFMONTH 是时间智能函数。请始终注意函数的返回类型：只有表函数是时间智能函数，因此不应当用于标量表达式中。

2.1.2 禁用自动日期/时间

Power BI 可以自动将 Date 表添加到数据模型。**但是，强烈建议禁用 Power BI 自动创建 Date 表的功能**，而采用导入或用户自行创建的方式生成显式 Date 表。更多详细信息，请参见 SQLBI 官网中的文章 "Automatic Time Intelligence in Power BI"。

Power BI 自动创建的 Date 表还会启用一种特定语法——列变化。列变化的表达方式会在 Date 列的后面跟着一个点，点的后面跟着自动创建的 Date 表的列：

```
Sales[Order Date].[Date]
```

Power BI 快速度量值用于其自动创建的 Date 表时，会大量使用列变化。我们不要依赖 Power BI 自动创建的 Date 表，因为我们希望保持最大的灵活性和对模型的最大控制。列变化的语法不适用于作为模型一部分的 Date 表，因此不会自动创建。

2.1.3 标准时间智能函数的局限性

标准时间智能函数可以在常规的公历日历上使用。本节会列出它们的几个局限性。当你的需求与这些局限性不兼容时，你需要采用其他模式（请参见第 4 章和第 5 章）。

❑ 年度起始于 1 月 1 日。对于从不同日期开始的会计日历，该函数起不到太大作用。但是，由于会计日历在处理闰年方面的时间处理缺陷，所以每个会计年度的第一天必须是相同的，且不能是 3 月 1 日。

❑ 季度总是起始于 1 月、4 月、7 月和 10 月的第一天。季度的范围不能修改。

❑ 月份始终是一个公历月。

❑ 标准时间智能函数可能无法正确地支持其他列的筛选器，例如 Day of Week 或 Working Day。有关可能的解决方法的更多详细信息，请参见 2.8 节。

因此，标准时间智能计算不支持许多高阶计算，如，对数周的计算。这些高阶计算需要自定义日历。

2.1.4 创建 Date 表

DAX 时间智能函数可在任何标准公历日历表上使用。如果你已经有一个 Date 表，则可以将其导入并使用，而不会出现任何问题。如果没有 Date 表，则可以使用 DAX 计算表来创建。例如，以下 DAX 表达式定义了本章中使用的简单 Date 表。

计算表

```
Date =
VAR FirstFiscalMonth = 7         -- 会计年度的第一个月
VAR FirstDayOfWeek = 0           -- 0 = 周日, 1 = 周一, ...
VAR FirstYear =                  -- 自定义使用的第一个年份
    YEAR ( MIN ( Sales[Order Date] ))
RETURN
GENERATE (
    FILTER (
        CALENDARAUTO (),
        YEAR ( [Date] ) >= FirstYear
    ),
    VAR Yr = YEAR ( [Date] )                 -- 年份编号
    VAR Mn = MONTH ( [Date] )                -- 月份编号（1-12）
    VAR Qr = QUARTER ( [Date] )              -- 季度编号（1-4）
    VAR MnQ = Mn - 3 * ( Qr - 1 )            -- 季度中的月份编号（1-3）
    VAR Wd = WEEKDAY ( [Date], 1 ) -1        -- 星期几（0 = 周日, 1 = 周一, ...）
    VAR Fyr =                                -- 会计年度编号
        Yr + 1 * ( FirstFiscalMonth > 1 && Mn >= FirstFiscalMonth )
    VAR Fqr =                                -- 会计季度（字符串）
        FORMAT ( EOMONTH ( [Date], 1 - FirstFiscalMonth ), "\QQ" )
    RETURN ROW (
        "Year", DATE ( Yr, 12, 31 ),
        "Year Quarter", FORMAT ( [Date], "\QQ-YYYY" ),
        "Year Quarter Date", EOMONTH ( [Date], 3 - MnQ ),
        "Quarter", FORMAT ( [Date], "\QQ" ),
        "Year Month", EOMONTH ( [Date], 0 ),
        "Month", DATE ( 1900, MONTH ( [Date] ), 1 ),
        "Day of Week", DATE ( 1900, 1, 7 + Wd + (7 * (Wd < FirstDayOfWeek)) ),
        "Fiscal Year", DATE ( Fyr + (FirstFiscalMonth = 1), FirstFiscalMonth, 1 ) - 1,
        "Fiscal Year Quarter", "F" & Fqr & "-" & Fyr,
        "Fiscal Year Quarter Date", EOMONTH ( [Date], 3 - MnQ ),
        "Fiscal Quarter", "F" & Fqr
    )
)
```

你可以自定义前 3 个变量以创建满足特定业务需求的 **Date** 表。为了获得正确的结果，当列不是文本格式，而是具有标准或自定义格式的"日期"数据类型时，必须按以下方式在数据模型中对列进行设置。

- ❏ Date：m/dd/yyyy（8/14/2007），用作标记为日期表的列。
- ❏ Year：yyyy（2007）。
- ❏ Year Quarter：文本（Q3-2008）。
- ❏ Year Quarter Date：隐藏（9/30/2008）。
- ❏ Quarter：文本（Q1）。
- ❏ Year Month：mmm yyyy（Aug 2007）。
- ❏ Month：mmm（Aug）。
- ❏ Day of Week：ddd（Tue）。
- ❏ Fiscal Year：\F\Y yyyy（FY 2008）。
- ❏ Fiscal Year Quarter：文本（FQ1-2008）。
- ❏ Fiscal Year Quarter Date：隐藏（9/30/2008）。
- ❏ Fiscal Quarter：文本（FQ1）。

此模式中的 Date 表具有两个层次结构。

❑ 日历：年（Year）、季度（Year Quarter）和月（Year Month）。

❑ 会计：年（Fiscal Year）、季度（Fiscal Year Quarter）和月（Year Month）。

不管来源如何，若要使用此模式的公式，Date 表必须包括一个隐藏的 DateWithSales 计算列。

Date 表中的计算列

```
DateWithSales =
'Date'[Date] <= MAX ( Sales[Order Date] )
```

如果日期早于或等于 Sales 表中的最后交易日期，则 Date[DateWithSales]列是 TRUE，否则为 FALSE。换句话说，"过去"日期的 DateWithSales 为 TRUE，"未来"日期的 DateWithSales 为 FALSE，这里的"过去"和"未来"均是相对于 Sales 中的最后交易日期来定义的。

2.1.5　控制未来日期中的可视化

大多数时间智能计算不应显示最后有效日期之后的日期值。例如，年初至今的计算也可以显示未来日期的值，但是我们想要将其隐藏。这些示例中使用的数据集在 2009 年 8 月 15 日结束。因此，我们将月份"August 2009"、2009 年第三季度"Q3-2009"和年份"2009"视为数据的最后时间段。2009 年 8 月 15 日以后的任何日期都被视为未来，我们想要隐藏未来值。

为了避免显示未来日期的结果，我们使用 ShowValueForDates 度量值。

如果所选的时间段不是在数据的最后一个时间段之后，则 ShowValueForDates 返回 TRUE。

Date 表中的度量值（隐藏）

```
ShowValueForDates :=
VAR LastDateWithData =
    CALCULATE (
        MAX ( 'Sales'[Order Date] ),
        REMOVEFILTERS ()
    )
VAR FirstDateVisible =
    MIN ( 'Date'[Date] )
VAR Result =
    FirstDateVisible <= LastDateWithData
RETURN
    Result
```

ShowValueForDates 度量值是隐藏的。这是一项技术措施，目的是在许多与时间相关的不同计算中实现重复使用同一逻辑，并且用户不应直接在报告中使用 ShowValueForDates。

2.1.6　命名约定

本节介绍用来引入时间智能计算的命名约定。一种简单的命令分类方式可以有效地表明一种计算是否：

❑ 推移一段时间，例如上一年的同一时间段；

❑ 执行聚合，例如年初至今；

❑ 比较两个时间段，例如今年与去年相比较。

部分命名约定如表 2-1 所示。

表 2-1 命名约定

首字母缩写	描述	推移	聚合	比较
YTD	年初至今		X	
QTD	季初至今		X	
MTD	月初至今		X	
MAT	移动年度总计		X	
PY	上一年	X		
PQ	上一季	X		
PM	上一月	X		
PYC	上一整年	X		
PQC	上一整季	X		
PMC	上一整月	X		
PP	上一时间段（自动选择年、季或月）	X		
PYMAT	上一年移动年度总计	X	X	
YOY	比上个年度的差异			X
QOQ	比上个季度的差异			X
MOM	比上个月度的差异			X
MATG	移动年度总计增长	X	X	X
POP	比上个时间段的差异（自动选择年、季或月）			X
PYTD	上个年度的年初至今	X	X	
PQTD	上个季度的季初至今	X	X	
PMTD	上个月度的月初至今	X	X	
YOYTD	比上个年度年初至今的差异	X	X	X
QOQTD	比上个季度季初至今的差异	X	X	X
MOMTD	比上个月度月初至今的差异	X	X	X
YTDOPY	年初至今比上个年度	X	X	X
QTDOPQ	季初至今比上个季度	X	X	X
MTDOPM	月初至今比上个月度	X	X	X

2.2 期初至今总计

年初至今、季初至今和月初至今的计算会修改 Date 表的筛选上下文，并将一系列日期用作筛选器，以覆盖所选时间段的筛选器。

所有这些计算都可以使用带有时间智能函数的常规 CALCULATE 或某一个 TOTAL 函数（例如 TOTALYTD）来实现。TOTAL 函数只是 CALCULATE 版本的语法糖（语法替代）。尽管我们更喜欢 CALCULATE 版本，CALCULATE 会使公式逻辑更明显，并且比 TOTAL 函数具有更大的灵活性，但我们仍将 TOTAL 函数作为参考。在以下示例中，使用 TOTAL 函数的公式会被标记为（2）。展示 TOTAL 函数的目的仅仅是显示它们可以返回与 CALCULATE 版本相同的值。

2.2.1   年初至今总计

"年初至今总计"始于该年度 1 月 1 日的数据，如图 2-1 所示。

Year	Sales Amount	Sales YTD (simple)	Sales YTD	Sales YTD (2)
⊞ 2007	**9,008,591.74**	**9,008,591.74**	**9,008,591.74**	**9,008,591.74**
⊞ 2008	**9,927,582.99**	**9,927,582.99**	**9,927,582.99**	**9,927,582.99**
⊟ 2009	**5,725,632.34**	**5,725,632.34**	**5,725,632.34**	**5,725,632.34**
Jan 2009	580,901.05	580,901.05	580,901.05	580,901.05
Feb 2009	622,581.14	1,203,482.19	1,203,482.19	1,203,482.19
Mar 2009	496,137.87	1,699,620.05	1,699,620.05	1,699,620.05
Apr 2009	678,893.22	2,378,513.27	2,378,513.27	2,378,513.27
May 2009	1,067,165.23	3,445,678.50	3,445,678.50	3,445,678.50
Jun 2009	872,586.20	4,318,264.70	4,318,264.70	4,318,264.70
Jul 2009	1,068,396.58	5,386,661.27	5,386,661.27	5,386,661.27
Aug 2009	338,971.06	5,725,632.34	5,725,632.34	5,725,632.34
Sep 2009		5,725,632.34		
Oct 2009		5,725,632.34		
Nov 2009		5,725,632.34		
Dec 2009		5,725,632.34		
Total	**24,661,807.07**			

图 2-1   Sales YTD (simple)显示了任何时间段的值，而 Sales YTD 和 Sales YTD (2) 隐藏了数据的最后一个时间段之后的数据

年初至今总计的度量值可以通过 DATESYTD 函数来实现，如下所示。

Sales 表中的度量值

```
Sales YTD (simple) :=
CALCULATE (
    [Sales Amount],
    DATESYTD ( 'Date'[Date] )
)
```

DATESYTD 函数返回一个日期集，它包含筛选上下文中从显示的日期所在年份的第一天到显示的最后一天之间的所有日期。因此，Sales YTD (simple)度量值甚至会显示该年份未来日期的数据。通过仅当 ShowValueForDates 度量值返回 TRUE 时才返回结果，就可以避免在 Sales YTD 度量值中出现这种情况。

Sales 表中的度量值

```
Sales YTD :=
IF (
    [ShowValueForDates],
    CALCULATE (
        [Sales Amount],
        DATESYTD ( 'Date'[Date] )
    )
)
```

如果报告不是基于公历年度，而是基于会计年度，则 DATESYTD 函数会需要增加一个参数来识别会计年度的最后一天。下面以图 2-2 中的报告为例。

Year	Sales Amount	Sales Fiscal YTD	Sales Fiscal YTD (2)
⊞ **FY 2007**	**3,391,921.03**	**3,391,921.03**	**3,391,921.03**
⊞ **FY 2008**	**10,171,096.65**	**10,171,096.65**	**10,171,096.65**
⊟ **FY 2009**	**9,691,421.74**	**9,691,421.74**	**9,691,421.74**
Jul 2008	890,547.41	890,547.41	890,547.41
Aug 2008	721,560.95	1,612,108.36	1,612,108.36
Sep 2008	963,437.23	2,575,545.59	2,575,545.59
Oct 2008	719,792.99	3,295,338.58	3,295,338.58
Nov 2008	1,156,109.32	4,451,447.90	4,451,447.90
Dec 2008	921,709.14	5,373,157.05	5,373,157.05
Jan 2009	580,901.05	5,954,058.10	5,954,058.10
Feb 2009	622,581.14	6,576,639.23	6,576,639.23
Mar 2009	496,137.87	7,072,777.10	7,072,777.10
Apr 2009	678,893.22	7,751,670.32	7,751,670.32
May 2009	1,067,165.23	8,818,835.55	8,818,835.55
Jun 2009	872,586.20	9,691,421.74	9,691,421.74
⊟ **FY 2010**	**1,407,367.64**	**1,407,367.64**	**1,407,367.64**
Jul 2009	1,068,396.58	1,068,396.58	1,068,396.58
Aug 2009	338,971.06	1,407,367.64	1,407,367.64
Total	**24,661,807.07**		

图 2-2　Sales Fiscal YTD 和 Sales Fiscal YTD (2)显示了基于会计年度的年初至今

　　Sales Fiscal YTD 度量值在 DATESYTD 函数的第二个参数中指定了会计年度的最后一天和月份。以下度量值将 6 月 30 日用作会计年度的最后一天。DATESYTD 函数的第二个参数必须是与 Date 表中会计年度的定义相对应的固定值（也称为常量）。它不能动态计算。

Sales 表中的度量值

```
Sales Fiscal YTD :=
IF (
    [ShowValueForDates],
    CALCULATE (
        [Sales Amount],
        DATESYTD ( 'Date'[Date], "6-30" )
    )
)
```

TOTALYTD 函数可以替代 DATESYTD 函数。

Sales 表中的度量值

```
Sales YTD (2) :=
IF (
    [ShowValueForDates],
    TOTALYTD (
        [Sales Amount],
        'Date'[Date]
    )
)
```

Sales 表中的度量值

```
Sales Fiscal YTD (2) :=
IF (
    [ShowValueForDates],
    TOTALYTD (
        [Sales Amount],
```

```
    'Date'[Date],
    "6-30"
  )
)
```

2.2.2　季初至今总计

"季初至今总计"始于该季度第一天的数据，如图 2-3 所示。

Year	Sales Amount	Sales QTD	Sales QTD (2)
⊞ 2007	9,008,591.74	2,731,424.16	2,731,424.16
⊞ 2008	9,927,582.99	2,797,611.46	2,797,611.46
⊟ 2009	5,725,632.34		
⊞ Q1-2009	1,699,620.05	1,699,620.05	1,699,620.05
⊟ Q2-2009	2,618,644.64	2,618,644.64	2,618,644.64
Apr 2009	678,893.22	678,893.22	678,893.22
May 2009	1,067,165.23	1,746,058.45	1,746,058.45
Jun 2009	872,586.20	2,618,644.64	2,618,644.64
⊟ Q3-2009	1,407,367.64	1,407,367.64	1,407,367.64
Jul 2009	1,068,396.58	1,068,396.58	1,068,396.58
Aug 2009	338,971.06	1,407,367.64	1,407,367.64
Total	**24,661,807.07**		

图 2-3　Sales QTD 显示了季初至今的金额，2009 年显示为空白，因为 2009 年 4 季度没有数据

季初至今总计的度量值可以通过 DATESQTD 函数来计算，如下所示。

Sales 表中的度量值

```
Sales QTD :=
IF (
    [ShowValueForDates],
    CALCULATE (
        [Sales Amount],
        DATESQTD ( 'Date'[Date] )
    )
)
```

TOTALQTD 函数可以替代 DATESQTD 函数。

Sales 表中的度量值

```
Sales QTD (2) :=
IF (
    [ShowValueForDates],
    TOTALQTD (
        [Sales Amount],
        'Date'[Date]
    )
)
```

2.2.3　月初至今总计

"月初至今总计"始于该月度第一天的数据，如图 2-4 所示。

Year	Sales Amount	Sales MTD	Sales MTD (2)
⊞ 2007	9,008,591.74	991,548.75	991,548.75
⊞ 2008	9,927,582.99	921,709.14	921,709.14
⊟ 2009	5,725,632.34		
⊞ Q1-2009	1,699,620.05	496,137.87	496,137.87
⊞ Q2-2009	2,618,644.64	872,586.20	872,586.20
⊟ Q3-2009	1,407,367.64		
⊞ Jul 2009	1,068,396.58	1,068,396.58	1,068,396.58
⊟ Aug 2009	338,971.06	338,971.06	338,971.06
8/1/2009	37,750.10	37,750.10	37,750.10
8/2/2009	8,203.42	45,953.52	45,953.52
8/3/2009	337.68	46,291.20	46,291.20
8/4/2009	4,482.94	50,774.14	50,774.14
8/5/2009	14,319.18	65,093.32	65,093.32
8/6/2009	26,941.94	92,035.26	92,035.26
8/7/2009	2,518.99	94,554.25	94,554.25
8/8/2009	22,619.84	117,174.10	117,174.10
8/9/2009	21,983.18	139,157.27	139,157.27
8/10/2009	4,211.87	143,369.15	143,369.15
8/11/2009	79,245.09	222,614.24	222,614.24
8/12/2009	1,497.50	224,111.74	224,111.74
8/13/2009	13,784.34	237,896.08	237,896.08
8/14/2009	100,059.00	337,955.08	337,955.08
8/15/2009	1,015.98	338,971.06	338,971.06
Total	24,661,807.07		

图 2-4 Sales MTD 显示了月初至今的金额，CY 2009 和 Q3-2009 显示为空白，
是因为 2009 年 8 月 15 日之后没有数据

月初至今总计的度量值可以通过 DATESMTD 函数来计算，如下所示。

Sales 表中的度量值

```
Sales MTD :=
IF (
    [ShowValueForDates],
    CALCULATE (
        [Sales Amount],
        DATESMTD ( 'Date'[Date] )
    )
)
```

TOTALMTD 可以替代 DATESMTD 函数。

Sales 表中的度量值

```
Sales MTD (2) :=
IF (
    [ShowValueForDates],
    TOTALMTD (
        [Sales Amount],
        'Date'[Date]
    )
)
```

2.3　比上个时间段增长的计算

一个常见的需求是将一个时间段与上一年、上一个季度或上一个月的相同时间段进行比较。

上一个年、季、月可能不完整，因此，为了实现合理的比较，比较时应考虑一个等效时间段。由于这些原因，本节中显示的计算会使用 Date[DateWithSales]计算列，如 SQLBI 官网中的"Hiding future dates for calculations in DAX"一文所述。

2.3.1   比上个年度增长

"比上个年度"是将一个时间段与上一年的等效时间段进行比较。在此示例中，有效数据截至 2009 年 8 月 15 日。因此，Sales PY 显示的 2008 年数字，仅考虑 2008 年 8 月 15 日之前的交易。图 2-5 显示，2008 年 8 月的 Sales Amount 为 721,560.95，而 2009 年 8 月的 Sales PY 返回值为 296,529.51，是因为度量值仅考虑了截至 2008 年 8 月 15 日的销售额。

Year	Sales Amount	Sales PY	Sales YOY	Sales YOY %
⊞ **2007**	**9,008,591.74**			
⊟ **2008**	**9,927,582.99**	**9,008,591.74**	**918,991.25**	**10.20%**
⊞ Q1-2008	1,816,385.21	345,319.01	1,471,066.20	426.00%
⊞ Q2-2008	2,738,040.73	3,046,602.02	-308,561.29	-10.13%
⊟ Q3-2008	2,575,545.59	2,885,246.55	-309,700.96	-10.73%
Jul 2008	890,547.41	922,542.98	-31,995.58	-3.47%
Aug 2008	721,560.95	952,834.59	-231,273.63	-24.27%
Sep 2008	963,437.23	1,009,868.98	-46,431.76	-4.60%
⊞ Q4-2008	2,797,611.46	2,731,424.16	66,187.30	2.42%
⊟ **2009**	**5,725,632.34**	**5,741,502.86**	**-15,870.52**	**-0.28%**
⊞ Q1-2009	1,699,620.05	1,816,385.21	-116,765.16	-6.43%
⊞ Q2-2009	2,618,644.64	2,738,040.73	-119,396.09	-4.36%
⊟ Q3-2009	1,407,367.64	1,187,076.92	220,290.72	18.56%
Jul 2009	1,068,396.58	890,547.41	177,849.17	19.97%
Aug 2009	338,971.06	296,529.51	42,441.55	14.31%
Total	**24,661,807.07**	**14,750,094.60**	**9,911,712.47**	**67.20%**

图 2-5   2009 年 8 月的 Sales PY 显示的是 2008 年 8 月 1 日～15 日的金额，
因为 2009 年 8 月 15 日之后没有数据

Sales PY 使用 DATEADD 函数并筛选 Date [DateWithSales]列，以确保与上一时间段的数据进行合理比较。"比上个年度增长"的计算，数字形式表现为 Sales YOY，百分比形式表现为 Sales YOY %。这两个度量值都使用 Sales PY 来确保仅计算截至 2009 年 8 月 15 日的数据。

Sales 表中的度量值

```
Sales PY :=
IF (
    [ShowValueForDates],
    CALCULATE (
        [Sales Amount],
        CALCULATETABLE (
            DATEADD ( 'Date'[Date], -1, YEAR ),
            'Date'[DateWithSales] = TRUE
        )
    )
)
```

Sales 表中的度量值

```
Sales YOY :=
VAR ValueCurrentPeriod = [Sales Amount]
VAR ValuePreviousPeriod = [Sales PY]
VAR Result =
    IF (
        NOT ISBLANK ( ValueCurrentPeriod ) && NOT ISBLANK ( ValuePreviousPeriod ),
        ValueCurrentPeriod - ValuePreviousPeriod
    )
RETURN
    Result
```

Sales 表中的度量值

```
Sales YOY % :=
DIVIDE (
    [Sales YOY],
    [Sales PY]
)
```

用户也可以使用 SAMEPERIODLASTYEAR 函数编写 Sales PY。SAMEPERIODLASTYEAR 函数更易于阅读，但没有任何性能上的优势。这是因为，从本质上讲，该函数在前面的公式中已被翻译为 DATEADD 函数。

Sales 表中的度量值

```
Sales PY (2) :=
IF (
    [ShowValueForDates],
    CALCULATE (
        [Sales Amount],
        CALCULATETABLE (
            SAMEPERIODLASTYEAR ( 'Date'[Date] ),
            'Date'[DateWithSales] = TRUE
        )
    )
)
```

2.3.2　比上个季度增长

"比上个季度"是将一个时间段与上一季度的等效时间段进行比较。在此示例中，有效数据截至 2009 年 8 月 15 日（2009 年第三季度的前半部分）。因此，2009 年 8 月（第三季度的第二个月）的 Sales PQ 显示截至 2009 年 5 月 15 日（上一季度第二个月的前半部分）的销售情况。图 2-6 显示，2009 年 5 月的 Sales Amount 为 1,067,165.23，而 2009 年 8 月的 Sales PQ 返回值为 435,306.10，是因为仅考虑截至 2009 年 8 月 15 日的销售额。

Sales PQ 使用 DATEADD 函数并筛选 Date [DateWithSales]列，以确保与上一时间段的数据进行合理比较。"比上个季度增长"的计算，数字形式表现为 Sales QOQ，百分比形式表现为 Sales QOQ %。这两个度量值都使用 Sales PQ 来确保对相同时间段进行合理比较。

Year	Sales Amount	Sales PQ	Sales QOQ	Sales QOQ %
⊞ 2007	9,008,591.74	6,277,167.58	2,731,424.16	43.51%
⊞ 2008	9,927,582.99	9,861,395.69	66,187.30	0.67%
⊟ 2009	5,725,632.34	5,611,430.83	114,201.51	2.04%
⊞ Q1-2009	1,699,620.05	2,797,611.46	-1,097,991.40	-39.25%
⊟ Q2-2009	2,618,644.64	1,699,620.05	919,024.59	54.07%
Apr 2009	678,893.22	580,901.05	97,992.17	16.87%
May 2009	1,067,165.23	622,581.14	444,584.09	71.41%
Jun 2009	872,586.20	496,137.87	376,448.33	75.88%
⊟ Q3-2009	1,407,367.64	1,114,199.32	293,168.32	26.31%
Jul 2009	1,068,396.58	678,893.22	389,503.36	57.37%
Aug 2009	338,971.06	435,306.10	-96,335.04	-22.13%
Total	24,661,807.07	21,749,994.10	2,911,812.97	13.39%

图 2-6　2009 年 8 月的 Sales PQ 显示的是 2009 年 5 月 1 日～15 日的金额，
因为在 2009 年 8 月 15 日之后没有数据

Sales 表中的度量值

```
Sales PQ :=
IF (
    [ShowValueForDates],
    CALCULATE (
        [Sales Amount],
        CALCULATETABLE (
            DATEADD ( 'Date'[Date], -1, QUARTER ),
            'Date'[DateWithSales] = TRUE
        )
    )
)
```

Sales 表中的度量值

```
Sales QOQ :=
VAR ValueCurrentPeriod = [Sales Amount]
VAR ValuePreviousPeriod = [Sales PQ]
VAR Result =
    IF (
        NOT ISBLANK ( ValueCurrentPeriod ) && NOT ISBLANK ( ValuePreviousPeriod ),
        ValueCurrentPeriod - ValuePreviousPeriod
    )
RETURN
    Result
```

Sales 表中的度量值

```
Sales QOQ % :=
DIVIDE (
    [Sales QOQ],
    [Sales PQ]
)
```

2.3.3　比上个月度增长

“比上个月度”是将一个时间段与上一月度的等效时间段进行比较。在此示例中，有效数据截至 2009 年 8 月 15 日。因此，Sales PM 仅考虑 2009 年 7 月 1 日～15 日这一时期的销售额，以便返回与 2009 年 8 月进行比较的值。以这种方式，它仅返回上一个月相应时间段的数据。图 2-7 显示，2009 年 7 月的 Sales Amount 为 1,068,396.58，而 2009 年 8 月的 Sales PM 返回值为 584,212.78，这是因为仅考虑了截至 2009 年 7 月 15 日的销售额。

Year	Sales Amount	Sales PM	Sales MOM	Sales MOM %
⊞ 2007	9,008,591.74	8,017,042.99	991,548.75	12.37%
⊞ 2008	9,927,582.99	9,997,422.60	-69,839.61	-0.70%
⊟ 2009	5,725,632.34	5,824,186.61	-98,554.28	-1.69%
⊞ Q1-2009	1,699,620.05	2,125,191.33	-425,571.27	-20.03%
⊟ Q2-2009	2,618,644.64	2,242,196.31	376,448.33	16.79%
Apr 2009	678,893.22	496,137.87	182,755.35	36.84%
May 2009	1,067,165.23	678,893.22	388,272.01	57.19%
Jun 2009	872,586.20	1,067,165.23	-194,579.03	-18.23%
⊟ Q3-2009	1,407,367.64	1,456,798.97	-49,431.33	-3.39%
Jul 2009	1,068,396.58	872,586.20	195,810.38	22.44%
Aug 2009	338,971.06	584,212.78	-245,241.71	-41.98%
Total	24,661,807.07	23,838,652.20	823,154.87	3.45%

图 2-7　2009 年 8 月的 Sales PM 显示的是 2009 年 7 月 1 日～15 日的金额，
因为在 2009 年 8 月 15 日之后没有数据

Sales PM 使用 DATEADD 函数并筛选 Date [DateWithSales]列，以确保与上一时间段的数据进行合理比较。"比上个月度增长"的计算，数字形式表现为 Sales MOM，百分比形式表现为 Sales MOM %。这两个度量值都使用 Sales PM 来确保对相同时间段进行合理比较。

Sales 表中的度量值

```
Sales PM :=
IF (
    [ShowValueForDates],
    CALCULATE (
        [Sales Amount],
        CALCULATETABLE (
            DATEADD ( 'Date'[Date], -1, MONTH ),
            'Date'[DateWithSales] = TRUE
        )
    )
)
```

Sales 表中的度量值

```
Sales MOM :=
VAR ValueCurrentPeriod = [Sales Amount]
VAR ValuePreviousPeriod = [Sales PM]
VAR Result =
    IF (
        NOT ISBLANK ( ValueCurrentPeriod )
            && NOT ISBLANK ( ValuePreviousPeriod ),
        ValueCurrentPeriod - ValuePreviousPeriod
    )
RETURN
    Result
```

Sales 表中的度量值

```
Sales MOM % :=
DIVIDE (
    [Sales MOM],
    [Sales PM]
)
```

2.3.4 比上个时间段增长

"比上个时间段增长"会根据当前的可视化选择，来自动选择本节先前介绍的度量值之一。例如，如果可视化显示月度级别的数据，则会返回"比上个月度增长"的度量值；如果可视化显示年度级别的总计，则返回"比上个年度增长"的度量值。预期结果如图 2-8 所示。

Year	Sales Amount	Sales PP	Sales POP	Sales POP %
⊞ 2007	9,008,591.74			
⊟ 2008	9,927,582.99	9,008,591.74	918,991.25	10.20%
⊞ Q1-2008	1,816,385.21	2,731,424.16	-915,038.95	-33.50%
⊞ Q2-2008	2,738,040.73	1,816,385.21	921,655.52	50.74%
⊟ Q3-2008	2,575,545.59	2,738,040.73	-162,495.14	-5.93%
Jul 2008	890,547.41	845,141.60	45,405.81	5.37%
Aug 2008	721,560.95	890,547.41	-168,986.45	-18.98%
Sep 2008	963,437.23	721,560.95	241,876.27	33.52%
⊟ Q4-2008	2,797,611.46	2,575,545.59	222,065.87	8.62%
Oct 2008	719,792.99	963,437.23	-243,644.24	-25.29%
Nov 2008	1,156,109.32	719,792.99	436,316.33	60.62%
Dec 2008	921,709.14	1,156,109.32	-234,400.18	-20.27%
⊟ 2009	5,725,632.34	5,741,502.86	-15,870.52	-0.28%
⊞ Q1-2009	1,699,620.05	2,797,611.46	-1,097,991.40	-39.25%
⊟ Q2-2009	2,618,644.64	1,699,620.05	919,024.59	54.07%
Apr 2009	678,893.22	496,137.87	182,755.35	36.84%
May 2009	1,067,165.23	678,893.22	388,272.01	57.19%
Jun 2009	872,586.20	1,067,165.23	-194,579.03	-18.23%
⊟ Q3-2009	1,407,367.64	1,114,199.32	293,168.32	26.31%
Jul 2009	1,068,396.58	872,586.20	195,810.38	22.44%
Aug 2009	338,971.06	584,212.78	-245,241.71	-41.98%
Total	**24,661,807.07**			

图 2-8 Sales PP 在月度级别上显示上个月的值，在季度级别上显示上一个季度的值，
在年度级别上显示上一年的值

Sales PP、Sales POP 和 Sales POP%这 3 个度量值，会根据报告选择的级别，定向到相应的年、季度和月的度量值来进行计算。ISINSCOPE 函数会检测报告中所使用的级别。传递给 ISINSCOPE 函数的参数是图 2-8 的矩阵视图的行所使用的属性。度量值的定义方法如下。

Sales 表中的度量值

```
Sales POP % :=
SWITCH (
    TRUE,
    ISINSCOPE ( 'Date'[Year Month] ), [Sales MOM %],
    ISINSCOPE ( 'Date'[Year Quarter] ), [Sales QOQ %],
    ISINSCOPE ( 'Date'[Year] ), [Sales YOY %]
)
```

Sales 表中的度量值

```
Sales POP :=
SWITCH (
    TRUE,
    ISINSCOPE ( 'Date'[Year Month] ), [Sales MOM],
    ISINSCOPE ( 'Date'[Year Quarter] ), [Sales QOQ],
    ISINSCOPE ( 'Date'[Year] ), [Sales YOY]
)
```

Sales 表中的度量值

```
Sales PP :=
SWITCH (
    TRUE,
    ISINSCOPE ( 'Date'[Year Month] ), [Sales PM],
    ISINSCOPE ( 'Date'[Year Quarter] ), [Sales PQ],
    ISINSCOPE ( 'Date'[Year] ), [Sales PY]
)
```

2.4　期初至今增长的计算

　　"期初至今增长"的度量值是指将"期初至今"度量值与基于特定偏移量的等效时间段的同一度量值进行比较。例如，你可以将年初至今的聚合结果与上一年的年初至今进行比较，偏移量为一年。

　　这组计算中的所有度量值均需考虑不完整时间段。示例中有效数据截至 2009 年 8 月 15 日，因此这些度量值可确保上一年的计算不包括 2009 年 8 月 15 日之后的日期。

2.4.1　比上个年度年初至今增长

　　"比上个年度年初至今增长"将特定日期的年初至今与上一年等效日期的年初至今进行比较。图 2-9 显示，2009 年的 Sales PYTD 仅考虑截至 2008 年 8 月 15 日的交易。因此，Q3-2008 的 Sales YTD 为 7,129,971.53，而 Q3-2009 的 Sales PYTD 较低，为 5,741,502.86。

Year	Sales Amount	Sales YTD	Sales PYTD	Sales YOYTD	Sales YOYTD %	Sales PYTD (2)
⊟ 2007	9,008,591.74	9,008,591.74				
⊞ Q1-2007	345,319.01	345,319.01				
⊞ Q2-2007	3,046,602.02	3,391,921.03				
⊞ Q3-2007	2,885,246.55	6,277,167.58				
⊞ Q4-2007	2,731,424.16	9,008,591.74				
⊟ 2008	9,927,582.99	9,927,582.99	9,008,591.74	918,991.25	10.20%	9,008,591.74
⊞ Q1-2008	1,816,385.21	1,816,385.21	345,319.01	1,471,066.20	426.00%	345,319.01
⊞ Q2-2008	2,738,040.73	4,554,425.94	3,391,921.03	1,162,504.91	34.27%	3,391,921.03
⊞ Q3-2008	2,575,545.59	7,129,971.53	6,277,167.58	852,803.95	13.59%	6,277,167.58
⊞ Q4-2008	2,797,611.46	9,927,582.99	9,008,591.74	918,991.25	10.20%	9,008,591.74
⊟ 2009	5,725,632.34	5,725,632.34	5,741,502.86	-15,870.52	-0.28%	5,741,502.86
⊞ Q1-2009	1,699,620.05	1,699,620.05	1,816,385.21	-116,765.16	-6.43%	1,816,385.21
⊞ Q2-2009	2,618,644.64	4,318,264.70	4,554,425.94	-236,161.25	-5.19%	4,554,425.94
⊞ Q3-2009	1,407,367.64	5,725,632.34	5,741,502.86	-15,870.52	-0.28%	5,741,502.86
Total	24,661,807.07		5,741,502.86			5,741,502.86

图 2-9　Q3-2009 的 Sales PYTD 显示的是 2008 年 1 月 1 日～8 月 15 日的金额，
因为在 2009 年 8 月 15 日之后没有数据

Sales PYTD 使用 DATEADD 函数并筛选 Date [DateWithSales]列，以确保与上一时间段的数据进行合理比较。Sales YOYTD 和 Sales YOYTD %通过 Sales PYTD 来确保对相同时间段的数据进行合理比较。

Sales 表中的度量值

```
Sales PYTD :=
IF (
    [ShowValueForDates],
    CALCULATE (
        [Sales YTD],
        CALCULATETABLE (
            DATEADD ( 'Date'[Date], -1, YEAR ),
            'Date'[DateWithSales] = TRUE
        )
    )
)
```

Sales 表中的度量值

```
Sales YOYTD :=
VAR ValueCurrentPeriod = [Sales YTD]
VAR ValuePreviousPeriod = [Sales PYTD]
VAR Result =
    IF (
        NOT ISBLANK ( ValueCurrentPeriod )
            && NOT ISBLANK ( ValuePreviousPeriod ),
        ValueCurrentPeriod - ValuePreviousPeriod
    )
RETURN
    Result
```

Sales 表中的度量值

```
Sales YOYTD % :=
DIVIDE (
    [Sales YOYTD],
    [Sales PYTD]
)
```

Sales PYTD 使用 DATEADD 函数将日期筛选器回移一年。使用 DATEADD 函数可以轻松地推移两年或两年以上。但是，也可以使用 SAMEPERIODLASTYEAR 编写 Sales PYTD 将日期回移一年。如下面这个示例，其本质用法就是上例中的 DATEADD 函数。

Sales 表中的度量值

```
Sales PYTD (2) :=
IF (
    [ShowValueForDates],
    CALCULATE (
        [Sales YTD],
        CALCULATETABLE (
            SAMEPERIODLASTYEAR ( 'Date'[Date] ),
            'Date'[DateWithSales] = TRUE
        )
    )
)
```

2.4.2　比上个季度季初至今增长

"比上个季度季初至今增长"将特定日期的季初至今与上一季度等效日期的季初至今进行比较。图 2-10 显示，2009 年 8 月的 Sales PQ 仅考虑截至 2008 年 5 月 15 日的交易，仅获得上一季度的前半部分的金额。因此，2009 年 5 月的 Sales QTD 为 1,746,058.45，而 2009 年 8 月的 Sales PQTD 较低，为 1,114,199.32。

Year	Sales Amount	Sales QTD	Sales PQTD	Sales QOQTD	Sales QOQTD %
⊞ 2007	9,008,591.74	2,731,424.16	2,885,246.55	-153,822.39	-5.33%
⊞ 2008	9,927,582.99	2,797,611.46	2,575,545.59	222,065.87	8.62%
⊟ 2009	5,725,632.34		1,114,199.32		
⊞ Q1-2009	1,699,620.05	1,699,620.05	2,797,611.46	-1,097,991.40	-39.25%
⊟ Q2-2009	2,618,644.64	2,618,644.64	1,699,620.05	919,024.59	54.07%
Apr 2009	678,893.22	678,893.22	580,901.05	97,992.17	16.87%
May 2009	1,067,165.23	1,746,058.45	1,203,482.19	542,576.26	45.08%
Jun 2009	872,586.20	2,618,644.64	1,699,620.05	919,024.59	54.07%
⊟ Q3-2009	1,407,367.64	1,407,367.64	1,114,199.32	293,168.32	26.31%
Jul 2009	1,068,396.58	1,068,396.58	678,893.22	389,503.36	57.37%
Aug 2009	338,971.06	1,407,367.64	1,114,199.32	293,168.32	26.31%
Total	24,661,807.07		1,114,199.32		

图 2-10　2009 年 8 月的 Sales PQTD 显示的是 2009 年 4 月 1 日～5 月 15 日的金额，因为在 2009 年 8 月 15 日之后没有数据

Sales PQTD 使用 DATEADD 函数并筛选 Date [DateWithSales]列，以确保与上一时间段的数据进行合理比较。Sales QOQTD 和 Sales QOQTD %通过 Sales PQTD 来确保对相同时间段的数据进行合理比较。

Sales 表中的度量值

```
Sales PQTD :=
IF (
    [ShowValueForDates],
    CALCULATE (
        [Sales QTD],
        CALCULATETABLE (
            DATEADD ( 'Date'[Date], -1, QUARTER ),
            'Date'[DateWithSales] = TRUE
        )
    )
)
```

Sales 表中的度量值

```
Sales QOQTD :=
VAR ValueCurrentPeriod = [Sales QTD]
VAR ValuePreviousPeriod = [Sales PQTD]
VAR Result =
    IF (
        NOT ISBLANK ( ValueCurrentPeriod )
            && NOT ISBLANK ( ValuePreviousPeriod ),
        ValueCurrentPeriod - ValuePreviousPeriod
```

```
    )
RETURN
    Result
```

Sales 表中的度量值

```
Sales QOQTD % :=
DIVIDE (
    [Sales QOQTD],
    [Sales PQTD]
)
```

2.4.3   比上个月度月初至今增长

"比上个月度月初至今增长"将特定日期的月初至今与上一个月等效日期的月初至今进行比较。图 2-11 显示，2009 年 8 月的 Sales PMTD 仅考虑截至 2009 年 7 月 15 日的交易，以获得上一个月的相应时间段。因此，2009 年 7 月的 Sales MTD 为 1,068,396.58，而 2009 年 8 月的 Sales PMTD 较低，为 584,212.78。

Year	Sales Amount	Sales MTD	Sales PMTD	Sales MOMTD	Sales MOMTD %
⊞ 2007	9,008,591.74	991,548.75	825,601.87	165,946.88	20.10%
⊞ 2008	9,927,582.99	921,709.14	1,156,109.32	-234,400.18	-20.27%
⊟ 2009	5,725,632.34		584,212.78		
⊞ Q1-2009	1,699,620.05	496,137.87	622,581.14	-126,443.27	-20.31%
⊞ Q2-2009	2,618,644.64	872,586.20	1,067,165.23	-194,579.03	-18.23%
⊟ Q3-2009	1,407,367.64		584,212.78		
⊞ Jul 2009	1,068,396.58	1,068,396.58	872,586.20	195,810.38	22.44%
⊟ Aug 2009	338,971.06	338,971.06	584,212.78	-245,241.71	-41.98%
8/1/2009	37,750.10	37,750.10	64,551.47	-26,801.36	-41.52%
8/2/2009	8,203.42	45,953.52	90,074.93	-44,121.41	-48.98%
8/3/2009	337.68	46,291.20	153,054.51	-106,763.31	-69.76%
8/4/2009	4,482.94	50,774.14	171,310.23	-120,536.08	-70.36%
8/5/2009	14,319.18	65,093.32	248,443.99	-183,350.66	-73.80%
8/6/2009	26,941.94	92,035.26	272,277.89	-180,242.62	-66.20%
8/7/2009	2,518.99	94,554.25	296,502.87	-201,948.61	-68.11%
8/8/2009	22,619.84	117,174.10	315,987.54	-198,813.44	-62.92%
8/9/2009	21,983.18	139,157.27	369,855.95	-230,698.67	-62.38%
8/10/2009	4,211.87	143,369.15	370,871.93	-227,502.78	-61.34%
8/11/2009	79,245.09	222,614.24	422,203.83	-199,589.59	-47.27%
8/12/2009	1,497.50	224,111.74	484,757.36	-260,645.62	-53.77%
8/13/2009	13,784.34	237,896.08	510,540.43	-272,644.35	-53.40%
8/14/2009	100,059.00	337,955.08	533,703.16	-195,748.08	-36.68%
8/15/2009	1,015.98	338,971.06	584,212.78	-245,241.71	-41.98%
Total	24,661,807.07		584,212.78		

图 2-11   2009 年 8 月的 Sales PQTD 显示的是 2009 年 7 月 1 日～15 日这一时期的金额，因为在 2009 年 8 月 15 日之后没有数据

Sales PMTD 使用 DATEADD 函数并筛选 Date [DateWithSales]列，以确保与上一时间段的数据进行合理比较。Sales MOMTD 和 Sales MOMTD %通过 Sales PMTD 度量值来确保对相同时间段的数据进行合理比较。

Sales 表中的度量值

```
Sales PMTD :=
IF (
    [ShowValueForDates],
    CALCULATE (
        [Sales MTD],
        CALCULATETABLE (
            DATEADD ( 'Date'[Date], -1, MONTH ),
            'Date'[DateWithSales] = TRUE
        )
    )
)
```

Sales 表中的度量值

```
Sales MOMTD :=
VAR ValueCurrentPeriod = [Sales MTD]
VAR ValuePreviousPeriod = [Sales PMTD]
VAR Result =
    IF (
        NOT ISBLANK ( ValueCurrentPeriod )
            && NOT ISBLANK ( ValuePreviousPeriod ),
        ValueCurrentPeriod - ValuePreviousPeriod
    )
RETURN
    Result
```

Sales 表中的度量值

```
Sales MOMTD % :=
DIVIDE (
    [Sales MOMTD],
    [Sales PMTD]
)
```

2.5　期初至今与上一个完整时间段的比较

当将上一个完整时间段作为基准时，将期初至今聚合结果与上一个完整时间段的数据进行比较是很有用的。一旦当前年初至今达到上一个完整年度的 100%，这意味着我们已经有望以更少的天数达到与上一个完整时间段相同的绩效。

2.5.1　年初至今比上个完整年度

"年初至今比上个完整年度"是将年初至今与上一个完整年度进行比较。如图 2-12 所示，2008 年 11 月的 Sales YTD 几乎达到 2007 年全年的 Sales Amount。Sales YTDOPY%体现年初至今与上个年度总额的直接比较；当该百分比为正数时，表示增长超过上一个会计年。本案例中，从 2008 年 12 月 1 日起实现超过上一个年度的增长。

Year	Sales Amount	Sales YTD	Sales PYC	Sales YTDOPY	Sales YTDOPY %
⊞ 2007	9,008,591.74	9,008,591.74			
⊟ 2008	9,927,582.99	9,927,582.99	9,008,591.74	918,991.25	10.20%
⊞ Q1-2008	1,816,385.21	1,816,385.21	9,008,591.74	-7,192,206.53	-79.84%
⊞ Q2-2008	2,738,040.73	4,554,425.94	9,008,591.74	-4,454,165.80	-49.44%
⊞ Q3-2008	2,575,545.59	7,129,971.53	9,008,591.74	-1,878,620.21	-20.85%
⊟ Q4-2008	2,797,611.46	9,927,582.99	9,008,591.74	918,991.25	10.20%
⊞ Oct 2008	719,792.99	7,849,764.52	9,008,591.74	-1,158,827.22	-12.86%
⊞ Nov 2008	1,156,109.32	9,005,873.85	9,008,591.74	-2,717.90	-0.03%
⊟ Dec 2008	921,709.14	9,927,582.99	9,008,591.74	918,991.25	10.20%
12/1/2008	4,605.06	9,010,478.90	9,008,591.74	1,887.16	0.02%
12/2/2008	447.22	9,010,926.12	9,008,591.74	2,334.38	0.03%
12/3/2008	40,643.69	9,051,569.82	9,008,591.74	42,978.07	0.48%
Total	24,661,807.07				

图 2-12　Sales YTDOPY %从 2008 年 12 月 1 日起显示为正数，
表示 Sales YTD 开始大于 2007 年的 Sales Amount

"年初至今比上个年度增长"是通过 Sales YTDOPY 和 Sales YTDOPY %度量值来计算的；通过 Sales YTD 度量值来计算年初至今的值，通过 Sales PYC 度量值来获得上一完整年度的销售额。

Sales 表中的度量值

```
Sales PYC :=
IF (
    [ShowValueForDates],
    CALCULATE (
        [Sales Amount],
        PARALLELPERIOD ( 'Date'[Date], -1, YEAR )
    )
)
```

Sales 表中的度量值

```
Sales YTDOPY :=
VAR ValueCurrentPeriod = [Sales YTD]
VAR ValuePreviousPeriod = [Sales PYC]
VAR Result =
    IF (
        NOT ISBLANK ( ValueCurrentPeriod )
            && NOT ISBLANK ( ValuePreviousPeriod ),
        ValueCurrentPeriod - ValuePreviousPeriod
    )
RETURN
    Result
```

Sales 表中的度量值

```
Sales YTDOPY % :=
DIVIDE (
    [Sales YTDOPY],
    [Sales PYC]
)
```

也可以使用 PREVIOUSYEAR 函数来编写 Sales PYC 度量值，其执行方式类似于 PARALLELPERIOD 函数（此示例不涉及二者差异）：

Sales 表中的度量值

```
Sales PYC (2) :=
IF (
    [ShowValueForDates],
    CALCULATE (
        [Sales Amount],
        PREVIOUSYEAR ( 'Date'[Date] )
    )
)
```

如果进行比较时使用的是会计年度，则必须使用 PREVIOUSYEAR 函数，因为 PREVIOUSYEAR 函数可以接收用于指定会计年度最后一天的第二个参数。参见图 2-13 所示的报告，该案例按会计年度对度量值进行了分割。

Year	Sales Amount	Sales Fiscal YTD	Sales Fiscal PYC	Sales Fiscal YTDOPY	Sales Fiscal YTDOPY %
⊞ **FY 2007**	**3,391,921.03**	**3,391,921.03**			
⊟ **FY 2008**	**10,171,096.65**	**10,171,096.65**	**3,391,921.03**	**6,779,175.62**	**199.86%**
⊞ FQ1-2008	2,885,246.55	2,885,246.55	3,391,921.03	-506,674.48	-14.94%
⊞ FQ2-2008	2,731,424.16	5,616,670.71	3,391,921.03	2,224,749.68	65.59%
⊞ FQ3-2008	1,816,385.21	7,433,055.92	3,391,921.03	4,041,134.89	119.14%
⊞ FQ4-2008	2,738,040.73	10,171,096.65	3,391,921.03	6,779,175.62	199.86%
⊟ **FY 2009**	**9,691,421.74**	**9,691,421.74**	**10,171,096.65**	**-479,674.91**	**-4.72%**
⊞ FQ1-2009	2,575,545.59	2,575,545.59	10,171,096.65	-7,595,551.06	-74.68%
⊞ FQ2-2009	2,797,611.46	5,373,157.05	10,171,096.65	-4,797,939.61	-47.17%
⊞ FQ3-2009	1,699,620.05	7,072,777.10	10,171,096.65	-3,098,319.55	-30.46%
⊞ FQ4-2009	2,618,644.64	9,691,421.74	10,171,096.65	-479,674.91	-4.72%
⊟ **FY 2010**	**1,407,367.64**	**1,407,367.64**	**9,691,421.74**	**-8,284,054.10**	**-85.48%**
⊞ FQ1-2010	1,407,367.64	1,407,367.64	9,691,421.74	-8,284,054.10	-85.48%
Total	**24,661,807.07**				

图 2-13 Sales Fiscal YTDOPY %将 Sales YTD 与上一会计年度的 Sales Amount 进行了比较

该案例中使用的度量值定义如下。请注意 Sales Fiscal PYC 中 PREVIOUSYEAR 函数的第二个参数。

Sales 表中的度量值

```
Sales Fiscal PYC :=
IF (
    [ShowValueForDates],
    CALCULATE (
        [Sales Amount],
        PREVIOUSYEAR ( 'Date'[Date], "06-30" )
    )
)
```

Sales 表中的度量值

```
Sales Fiscal YTDOPY :=
VAR ValueCurrentPeriod = [Sales Fiscal YTD]
```

```
VAR ValuePreviousPeriod = [Sales Fiscal PYC]
VAR Result =
    IF (
        NOT ISBLANK ( ValueCurrentPeriod )
            && NOT ISBLANK ( ValuePreviousPeriod ),
        ValueCurrentPeriod - ValuePreviousPeriod
    )
RETURN
    Result
```

Sales 表中的度量值

```
Sales Fiscal YTDOPY % :=
DIVIDE (
    [Sales Fiscal YTDOPY],
    [Sales Fiscal PYC]
)
```

2.5.2   季初至今比上个完整季度

"季初至今比上个完整季度"是将季初至今与上一个完整季度进行比较。如图 2-14 所示，2008 年 5 月的 Sales QTD 超过了 Q1-2008 的 Sales Amount 总额。Sales QTDOPQ%体现季初至今与上个季度总额的直接比较；当该百分比为正数时，表示增长超过上一季度。在本案例中，从 2008 年 5 月起实现超过上一季度的增长。

Year	Sales Amount	Sales QTD	Sales PQC	Sales QTDOPQ	Sales QTDOPQ %
⊞ 2007	9,008,591.74	2,731,424.16			
⊟ 2008	9,927,582.99	2,797,611.46			
⊞ Q1-2008	1,816,385.21	1,816,385.21	2,731,424.16	-915,038.95	-33.50%
⊟ Q2-2008	2,738,040.73	2,738,040.73	1,816,385.21	921,655.52	50.74%
⊞ Apr 2008	999,667.17	999,667.17	1,816,385.21	-816,718.04	-44.96%
⊞ May 2008	893,231.96	1,892,899.13	1,816,385.21	76,513.92	4.21%
⊞ Jun 2008	845,141.60	2,738,040.73	1,816,385.21	921,655.52	50.74%
⊞ Q3-2008	2,575,545.59	2,575,545.59	2,738,040.73	-162,495.14	-5.93%
⊞ Q4-2008	2,797,611.46	2,797,611.46	2,575,545.59	222,065.87	8.62%
⊞ 2009	5,725,632.34				
Total	24,661,807.07				

图 2-14   Sales QTDOPQ %从 2008 年 5 月起显示为正数，
表示 Sales QTD 开始大于 Q1-2008 的 Sales Amount

"季初至今比上个季度增长"是通过 Sales QTDOPQ 和 Sales QTDOPQ %度量值来计算的；通过 Sales QTD 度量值来计算季初至今的值，通过 Sales PQC 度量值来获得上一个完整季度的销售额。

Sales 表中的度量值

```
Sales PQC :=
IF (
    [ShowValueForDates] && HASONEVALUE ( 'Date'[Year Quarter] ),
        CALCULATE (
```

```
        [Sales Amount],
        PARALLELPERIOD ( 'Date'[Date], -1, QUARTER )
    )
)
```

Sales 表中的度量值

```
Sales QTDOPQ :=
VAR ValueCurrentPeriod = [Sales QTD]
VAR ValuePreviousPeriod = [Sales PQC]
VAR Result =
    IF (
        NOT ISBLANK ( ValueCurrentPeriod )
            && NOT ISBLANK ( ValuePreviousPeriod ),
        ValueCurrentPeriod - ValuePreviousPeriod
    )
RETURN
    Result
```

Sales 表中的度量值

```
Sales QTDOPQ % :=
DIVIDE (
    [Sales QTDOPQ],
    [Sales PQC]
)
```

也可以使用 PREVIOUSQUARTER 来编写 Sales PQC 度量值，只要不是用在超过一个季度的年度级别即可。

Sales 表中的度量值

```
Sales PQC (2) :=
IF (
    [ShowValueForDates] && HASONEVALUE ( 'Date'[Year Quarter] ),
    CALCULATE (
        [Sales Amount],
        PREVIOUSQUARTER ( 'Date'[Date] )
    )
)
```

2.5.3 月初至今比上个完整月度

"月初至今比上个完整月度"是将月初至今与上一个完整月度进行比较。如图 2-15 所示，2008 年 4 月期间的总 Sales MTD 超过了 2008 年 3 月的 Sales Amount。Sales MTDOPM%体现月初至今与上个月度总额的直接比较；当该百分比为正数时，表示增长超过上一月度。在本案例中，从 2008 年 4 月 19 日起实现超过上一月度的增长。

"月初至今比上个月度增长"是通过 Sales MTDOPM %和 Sales MTDOPM 度量值来计算的；通过 Sales MTD 度量值来计算月初至今的值，通过 Sales PMC 度量值来获得上一个完整月度的销售额。

Year	Sales Amount	Sales MTD	Sales PMC	Sales MTDOPM	Sales MTDOPM %
⊞ 2007	9,008,591.74	991,548.75			
⊟ 2008	9,927,582.99	921,709.14			
⊟ Q1-2008	1,816,385.21	559,538.52			
⊞ Jan 2008	656,766.69	656,766.69	991,548.75	-334,782.06	-33.76%
⊞ Feb 2008	600,080.00	600,080.00	656,766.69	-56,686.70	-8.63%
⊞ Mar 2008	559,538.52	559,538.52	600,080.00	-40,541.48	-6.76%
⊟ Q2-2008	2,738,040.73	845,141.60			
⊟ Apr 2008	999,667.17	999,667.17	559,538.52	440,128.65	78.66%
4/1/2008	13,557.28	13,557.28	559,538.52	-545,981.24	-97.58%
4/2/2008	9,065.70	22,622.98	559,538.52	-536,915.54	-95.96%
4/3/2008	31,133.36	53,756.34	559,538.52	-505,782.18	-90.39%
4/4/2008	24,122.38	77,878.72	559,538.52	-481,659.80	-86.08%
4/5/2008	43,296.27	121,174.99	559,538.52	-438,363.53	-78.34%
4/6/2008	47,212.95	168,387.94	559,538.52	-391,150.58	-69.91%
4/7/2008	29,037.93	197,425.87	559,538.52	-362,112.65	-64.72%
4/8/2008	16,857.91	214,283.78	559,538.52	-345,254.74	-61.70%
4/9/2008	1,561.36	215,845.13	559,538.52	-343,693.39	-61.42%
4/10/2008	378.55	216,223.68	559,538.52	-343,314.84	-61.36%
4/11/2008	42,286.96	258,510.64	559,538.52	-301,027.88	-53.80%
4/12/2008	38,560.80	297,071.44	559,538.52	-262,467.08	-46.91%
4/13/2008	6,511.76	303,583.20	559,538.52	-255,955.32	-45.74%
4/14/2008	57,402.73	360,985.93	559,538.52	-198,552.59	-35.49%
4/15/2008	56,015.09	417,001.02	559,538.52	-142,537.50	-25.47%
4/16/2008	35,205.64	452,206.66	559,538.52	-107,331.86	-19.18%
4/17/2008	59,922.32	512,128.98	559,538.52	-47,409.54	-8.47%
4/18/2008	22,947.10	535,076.08	559,538.52	-24,462.44	-4.37%
4/19/2008	61,693.67	596,769.75	559,538.52	37,231.23	6.65%
Total	24,661,807.07				

图 2-15　Sales MTDOPM %从 2008 年 4 月 19 日起显示为正数，表示此时的 Sales MTD
开始大于 2008 年 3 月的 Sales Amount

Sales 表中的度量值

```
Sales PMC :=
IF (
    [ShowValueForDates] && HASONEVALUE ( 'Date'[Year Month] ),
    CALCULATE (
        [Sales Amount],
        PARALLELPERIOD ( 'Date'[Date], -1, MONTH )
    )
)
```

Sales 表中的度量值

```
Sales MTDOPM :=
VAR ValueCurrentPeriod = [Sales MTD]
VAR ValuePreviousPeriod = [Sales PMC]
VAR Result =
    IF (
        NOT ISBLANK ( ValueCurrentPeriod )
            && NOT ISBLANK ( ValuePreviousPeriod ),
        ValueCurrentPeriod - ValuePreviousPeriod
    )
RETURN
    Result
```

Sales 表中的度量值

```
Sales MTDOPM % :=
DIVIDE (
```

```
    [Sales MTDOPM],
    [Sales PMC]
)
```

也可以使用 PREVIOUSMONTH 函数来编写 Sales PMC 度量值，只要不是用在超过一个月的季度或年度级别即可。

Sales 表中的度量值

```
Sales PMC (2) :=
IF (
    [ShowValueForDates] && HASONEVALUE ( 'Date'[Year Month] ),
    CALCULATE (
        [Sales Amount],
        PREVIOUSMONTH ( 'Date'[Date] )
    )
)
```

2.6　使用移动年度总计计算

聚合几个月数据的一种常用方法是使用移动年度总计，而不是年初至今。移动年度总计包括过去 12 个月的数据。例如，2008 年 3 月的移动年度总计包括从 2007 年 4 月至 2008 年 3 月的数据。

2.6.1　移动年度总计

Sales MAT（Moving Annual Total，MAT）度量值用于计算移动年度总计，如图 2-16 所示。

Year	Sales Amount	Sales MAT	Sales PYMAT	Sales MATG	Sales MATG %
☐ 2007	9,008,591.74	9,008,591.74			
Mar 2007	345,319.01	345,319.01			
Apr 2007	1,128,104.82	1,473,423.82			
May 2007	936,192.74	2,409,616.57			
Jun 2007	982,304.46	3,391,921.03			
Jul 2007	922,542.98	4,314,464.01			
Aug 2007	952,834.59	5,267,298.60			
Sep 2007	1,009,868.98	6,277,167.58			
Oct 2007	914,273.54	7,191,441.12			
Nov 2007	825,601.87	8,017,042.99			
Dec 2007	991,548.75	9,008,591.74			
☐ 2008	9,927,582.99	9,927,582.99	9,008,591.74	918,991.25	10.20%
Jan 2008	656,766.69	9,665,358.44			
Feb 2008	600,080.00	10,265,438.43			
Mar 2008	559,538.52	10,479,657.94	345,319.01	10,134,338.94	2934.78%
Apr 2008	999,667.17	10,351,220.30	1,473,423.82	8,877,796.47	602.53%
May 2008	893,231.96	10,308,259.51	2,409,616.57	7,898,642.95	327.80%
Jun 2008	845,141.60	10,171,096.65	3,391,921.03	6,779,175.62	199.86%
Jul 2008	890,547.41	10,139,101.08	4,314,464.01	5,824,637.07	135.00%
Aug 2008	721,560.95	9,907,827.45	5,267,298.60	4,640,528.85	88.10%
Sep 2008	963,437.23	9,861,395.69	6,277,167.58	3,584,228.11	57.10%
Oct 2008	719,792.99	9,666,915.14	7,191,441.12	2,475,474.02	34.42%
Nov 2008	1,156,109.32	9,997,422.60	8,017,042.99	1,980,379.60	24.70%
Dec 2008	921,709.14	9,927,582.99	9,008,591.74	918,991.25	10.20%
☐ 2009	5,725,632.34	5,725,632.34	9,927,582.99	-4,201,950.65	-42.33%
Jan 2009	580,901.05	9,851,717.35	9,665,358.44	186,358.91	1.93%
Total	24,661,807.07	5,725,632.34			

图 2-16　2008 年 3 月的 Sales MAT 聚合了 2007 年 4 月至 2008 年 3 月的 Sales Amount

移动年度总计使用 DATESINPERIOD 函数来选择上一年。

Sales 表中的度量值

```
Sales MAT :=
IF (
    [ShowValueForDates],
    CALCULATE (
        [Sales Amount],
        DATESINPERIOD (
            'Date'[Date],
            MAX ( 'Date'[Date] ),
            -1,
            YEAR
        )
    )
)
```

DATESINPERIOD 函数返回一个日期集。该日期集包含从第二个参数开始传递的日期，同时应用在第三个参数和第四个参数中指定的偏移。例如，Sales MAT 度量值返回筛选上下文中最后有效日期之前的全年日期。通过分别给第三个参数和第四个参数赋值-12 和 MONTH，可以获得相同的结果。

2.6.2 移动年度总计增长

"移动年度总计增长"（Moving Annual Total Growth，MATG）借由 Sales MAT 度量值，通过 Sales PYMAT、Sales MATG 和 Sales MATG %度量值来计算。Sales MAT 度量值提供首次销售后一年的正确值（当一整年的销售数据都可以获得时）；但当可获取的数据所覆盖的时间段不足一整年时，则是另一种情形。例如，2009 年全年的 Sales PYMAT 为 9,927,582.99，这与 2008 年全年的 Sales Amount 相对应，如图 2-17 所示。当将 2009 年销售额与 2008 年全年销售额进行比较时，只能用到不足 8 个月的销售数据，这是因为 2009 年有销售记录的数据截至当年 8 月 15 日。类似地，你可以看到 2008 年开始出现的 Sales MATG %数值非常高，一年后稳定下来。前几个值非常高，是由于上一年没有销售。其设计原理是：移动年度总计通常是以月粒度或日粒度进行计算，以便在图表中显示趋势。

Year	Sales Amount	Sales MAT	Sales PYMAT	Sales MATG	Sales MATG %
⊞ 2007	9,008,591.74	9,008,591.74			
⊟ 2008	9,927,582.99	9,927,582.99	9,008,591.74	918,991.25	10.20%
Jan 2008	656,766.69	9,665,358.44			
Feb 2008	600,080.00	10,265,438.43			
Mar 2008	559,538.52	10,479,657.94	345,319.01	10,134,338.94	2934.78%
Apr 2008	999,667.17	10,351,220.30	1,473,423.82	8,877,796.47	602.53%
May 2008	893,231.96	10,308,259.51	2,409,616.57	7,898,642.95	327.80%
Jun 2008	845,141.60	10,171,096.65	3,391,921.03	6,779,175.62	199.86%
Jul 2008	890,547.41	10,139,101.08	4,314,464.01	5,824,637.07	135.00%
Aug 2008	721,560.95	9,907,827.45	5,267,298.60	4,640,528.85	88.10%
Sep 2008	963,437.23	9,861,395.69	6,277,167.58	3,584,228.11	57.10%
Oct 2008	719,792.99	9,666,915.14	7,191,441.12	2,475,474.02	34.42%
Nov 2008	1,156,109.32	9,997,422.60	8,017,042.99	1,980,379.60	24.70%
Dec 2008	921,709.14	9,927,582.99	9,008,591.74	918,991.25	10.20%
⊟ 2009	5,725,632.34	5,725,632.34	9,927,582.99	-4,201,950.65	-42.33%
Jan 2009	580,901.05	9,851,717.35	9,665,358.44	186,358.91	1.93%
Feb 2009	622,581.14	9,874,218.49	10,265,438.43	-391,219.95	-3.81%
Mar 2009	496,137.87	9,810,817.83	10,479,657.94	-668,840.11	-6.38%
Apr 2009	678,893.22	9,490,043.88	10,351,220.30	-861,176.42	-8.32%
May 2009	1,067,165.23	9,663,977.15	10,308,259.51	-644,282.36	-6.25%
Jun 2009	872,586.20	9,691,421.74	10,171,096.65	-479,674.91	-4.72%
Jul 2009	1,068,396.58	9,869,270.91	10,139,101.08	-269,830.17	-2.66%
Aug 2009	338,971.06	9,486,681.02	9,907,827.45	-421,146.43	-4.25%
Total	24,661,807.07		5,725,632.34		

图 2-17   Sales MATG%显示了 Sales MAT 和 Sales PYMAT 之间增长的百分比

度量值的定义方法如下：

Sales 表中的度量值

```
Sales PYMAT :=
IF (
    [ShowValueForDates],
    CALCULATE (
        [Sales MAT],
        DATEADD ( 'Date'[Date], -1, YEAR )
    )
)
```

Sales 表中的度量值

```
Sales MATG :=
VAR ValueCurrentPeriod = [Sales MAT]
VAR ValuePreviousPeriod = [Sales PYMAT]
VAR Result =
    IF (
        NOT ISBLANK ( ValueCurrentPeriod )
            && NOT ISBLANK ( ValuePreviousPeriod ),
        ValueCurrentPeriod - ValuePreviousPeriod
    )
RETURN
    Result
```

Sales 表中的度量值

```
Sales MATG % :=
DIVIDE (
    [Sales MATG],
    [Sales PYMAT]
)
```

也可以使用 SAMEPERIODLASTYEAR 函数来编写 Sales PYMAT 度量值。如下面的示例，其本质用法就是上例中的 DATEADD。

Sales 表中的度量值

```
Sales PYMAT (2) :=
IF (
    [ShowValueForDates],
    CALCULATE (
        [Sales MAT],
        SAMEPERIODLASTYEAR ( 'Date'[Date] )
    )
)
```

2.7 移动平均

移动平均通常用在折线图中显示趋势。图 2-18 展示了包括 30 天（Sales AVG 30D）、3 个月（Sales AVG 3M）和 1 年（Sales AVG 1Y）的 Sales Amount 的移动平均。

图 2-18   Sales AVG 30D、Sales AVG 3M 和 Sales AVG 1Y 分别显示了 30 天、3 个月和 1 年的移动平均

2.7.1   移动平均 30 天

Sales AVG 30D（移动平均 30 天）度量值通过遍历借由 DATESINPERIOD 获得的过去 30 天的日期列表，来计算 30 天的移动平均。

Sales 表中的度量值

```
Sales AVG 30D :=
VAR Period30D =
    CALCULATETABLE (
        DATESINPERIOD (
            'Date'[Date],
            MAX ( 'Date'[Date] ),
            -30,
            DAY
        ),
        'Date'[DateWithSales] = TRUE
    )
VAR FirstDayWithData =
    CALCULATE (
        MIN ( Sales[Order Date] ),
        REMOVEFILTERS ()
    )
VAR FirstDayInPeriod =
    MINX ( Period30D, 'Date'[Date] )
VAR Result =
    IF (
        FirstDayWithData <= FirstDayInPeriod,
        AVERAGEX (
            Period30D,
            [Sales Amount]
        )
    )
RETURN
    Result
```

这种模式非常灵活。但是对于常规的累加计算，可以使用另一个公式：Result 来更快地实现。

```
VAR Result =
    IF (
```

```
            FirstDayWithData <= FirstDayInPeriod,
            CALCULATE (
                DIVIDE (
                    [Sales Amount],
                    DISTINCTCOUNT ( Sales[Order Date] )
                ),
                Period30D
            )
    )
```

2.7.2 移动平均 3 个月

Sales AVG 3M（移动平均 3 个月）度量值通过遍历借由 DATESINPERIOD 获得的过去 3 个月的日期列表，来计算 3 个月的移动平均。

Sales 表中的度量值

```
Sales AVG 3M :=
VAR Period3M =
    CALCULATETABLE (
        DATESINPERIOD (
            'Date'[Date],
            MAX ( 'Date'[Date] ),
            -3,
            MONTH
        ),
        'Date'[DateWithSales] = TRUE
    )
VAR FirstDayWithData =
    CALCULATE (
        MIN ( Sales[Order Date] ),
        REMOVEFILTERS ()
    )
VAR FirstDayInPeriod =
    MINX ( Period3M, 'Date'[Date] )
VAR Result =
    IF (
        FirstDayWithData <= FirstDayInPeriod,
        AVERAGEX (
            Period3M,
            [Sales Amount]
        )
    )
RETURN
    Result
```

对于简单的累加度量值，在"移动平均 30 天"中介绍的基于 DIVIDE 的模式，也可以用于计算 3 个月的移动平均。

2.7.3 移动平均 1 年

Sales AVG 1Y（移动平均 1 年）度量值通过遍历借由 DATESINPERIOD 获得的过去 1 年的日期列表，来计算 1 年的移动平均。

Sales 表中的度量值

```
Sales AVG 1Y :=
VAR Period1Y =
    CALCULATETABLE (
        DATESINPERIOD (
            'Date'[Date],
            MAX ( 'Date'[Date] ),
            -1,
            YEAR
        ),
        'Date'[DateWithSales] = TRUE
    )
VAR FirstDayWithData =
    CALCULATE (
        MIN ( Sales[Order Date] ),
        REMOVEFILTERS ()
    )
VAR FirstDayInPeriod =
    MINX ( Period1Y, 'Date'[Date] )
VAR Result =
    IF (
        FirstDayWithData <= FirstDayInPeriod,
        AVERAGEX (
            Period1Y,
            [Sales Amount]
        )
    )
RETURN
    Result
```

对于简单的累加度量值，在"移动平均 30 天"中介绍的基于 DIVIDE 的模式，也可以用于计算 1 年的移动平均。

2.8　筛选其他日期属性

　　一旦将 Date 表标记为日期表，每当 CALCULATE 筛选 Date 表的日期列时，DAX 会自动删除 Date 表中的所有筛选器。设计这样的执行方式，其目的是简化时间智能计算的编写。的确，如果 DAX 不删除筛选器，则每次使用 DAX 时间智能函数时，需要在 Date 表上手动添加 REMOVEFILTERS，这会带来不好的开发体验。

　　自动删除 Date 表中的筛选器可能会给某些特定报告带来问题。例如，如果一份报告计算年初至今销售情况的方式是按星期几对销售额进行切分，则仅通过使用时间智能函数 DATESYTD 获得的结果会是错误的。图 2-19 显示了一周中所有日期的 Sales YTD，可以看出，一周中每一天的 Sales YTD 结果略小于或等于行总计。

　　值不正确的原因是 DATESYTD 在 Date[Date]列上应用了一个筛选器。因为 Date 被标记为日期表，所以 DAX 会自动将 REMOVEFILTERS ('Date') 修饰符应用于筛选器参数中，从而使得 DATESYTD 在 CALCULATE 筛选作用中可删除星期几上的筛选器。因此，显示的数字是年初至今，与星期几上的任何筛选器无关。星期几筛选器仅影响报告行中指定的时间段（年或季度）的最后一天。要想获得正确的结果（如图 2-20 所示）需要使用另一种方法。

Year	Sun	Mon	Tue	Wed	Thu	Fri	Sat	Total
⊟ **2007**	2,028,110.40	2,033,290.41	1,986,595.75	1,986,595.75	2,001,546.40	2,023,061.60	2,023,061.60	**2,033,290.41**
⊞ Q1-2007	33,191.68	33,191.68	37,278.73	67,516.57	67,516.57	67,687.57	70,663.35	**70,663.35**
⊞ Q2-2007	715,161.10	726,556.88	726,556.88	726,556.88	726,556.88	752,340.65	752,340.65	**752,340.65**
⊞ Q3-2007	1,299,615.31	1,275,404.66	1,275,584.60	1,275,584.60	1,279,868.45	1,280,683.45	1,283,923.34	**1,299,615.31**
⊞ Q4-2007	2,028,110.40	2,033,290.41	1,986,595.75	1,986,595.75	2,001,546.40	2,023,061.60	2,023,061.60	**2,033,290.41**
⊟ **2008**	3,863,166.63	3,945,581.66	3,961,357.00	3,962,572.24	3,834,546.99	3,838,405.66	3,847,341.31	**3,962,572.24**
⊞ Q1-2008	652,523.41	653,510.79	603,654.94	621,113.72	646,903.21	646,903.21	652,523.41	**653,510.79**
⊞ Q2-2008	1,897,398.57	1,905,436.47	1,897,236.73	1,897,236.73	1,897,236.73	1,897,236.73	1,897,236.73	**1,905,436.47**
⊞ Q3-2008	2,938,716.78	2,961,218.27	2,971,689.41	2,933,658.94	2,938,230.94	2,938,716.78	2,938,716.78	**2,971,689.41**
⊞ Q4-2008	3,863,166.63	3,945,581.66	3,961,357.00	3,962,572.24	3,834,546.99	3,838,405.66	3,847,341.31	**3,962,572.24**
⊟ **2009**	2,106,851.27	2,106,851.27	2,106,851.27	2,106,851.27	2,106,851.27	2,106,851.27	2,106,851.27	2,106,851.27
⊞ Q1-2009	607,441.51	607,441.51	607,441.51	602,032.63	607,441.51	607,441.51	607,441.51	**607,441.51**
⊞ Q2-2009	1,606,849.46	1,637,729.02	1,655,456.71	1,585,978.86	1,585,978.86	1,587,634.79	1,603,263.58	**1,655,456.71**
⊞ Q3-2009	2,106,851.27	2,106,851.27	2,106,851.27	2,106,851.27	2,106,851.27	2,106,851.27	2,106,851.27	2,106,851.27
Total								

图 2-19　按星期几切分的度量值 Sales YTD 产生了不正确的结果

Year	Sun	Mon	Tue	Wed	Thu	Fri	Sat	Total
⊟ **2007**	387,892.31	256,494.86	351,518.69	167,564.95	325,372.54	234,028.12	310,418.94	2,033,290.41
⊞ Q1-2007	7,494.33	269.59	4,087.06	37,797.73	8,092.55	171.00	12,751.10	**70,663.35**
⊞ Q2-2007	157,152.33	104,206.69	94,556.88	53,180.25	65,739.02	98,845.73	178,659.77	**752,340.65**
⊞ Q3-2007	294,136.91	146,961.86	197,450.85	114,226.73	191,722.65	140,318.84	214,797.46	**1,299,615.31**
⊞ Q4-2007	387,892.31	256,494.86	351,518.69	167,564.95	325,372.54	234,028.12	310,418.94	**2,033,290.41**
⊟ **2008**	481,984.57	748,049.69	672,542.60	612,707.54	456,627.54	536,158.70	454,501.59	3,962,572.24
⊞ Q1-2008	99,539.00	114,336.96	127,790.20	73,790.35	166,717.34	36,881.39	34,455.55	**653,510.79**
⊞ Q2-2008	235,012.67	372,938.93	375,364.30	254,736.08	275,116.22	145,657.29	246,610.98	**1,905,436.47**
⊞ Q3-2008	336,763.20	502,666.56	540,890.53	451,235.48	368,948.90	422,201.81	348,982.93	**2,971,689.41**
⊞ Q4-2008	481,984.57	748,049.69	672,542.60	612,707.54	456,627.54	536,158.70	454,501.59	**3,962,572.24**
⊟ **2009**	319,764.21	317,954.65	229,012.06	242,739.71	269,741.35	436,190.22	291,449.07	2,106,851.27
⊞ Q1-2009	92,797.03	150,013.12	51,059.31	46,155.11	65,152.15	112,963.49	89,301.31	**607,441.51**
⊞ Q2-2009	272,649.29	268,634.97	165,391.40	196,429.31	183,913.29	358,525.74	209,912.72	**1,655,456.71**
⊞ Q3-2009	319,764.21	317,954.65	229,012.06	242,739.71	269,741.35	436,190.22	291,449.07	**2,106,851.27**
Total								

图 2-20　按星期几切分的 Sales YTD (Day of Week)产生了正确的结果

　　有两种方法可以获取正确的值：①以 CALCULATE 语句重新遍历星期几上的筛选器；②更新数据模型。

　　仅在对列进行筛选的情况下，恢复星期几上的筛选器需要添加 VALUES（Date[Day of Week]），代码如下。

Sales 表中的度量值

```
Sales YTD (day of week) :=
IF (
    [ShowValueForDates],
    IF (
        ISFILTERED ( 'Date'[Day of Week] ),
        CALCULATE (
            [Sales Amount],
            DATESYTD ( 'Date'[Date] ),
            VALUES ( 'Date'[Day of Week] )
        ),
        CALCULATE (
            [Sales Amount],
            DATESYTD ( 'Date'[Date] )
        )
```

```
    )
)
```

第一种解决方案效果很好，但存在一个重大缺点：根据是否筛选了 Date[Day of Week]列，会有两种不同版本的计算。在大型模型上，这可能会对性能产生明显影响。

针对这种情况，还有另一种解决方案，更新数据模型。不通过使用 Date 表选择星期几，我们可以将星期几存储在一个单独的表中，用该表筛选 Sales，与 Date 无关。这样，自动删除 Date 上的筛选器不会影响现有的星期几筛选器。例如，可以将 Day of Week 表创建为计算表。

计算表

```
Day of Week =
SELECTCOLUMNS (
    'Date',
    "Date", 'Date'[Date],
    "Day of Week", 'Date'[Day of Week]
)
```

Day of Week 表必须通过'Day of Week'[Date]关联到 Sales[Order Date]，这意味着模型必须如图 2-21 所示。

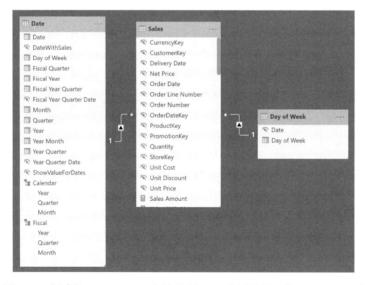

图 2-21　新建的 Day of Week 表关联到 Date 使用的同一个 Order Date 列

请注意，我们使用 Date 中的所有日期新建了 Day of Week 表，以与现有的 Sales[Order Date] 列建立联系。通过创建仅包含 7 个值的表（周日至周六），我的可以获得相同的结果，但是这种选择需要在 Sales 表中增加一列，这样会使数据模型消耗更多内存。

在新建的表中按 Day of Week 进行切分，可以兼容任何时间智能计算，并且兼容 Day of Week 表上的任何筛选器。这是因为两个筛选器（Date 和 Day of the Week）属于两个不同的表。

依据特定业务规则的需求，其他表可以合并任何属性集。我们使用星期几做了一个示例，你可以使用任何其他属性集（例如工作日、假期、季节），前提是这些属性取决于 Order Date。

## 第 3 章

与月相关的计算

3

此模式介绍如何实现与月相关的计算，例如使用月粒度计算年初至今、上年同期，以及百分比增长。此模式不依赖 DAX 内置的时间智能函数。

如果仅在月度级别（或更高级别）上执行销售情况分析，则可以采用与月份相关的计算模式。换句话说，如果你下钻到日期级别，公式将停止工作。由于该模式不使用与销售数据关联的真实日期，因此你还可以执行 13 个月的会计日历，以及任何与时间有关的非标准计算，前提是报告的最高详细程度是月份，而不是周或天。报告无法按星期、星期几或工作日进行筛选或分组；尽管 Date 表的实际粒度可以在日期级别，但是这些列一定不能成为本模式中 Date 表的一部分，因为这些列与该模式中的公式不兼容。

在所有不需要日粒度的案例中，与月相关的计算模式非常有助于创建简单的公式和实现最佳性能。此外，这是唯一允许创建额外月份的模式，例如，在会计系统中，会计年度包含用于年末调整的第十三个虚拟月份。如果你管理的与时间相关的计算是基于月份的时间段，并且需要采用日粒度，请考虑使用**自定义时间相关的计算**模式。如果你管理与时间相关的计算是基于星期的时间段，请考虑使用**与周相关的计算**模式。

3.1 与月相关的时间智能计算介绍

此模式中的时间智能计算会修改 Date 表的筛选上下文来获得结果。此模式中的公式旨在以月粒度应用筛选器，以提高查询性能，而不考虑 Date 表的基数情况。例如，许多计算会在月度级别上修改筛选上下文，而不是在日期级别。该技术降低了计算新筛选器并将其应用于筛选上下文的成本。该技术在使用 DirectQuery 时特别有用，此外它也可以提高内存中导入的模型的性能。

该模式不依赖于标准时间智能函数，因此，使用标准 DAX 时间智能函数的要求不适用于 Date 表。无论是每月一行还是每天一行，使用的公式都是相同的。

如果 Date 表含有 Date 列，你可以对其执行"标记为日期表"设置，但这不是必需的。筛选 Date 列时，此模式中的公式不依赖应用于 Date 表的自动 REMOVEFILTERS。反而是，所有的公式会对 Date 表使用特定 REMOVEFILTERS 来摆脱现有的筛选器，并以最小数量的筛选器替换现有筛选器，从而确保得到期望的结果。

3.1.1 创建 Date 表

你可以通过很多方式创建用于"与月相关的计算"的 Date 表。与月相关的计算模式的要求是公开与月份相关的列和与任何月度级别聚合（例如季度和年度）相关的列。这些月份可能与标准公历日历中定义的月份有所不同，例如需要 13 个月的情况。可用于此模式的样本文件包括 4 种不同情形的 Date 表。

（1）基于公历，每个日期一行，使用 Date 作为主键。在这种情况下，执行方式接近于标准时间智能计算，明显的区别在于使用公式的效率更快。

（2）基于公历，每个月份一行，使用 Year Month Number 作为主键。这种模式甚至比上一个模式要好，因为日期表要小得多。

（3）含有 13 个会计月的会计日历，每个月份一行，第十三个会计月体现为公历日历中的额外一个月，介于会计年的最后一个月和下一个会计年的第一个月之间。其性能接近第二种情形。

（4）含有 13 个会计月的会计日历，每个月份一行，第十三个会计月体现为公历日历上最后一个会计月。其性能和执行方式与第三个情形非常接近。

如果 Date 表中每个月都有一行，则不应使用日期去关联 Sales 表和 Date 表，除非是使用特定的日期来标识每个月。例如，12 月 1 日代表 12 月，12 月 31 日代表该年第十三个月。

此模式中的 Date 表必须具有 Sales 表中引用的第一个日期和最后一个日期之间的所有月份。因此，如果最后一次销售发生在 2009 年 8 月，则 Date 表中的最后一个月必须是 2009 年 8 月。这个要求与 DAX 中标准时间智能函数的要求不同，在标准时间智能函数中，Date 表中必须出现一年中的所有月份才能保证正确的执行方式。

如果你已经有一份 Date 表，则可以通过仅显示该模式所需的列，同时隐藏具有日粒度或周粒度的列，来导入并使用该表。如果没有 Date 表，则可以使用 DAX 计算表来创建。例如，以下 DAX 表达式定义了上面所述的前三种情形中使用的 Date 表。

计算表

```
Date =
VAR FirstFiscalMonth = 3      -- 会计年度的第一个月
VAR MonthsInYear = 12         -- 对于 GranularityByDate，必须是 12
                              -- 对于 GranularityByMonth，可以是其他值
VAR CalendarFirstDate = MIN ( Sales[Order Date]  )
VAR CalendarLastDate = MAX ( Sales[Order Date]  )
VAR CalendarFirstYear = YEAR ( CalendarFirstDate )
VAR CalendarFirstMonth = MONTH ( CalendarFirstDate )
VAR CalendarLastYear = YEAR ( CalendarLastDate )
VAR CalendarLastMonth = MONTH ( CalendarLastDate )

-------------------------
-- 内部计算
-------------------------
VAR GranularityByDate =
    ADDCOLUMNS (
        CALENDAR (
            DATE ( CalendarFirstYear, CalendarFirstMonth, 1 ),
            EOMONTH (
                DATE ( CalendarLastYear, CalendarLastMonth, 1 ),
                0
            )
        ),
        "Year Month Number", YEAR ( [Date] ) * MonthsInYear
            + MONTH ( [Date] ) - 1
    )
VAR GranularityByMonth =
```

```
        SELECTCOLUMNS (
            GENERATESERIES (
                CalendarFirstYear * MonthsInYear + CalendarFirstMonth - 1
                    - (MonthsInYear - 12) * (CalendarFirstMonth < FirstFiscalMonth),
                CalendarLastYear * MonthsInYear + CalendarLastMonth - 1
                    - (MonthsInYear - 12) * (CalendarLastMonth < FirstFiscalMonth),
                1
            ),
            "Year Month Number", [Value]
        )
RETURN GENERATE (
    GranularityByDate,        -- 使用 GranularityByMonth 会为每个月生成一个列
    VAR YearMonthNumber = [Year Month Number]
    VAR FiscalMonthNumber =
        MOD (
            YearMonthNumber + 1
                * (FirstFiscalMonth > 1)
                * (MonthsInYear + 1 - FirstFiscalMonth),
            MonthsInYear
        ) + 1
    VAR FiscalYearNumber =
        QUOTIENT (
            YearMonthNumber + 1
                * (FirstFiscalMonth > 1)
                * (MonthsInYear + 1 - FirstFiscalMonth),
            MonthsInYear
        )
    VAR OffsetFiscalMonthNumber = MonthsInYear + 1 - (MonthsInYear - 12)
    VAR MonthNumber =
        IF (
            FiscalMonthNumber <= 12 && FirstFiscalMonth > 1,
            FiscalMonthNumber + FirstFiscalMonth
                - IF (
                    FiscalMonthNumber > (OffsetFiscalMonthNumber - FirstFiscalMonth),
                    OffsetFiscalMonthNumber,
                    1
                ),
            FiscalMonthNumber
        )
    VAR YearNumber = FiscalYearNumber - 1 * (MonthNumber > FiscalMonthNumber)
    VAR YearMonthKey = YearNumber * 100 + MonthNumber

    VAR MonthDate = DATE ( YearNumber, MonthNumber, 1 )
    VAR FiscalQuarterNumber = MIN ( ROUNDUP ( FiscalMonthNumber / 3, 0 ), 4 )
    VAR FiscalYearQuarterNumber = FiscalYearNumber * 4 + FiscalQuarterNumber - 1
    VAR FiscalMonthInQuarterNumber =
        MOD ( FiscalMonthNumber - 1, 3 ) + 1 + 3 * (MonthNumber > 12)
    VAR MonthInQuarterNumber = MOD ( MonthNumber - 1, 3 ) + 1 + 3 * (MonthNumber > 12)
    VAR QuarterNumber = MIN ( ROUNDUP ( MonthNumber / 3, 0 ), 4 )
    VAR YearQuarterNumber = YearNumber * 4 + QuarterNumber - 1
    RETURN ROW (
        "Year Month Key", YearMonthKey,
        "Year", YearNumber,
        "Year Quarter", FORMAT ( QuarterNumber, "\QO" )
            & "-" & FORMAT ( YearNumber, "0000" ),
        "Year Quarter Number", YearQuarterNumber,
        "Quarter", FORMAT ( QuarterNumber, "\QO" ),
        "Year Month", IF (
            MonthNumber > 12,
            FORMAT ( MonthNumber, "\MOO" ) & FORMAT ( YearNumber, " 0000" ),
            FORMAT ( MonthDate, "mmm yyyy" )
        ),
```

```
        "Month", IF (
            MonthNumber > 12,
            FORMAT ( MonthNumber, "\MOO" ),
            FORMAT ( MonthDate, "mmm" )
        ),
        "Month Number", MonthNumber,
        "Month In Quarter Number", MonthInQuarterNumber,
        "Fiscal Year", FORMAT ( FiscalYearNumber, "\F\Y 0000" ),
        "Fiscal Year Number", FiscalYearNumber,
        "Fiscal Year Quarter", FORMAT ( FiscalQuarterNumber, "\F\QO" ) & "-"
            & FORMAT ( FiscalYearNumber, "0000" ),
        "Fiscal Year Quarter Number", FiscalYearQuarterNumber,
        "Fiscal Quarter", FORMAT ( FiscalQuarterNumber, "\F\QO" ),
        "Fiscal Month", IF (
            MonthNumber > 12,
            FORMAT ( MonthNumber, "\MOO" ),
            FORMAT ( MonthDate, "mmm" )
        ),
        "Fiscal Month Number", FiscalMonthNumber,
        "Fiscal Month In Quarter Number", FiscalMonthInQuarterNumber
    )
)
```

你可以自定义前两个变量以创建满足特定业务需求的 Date 表。FirstFiscalMonth 变量定义年度第一个会计月份，MonthsInYear 变量定义每个会计年度的月份编号。另一个需要自定义的变量是 GENERATE 的第一个参数，它可以是：

❑ GranularityByMonth，为每个月份生成一行；

❑ GranularityByDate，为每个日期生成一行。

GranularityByDate 适用于第一种情形（每个日期一行），GranularityByMonth 适用于其他三种情形（每个月份一行）。Year Month 列为每个月赋予一个值；会计日历层次结构和公历日历层次结构的月份描述是相同的。第四种情形包括一些额外的列，以便给 Month 和 Fiscal Month 赋予不同的值。根据层次结构，需要对第十三个月进行差异化管理。

为了获得正确的可视化效果，必须按以下方式在数据模型中对**日历列**进行设置。对于每一列，我们都展示了数据类型，后跟一个样本值（假设会计月份从 3 月开始，该会计年度有 12 个月），如下所示。

❑ Date：日期，隐藏（8/14/2007），仅用于第一种情形。

❑ Year Month Key：隐藏的整数（200708），用于定义关联。

❑ Year Month：文本（Aug 2007）。

❑ Year Quarter：文本（Q3-2007）。

❑ Year Quarter Number：隐藏的整数（8030）。

❑ Quarter：文本（Q3）。

❑ Year Month Number：隐藏的整数（24091）。

❑ Month：文本（Aug）。

❑ Month Number：隐藏的整数（8）。

❑ Month In Quarter Number：隐藏的整数（2）。

❑ Fiscal Month：文本（Aug）。

❑ Fiscal Month Number：隐藏的整数（6）。

❑ Fiscal Month in Quarter Number：隐藏的整数（3）。

❑ Fiscal Year：文本（FY 2008）。

❑ Fiscal Year Number：隐藏的整数（2008）。

❑ Fiscal Year Quarter：文本（FQ2-2008）。

❑ Fiscal Year Quarter Number：隐藏的整数（8033）。

❑ Fiscal Quarter：文本（FQ2）。

此模式中的 Date 表具有 4 个层次结构，如下所示。

❑ 会计年-季度：年（Fiscal Year）、季度（Fiscal Year Quarter）、月（Year Month）。

❑ 会计年-月：年（Fiscal Year）、月（Year Month）。

❑ 年-季度：年（Year）、季度（Year Quarter）、月（Year Month）。

❑ 年-月：年（Year）、月（Year Month）。

有几个列仅用于简化在自定义与时间相关的计算中使用的公式。Year Month Key 列仅用于以整数形式 YYYYMM 定义与 Sales 表的关联。这种标识月份的数字格式在许多按月粒度管理数据的数据源中很常见。

Date 表仅含有现有数据所需要的月份范围。例如，在本节配套的案例文件中，Date 表仅包含从 2007 年 3 月到 2009 年 8 月的月份。此模式不要求包括一年中的所有月份，因此，不需要采用**标准时间相关的计算**模式中像 DateWithSales 那样的额外计算列。

3.1.2　命名约定

本节介绍用来引入时间智能计算的命名约定。一种简单的命名分类方式可以有效地表明一种计算是否：

❑ 推移一段时间，例如上一年的同一时间段；

❑ 执行聚合，例如年初至今；比较两个时间段，例如今年与去年比较。

部分命名约定如表 3-1 所示。

表 3-1　命名约定

首字母缩写	描述	推移	聚合	比较
YTD	年初至今		X	
QTD	季初至今		X	
MAT	移动年度总计		X	
PY	上一年	X		
PQ	上一季	X		
PM	上一月	X		
PYC	上一整年	X		
PQC	上一整季	X		
PMC	上一整月	X		
PP	上一时间段（自动选择年、季或月）	X		
PYMAT	上一年移动年度总计	X	X	

首字母缩写	描述	推移	聚合	比较
YOY	比上个年度的差异			X
QOQ	比上个季度的差异			X
MOM	比上个月度的差异			X
MATG	移动年度总计增长	X	X	X
POP	比上个时间段的差异（自动选择年、季或月）			X
PYTD	上个年度的年初至今	X	X	
PQTD	上个季度的季初至今	X	X	
YOYTD	比上个年度年初至今的差异	X	X	X
QOQTD	比上个季度季初至今的差异	X	X	X
YTDOPY	年初至今比上个年度	X	X	X
QTDOPQ	季初至今比上个季度	X	X	X

3.2 期初至今总计

年初至今、季初至今和月初至今的计算会修改 Date 表的筛选上下文，以确保时间范围是从时间段的开始到当前选定的月份。

3.2.1 年初至今总计

"年初至今总计"始于该年度第一天的数据，如图 3-1 所示。

Year	Sales Amount	Sales YTD		Year	Sales Amount	Sales Fiscal YTD
⊟ 2007	9,008,591.74	9,008,591.74		⊟ FY 2008	10,265,438.43	10,265,438.43
Mar 2007	345,319.01	345,319.01		Mar 2007	345,319.01	345,319.01
Apr 2007	1,128,104.82	1,473,423.82		Apr 2007	1,128,104.82	1,473,423.82
May 2007	936,192.74	2,409,616.57		May 2007	936,192.74	2,409,616.57
Jun 2007	982,304.46	3,391,921.03		Jun 2007	982,304.46	3,391,921.03
Jul 2007	922,542.98	4,314,464.01		Jul 2007	922,542.98	4,314,464.01
Aug 2007	952,834.59	5,267,298.60		Aug 2007	952,834.59	5,267,298.60
Sep 2007	1,009,868.98	6,277,167.58		Sep 2007	1,009,868.98	6,277,167.58
Oct 2007	914,273.54	7,191,441.12		Oct 2007	914,273.54	7,191,441.12
Nov 2007	825,601.87	8,017,042.99		Nov 2007	825,601.87	8,017,042.99
Dec 2007	991,548.75	9,008,591.74		Dec 2007	991,548.75	9,008,591.74
⊟ 2008	9,927,582.99	9,927,582.99		Jan 2008	656,766.69	9,665,358.44
Jan 2008	656,766.69	656,766.69		Feb 2008	600,080.00	10,265,438.43
Feb 2008	600,080.00	1,256,846.69		⊟ FY 2009	9,874,218.49	9,874,218.49
Mar 2008	559,538.52	1,816,385.21		Mar 2008	559,538.52	559,538.52
Apr 2008	999,667.17	2,816,052.38		Apr 2008	999,667.17	1,559,205.69
May 2008	893,231.96	3,709,284.34		May 2008	893,231.96	2,452,437.65

图 3-1 Sales YTD 显示从年初开始的聚合值，而 Sales Fiscal YTD
显示从会计年度年初开始的聚合值

年初至今总计的度量值会对筛选上下文中的最后有效日期所在年份的所有月份进行筛选，筛选出的月份要早于或等于筛选上下文中最后有效日期所在月份。

Sales 表中的度量值

```
Sales YTD :=
VAR LastMonthAvailable = MAX ( 'Date'[Year Month Number] )
VAR LastYearAvailable = MAX ( 'Date'[Year] )
VAR Result =
    CALCULATE (
        [Sales Amount],
        REMOVEFILTERS ( 'Date' ),
        'Date'[Year Month Number] <= LastMonthAvailable,
        'Date'[Year] = LastYearAvailable
    )
RETURN
    Result
```

如果报告使用基于会计年度的层次结构，则度量值必须筛选在标识时间智能计算的首字母缩写词之前存在单词"Fiscal"对应的列。例如，Sales Fiscal YTD 度量值使用 Fiscal Year Number，而不是 Year；但是，它不会更改 Year Month Number 上的筛选器，因为该列对于会计日历层次结构和公历层次结构都是相同的。

Sales 表中的度量值

```
Sales Fiscal YTD :=
VAR LastMonthAvailable = MAX ( 'Date'[Year Month Number] )
VAR LastFiscalYearAvailable = MAX ( 'Date'[Fiscal Year Number] )
VAR Result =
    CALCULATE (
        [Sales Amount],
        REMOVEFILTERS ( 'Date' ),
        'Date'[Year Month Number] <= LastMonthAvailable,
        'Date'[Fiscal Year Number] = LastFiscalYearAvailable
    )
RETURN
    Result
```

3.2.2 季初至今总计

"季初至今总计"始于该会计季度第一个月的数据，如图 3-2 所示。

Year	Sales Amount	Sales QTD
⊞ 2007	9,008,591.74	2,731,424.16
⊞ 2008	9,927,582.99	2,797,611.46
⊟ 2009	5,725,632.34	1,407,367.64
⊟ Q1-2009	1,699,620.05	1,699,620.05
Jan 2009	580,901.05	580,901.05
Feb 2009	622,581.14	1,203,482.19
Mar 2009	496,137.87	1,699,620.05
⊟ Q2-2009	2,618,644.64	2,618,644.64
Apr 2009	678,893.22	678,893.22
May 2009	1,067,165.23	1,746,058.45
Jun 2009	872,586.20	2,618,644.64
⊟ Q3-2009	1,407,367.64	1,407,367.64
Jul 2009	1,068,396.58	1,068,396.58
Aug 2009	338,971.06	1,407,367.64
Total	24,661,807.07	1,407,367.64

图 3-2 Sales QTD 显示了季初至今的金额，这是在年度级别上最后有效季度的值

季初至今总计的度量值可以采用与年初至今总计相同的技术来计算。仅有的不同在于，筛选器现在位于 Year Quarter Number，而不是 Year。

Sales 表中的度量值

```
Sales QTD :=
VAR LastMonthAvailable = MAX ( 'Date'[Year Month Number] )
VAR LastYearQuarterAvailable = MAX ( 'Date'[Year Quarter Number] )
VAR Result =
    CALCULATE (
        [Sales Amount],
        REMOVEFILTERS ( 'Date' ),
        'Date'[Year Month Number] <= LastMonthAvailable,
        'Date'[Year Quarter Number] = LastYearQuarterAvailable
    )
RETURN
    Result
```

3.3 比上个时期增长的计算

一个常见的需求是将一个时间段与上一年、上一个季度或上一个月的相同时间段进行比较。为了实现合理的比较，度量值需要考虑上一年度同期对应的月份或上一季度同期对应的月份。

3.3.1 比上个年度增长

"比上个年度"是将一个时间段与上一年的等效时间段进行比较。在此示例中，有效数据截至 2009 年 8 月。因此，Sales PY 显示的是 2008 年的数字，仅考虑 2008 年 8 月之前的交易。如图 3-3 所示，2008 年的 Sales Amount 为 9,927,582.99，而 2009 年的 Sales PY 返回值为 6,166,534.30，是因为度量值仅涉及截至 2008 年 8 月的销售额。

Year	Sales Amount	Sales PY	Sales YOY	Sales YOY %
⊞ 2007	9,008,591.74			
⊟ 2008	9,927,582.99	9,008,591.74	918,991.25	10.20%
⊞ Q1-2008	1,816,385.21	345,319.01	1,471,066.20	426.00%
⊞ Q2-2008	2,738,040.73	3,046,602.02	-308,561.29	-10.13%
⊟ Q3-2008	2,575,545.59	2,885,246.55	-309,700.96	-10.73%
Jul 2008	890,547.41	922,542.98	-31,995.58	-3.47%
Aug 2008	721,560.95	952,834.59	-231,273.63	-24.27%
Sep 2008	963,437.23	1,009,868.98	-46,431.76	-4.60%
⊞ Q4-2008	2,797,611.46	2,731,424.16	66,187.30	2.42%
⊟ 2009	5,725,632.34	6,166,534.30	-440,901.97	-7.15%
⊞ Q1-2009	1,699,620.05	1,816,385.21	-116,765.16	-6.43%
⊞ Q2-2009	2,618,644.64	2,738,040.73	-119,396.09	-4.36%
⊟ Q3-2009	1,407,367.64	1,612,108.36	-204,740.72	-12.70%
Jul 2009	1,068,396.58	890,547.41	177,849.17	19.97%
Aug 2009	338,971.06	721,560.95	-382,589.89	-53.02%
Total	24,661,807.07			

图 3-3　2009 年的 Sales PY 显示的是 2008 年 1 月至 8 月的销售额，因为在 2009 年 8 月之后没有数据

Sales PY 会删除 Date 表中的所有筛选器；它使用上一年来筛选 Year 列，并使用 VALUES 检索在当前筛选上下文中显示的月份，然后筛选 Month Number 列。该 Date 表必须仅包含某几

个月的销售情况，而不是像 DAX 标准时间智能函数所要求的包含该年度的所有月份。这样，对月份执行的任何直接或间接的选择，都将应用于上一年。

Sales 表中的度量值

```
Sales PY :=
VAR CurrentYearNumber = SELECTEDVALUE ( 'Date'[Year] )
VAR PreviousYearNumber = CurrentYearNumber - 1
VAR Result =
    CALCULATE (
        [Sales Amount],
        REMOVEFILTERS ( 'Date' ),
        'Date'[Year] = PreviousYearNumber,
        VALUES ( 'Date'[Month Number] )
    )
RETURN
    Result
```

"比上个年度增长"的计算，以数字形式表现为 Sales YOY，以百分比形式表现为 Sales YOY %。这两个度量值都使用 Sales PY 来确保仅计算截至 2009 年 8 月的数据。

Sales 表中的度量值

```
Sales YOY :=
VAR ValueCurrentPeriod = [Sales Amount]
VAR ValuePreviousPeriod = [Sales PY]
VAR Result =
    IF (
        NOT ISBLANK ( ValueCurrentPeriod ) && NOT ISBLANK ( ValuePreviousPeriod ),
        ValueCurrentPeriod - ValuePreviousPeriod
    )
RETURN
    Result
```

Sales 表中的度量值

```
Sales YOY % :=
DIVIDE (
    [Sales YOY],
    [Sales PY]
)
```

3.3.2　比上个季度增长

"比上个季度"是将一个时间段与上一季度的等效时间段进行比较。在本节的示例中，有效数据截至 2009 年 8 月。因此，Q3-2009 的 Sales PQ 仅显示 Q2-2009 第二个月之前的交易情况。如图 3-4 所示，Q2-2009 的 Sales Amount 为 2,618,644.64，而 Q3-2009 的 Sales PQ 返回值为 1,746,058.45，这是因为度量值仅考虑截至 Q2-2009 前两个月的销售额。

Sales PQ 会删除 Date 表中的所有筛选器；它使用上一季度来筛选 Year Quarter Number 列，并使用 VALUES 检索在当前筛选上下文中显示的月份，然后筛选 Month In Quarter Number 列。这样，对月份执行的任何直接或间接的选择，都将应用于上一季度。

Year	Sales Amount	Sales PQ	Sales QOQ	Sales QOQ %
⊞ 2007	9,008,591.74			
⊞ 2008	9,927,582.99			
⊟ 2009	5,725,632.34			
⊞ Q1-2009	1,699,620.05	2,797,611.46	-1,097,991.40	-39.25%
⊟ Q2-2009	2,618,644.64	1,699,620.05	919,024.59	54.07%
Apr 2009	678,893.22	580,901.05	97,992.17	16.87%
May 2009	1,067,165.23	622,581.14	444,584.09	71.41%
Jun 2009	872,586.20	496,137.87	376,448.33	75.88%
⊟ Q3-2009	1,407,367.64	1,746,058.45	-338,690.80	-19.40%
Jul 2009	1,068,396.58	678,893.22	389,503.36	57.37%
Aug 2009	338,971.06	1,067,165.23	-728,194.17	-68.24%
Total	24,661,807.07			

图 3-4　Q3-2009 的 Sales PQ 显示的是 2009 年 4 月和 5 月的总额，
因为在 Q3-2009 只有两个月的数据可以与 Q2-2009 进行比较

Sales 表中的度量值

```
Sales PQ :=
VAR CurrentYearQuarterNumber = SELECTEDVALUE ( 'Date'[Year Quarter Number] )
VAR PreviousYearQuarterNumber = CurrentYearQuarterNumber - 1
VAR Result =
    CALCULATE (
        [Sales Amount],
        REMOVEFILTERS ( 'Date' ),
        'Date'[Year Quarter Number] = PreviousYearQuarterNumber,
        VALUES ( 'Date'[Month In Quarter Number] )
    )
RETURN
    Result
```

"比上个季度增长"的计算，以数字形式表现为 Sales QOQ，以百分比形式表现为 Sales QOQ %。这两个度量值都使用 Sales PQ 来确保进行了合理比较。

Sales 表中的度量值

```
Sales QOQ :=
VAR ValueCurrentPeriod = [Sales Amount]
VAR ValuePreviousPeriod = [Sales PQ]
VAR Result =
    IF (
        NOT ISBLANK ( ValueCurrentPeriod )
            && NOT ISBLANK ( ValuePreviousPeriod ),
        ValueCurrentPeriod - ValuePreviousPeriod
    )
RETURN
    Result
```

Sales 表中的度量值

```
Sales QOQ % :=
DIVIDE (
  [Sales QOQ],
  [Sales PQ]
)
```

3.3.3　比上个月度增长

"比上个月度"是将一个时间段与上一月度的等效时间段进行比较。如图 3-5 所示，Sales PM 始终与上个月的 Sales Amount 相对应，并且在季度和年度级别均不产生任何结果（图 3-5 中仅显示年度级别）。

Year	Sales Amount	Sales PM	Sales MOM	Sales MOM %
⊞ 2007	9,008,591.74			
⊞ 2008	9,927,582.99			
⊟ 2009	5,725,632.34			
Jan 2009	580,901.05	921,709.14	-340,808.09	-36.98%
Feb 2009	622,581.14	580,901.05	41,680.09	7.18%
Mar 2009	496,137.87	622,581.14	-126,443.27	-20.31%
Apr 2009	678,893.22	496,137.87	182,755.35	36.84%
May 2009	1,067,165.23	678,893.22	388,272.01	57.19%
Jun 2009	872,586.20	1,067,165.23	-194,579.03	-18.23%
Jul 2009	1,068,396.58	872,586.20	195,810.38	22.44%
Aug 2009	338,971.06	1,068,396.58	-729,425.52	-68.27%
Total	24,661,807.07			

图 3-5　Sales PM 始终与上个月的 Sales Amount 相对应

Sales PM 会删除 Date 表中的所有筛选器，仅使用上个月的数据来筛选 Year Month Number 列。

Sales 表中的度量值

```
Sales PM :=
VAR CurrentYearMonthNumber = SELECTEDVALUE ( 'Date'[Year Month Number] )
VAR PreviousYearMonthNumber = CurrentYearMonthNumber - 1
VAR Result =
    CALCULATE (
        [Sales Amount],
        REMOVEFILTERS ( 'Date' ),
        'Date'[Year Month Number] = PreviousYearMonthNumber
    )
RETURN
    Result
```

"比上个月度增长"的计算，以数字形式表现为 Sales MOM，以百分比形式表现为 Sales MOM %。

Sales 表中的度量值

```
Sales MOM :=
VAR ValueCurrentPeriod = [Sales Amount]
VAR ValuePreviousPeriod = [Sales PM]
VAR Result =
    IF (
        NOT ISBLANK ( ValueCurrentPeriod ) && NOT ISBLANK ( ValuePreviousPeriod ),
        ValueCurrentPeriod - ValuePreviousPeriod
    )
RETURN
    Result
```

Sales 表中的度量值

```
Sales MOM % :=
DIVIDE (
```

```
    [Sales MOM],
    [Sales PM]
)
```

3.3.4   比上个时间段增长

"比上个时间段增长"会根据当前的可视化选择，自动选择本章前文中介绍的度量值之一。例如，如果可视化显示月度级别的数据，则会返回"比上个月度增长"的度量值；如果可视化显示年度级别的总计，则返回"比上个年度增长"的度量值。预期结果如图 3-6 所示。

Year	Sales Amount	Sales PP	Sales POP	Sales POP %
⊞ 2007	9,008,591.74			
⊟ 2008	9,927,582.99	9,008,591.74	918,991.25	10.20%
⊞ Q1-2008	1,816,385.21	2,731,424.16	-915,038.95	-33.50%
⊟ Q2-2008	2,738,040.73	1,816,385.21	921,655.52	50.74%
Apr 2008	999,667.17	559,538.52	440,128.65	78.66%
May 2008	893,231.96	999,667.17	-106,435.21	-10.65%
Jun 2008	845,141.60	893,231.96	-48,090.36	-5.38%
⊟ Q3-2008	2,575,545.59	2,738,040.73	-162,495.14	-5.93%
Jul 2008	890,547.41	845,141.60	45,405.81	5.37%
Aug 2008	721,560.95	890,547.41	-168,986.45	-18.98%
Sep 2008	963,437.23	721,560.95	241,876.27	33.52%
⊞ Q4-2008	2,797,611.46	2,575,545.59	222,065.87	8.62%
⊟ 2009	5,725,632.34	6,166,534.30	-440,901.97	-7.15%
⊞ Q1-2009	1,699,620.05	2,797,611.46	-1,097,991.40	-39.25%
⊟ Q2-2009	2,618,644.64	1,699,620.05	919,024.59	54.07%
Apr 2009	678,893.22	496,137.87	182,755.35	36.84%
May 2009	1,067,165.23	678,893.22	388,272.01	57.19%
Jun 2009	872,586.20	1,067,165.23	-194,579.03	-18.23%
⊟ Q3-2009	1,407,367.64	1,746,058.45	-338,690.80	-19.40%
Jul 2009	1,068,396.58	872,586.20	195,810.38	22.44%
Aug 2009	338,971.06	1,068,396.58	-729,425.52	-68.27%
Total	24,661,807.07			

图 3-6   Sales PP 在月度级别上显示上个月的值，在季度级别上显示上一个季度的值，
在年度级别上显示上一年的值

Sales PP、Sales POP 和 Sales POP%这 3 个度量值会根据报告中选择的级别定向到相应的年、季度和月的度量值来进行计算。ISINSCOPE 函数会检测报告中所使用的级别。传递给 ISINSCOPE 函数的参数是图 3-6 的矩阵视图的行所使用的属性。度量值的定义方法如下。

Sales 表中的度量值

```
Sales POP % :=
SWITCH (
    TRUE,
    ISINSCOPE ( 'Date'[Year Month] ), [Sales MOM %],
    ISINSCOPE ( 'Date'[Year Quarter] ), [Sales QOQ %],
    ISINSCOPE ( 'Date'[Year] ), [Sales YOY %]
)
```

Sales 表中的度量值

```
Sales POP :=
SWITCH (
```

```
     TRUE,
     ISINSCOPE ( 'Date'[Year Month] ), [Sales MOM],
     ISINSCOPE ( 'Date'[Year Quarter] ), [Sales QOQ],
     ISINSCOPE ( 'Date'[Year] ), [Sales YOY]
)
```

Sales 表中的度量值

```
Sales PP :=
SWITCH (
     TRUE,
     ISINSCOPE ( 'Date'[Year Month] ), [Sales PM],
     ISINSCOPE ( 'Date'[Year Quarter] ), [Sales PQ],
     ISINSCOPE ( 'Date'[Year] ), [Sales PY]
)
```

3.4 期初至今增长的计算

"期初至今增长"的度量值是指将"期初至今"度量值与基于特定偏移量的等效时间段的同一度量值进行比较。例如，你可以将年初至今的聚合结果与上一年的年初至今进行比较，偏移量为一年。

这组计算中的所有度量值均需考虑不完整时间段。示例中的有效数据截至 2009 年 8 月，因此这些度量值可确保上一年的计算不包括 2008 年 8 月以后的日期。

3.4.1 比上个年度年初至今增长

"比上个年度年初至今增长"将特定日期的年初至今与上一年等效月份的年初至今进行比较。如图 3-7 所示，2009 年的 Sales PYTD 仅考虑截至 2008 年 8 月的交易。因此，Q3-2008 的 Sales YTD 为 7,129,971.53，而 Q3-2009 的 Sales PYTD 较低，为 6,166,534.30。

Year	Sales Amount	Sales YTD	Sales PYTD	Sales YOYTD	Sales YOYTD %
⊞ 2007	9,008,591.74	9,008,591.74			
⊟ 2008	9,927,582.99	9,927,582.99	9,008,591.74	918,991.25	10.20%
⊞ Q1-2008	1,816,385.21	1,816,385.21	345,319.01	1,471,066.20	426.00%
⊞ Q2-2008	2,738,040.73	4,554,425.94	3,391,921.03	1,162,504.91	34.27%
⊟ Q3-2008	2,575,545.59	7,129,971.53	6,277,167.58	852,803.95	13.59%
Jul 2008	890,547.41	5,444,973.35	4,314,464.01	1,130,509.34	26.20%
Aug 2008	721,560.95	6,166,534.30	5,267,298.60	899,235.71	17.07%
Sep 2008	963,437.23	7,129,971.53	6,277,167.58	852,803.95	13.59%
⊞ Q4-2008	2,797,611.46	9,927,582.99	9,008,591.74	918,991.25	10.20%
⊟ 2009	5,725,632.34	5,725,632.34	6,166,534.30	-440,901.97	-7.15%
⊞ Q1-2009	1,699,620.05	1,699,620.05	1,816,385.21	-116,765.16	-6.43%
⊞ Q2-2009	2,618,644.64	4,318,264.70	4,554,425.94	-236,161.25	-5.19%
⊟ Q3-2009	1,407,367.64	5,725,632.34	6,166,534.30	-440,901.97	-7.15%
Jul 2009	1,068,396.58	5,386,661.27	5,444,973.35	-58,312.08	-1.07%
Aug 2009	338,971.06	5,725,632.34	6,166,534.30	-440,901.97	-7.15%
Total	24,661,807.07	5,725,632.34			

图 3-7 Q3-2009 的 Sales PYTD 显示的是 2008 年 7 月至 8 月的金额，因为在 2009 年 8 月之后没有数据

Sales PYTD 会筛选 Year 中的上一个值，以及该年份中早于或等于筛选上下文中显示的最后一个月的所有月份。

Sales 表中的度量值

```
Sales PYTD :=
VAR LastMonthInYearAvailable = MAX ( 'Date'[Month Number] )
VAR LastYearAvailable = SELECTEDVALUE ( 'Date'[Year] )
VAR PreviousYearAvailable = LastYearAvailable - 1
VAR Result =
    CALCULATE (
        [Sales Amount],
        REMOVEFILTERS ( 'Date' ),
        'Date'[Month Number] <= LastMonthInYearAvailable,
        'Date'[Year] = PreviousYearAvailable
    )
RETURN
    Result
```

Sales YOYTD 和 Sales YOYTD %通过 Sales PYTD 来输出其结果。

Sales 表中的度量值

```
Sales YOYTD :=
VAR ValueCurrentPeriod = [Sales YTD]
VAR ValuePreviousPeriod = [Sales PYTD]
VAR Result =
    IF (
        NOT ISBLANK ( ValueCurrentPeriod ) && NOT ISBLANK ( ValuePreviousPeriod ),
        ValueCurrentPeriod - ValuePreviousPeriod
    )
RETURN
    Result
```

Sales 表中的度量值

```
Sales YOYTD % :=
DIVIDE (
   [Sales YOYTD],
   [Sales PYTD]
)
```

3.4.2　比上个季度季初至今增长

"比上个季度季初至今增长"将特定日期的季初至今与上一季度等效月份的季初至今进行比较。如图 3-8 所示，2009 年 Sales PQTD 仅考虑截至 2009 年 5 月（指 2009 年 8 月的上季度同期金额）的交易，即该季度的第二个月。因此，Q2-2009 的 Sales QTD 为 2,618,644.64，而 Q3-2009 的 Sales PQTD 较低，为 1,746,058.45。

Year	Sales Amount	Sales QTD	Sales PQTD	Sales QOQTD	Sales QOQTD %
⊞ 2007	9,008,591.74	2,731,424.16	2,885,246.55	-153,822.39	-5.33%
⊞ 2008	9,927,582.99	2,797,611.46	2,575,545.59	222,065.87	8.62%
⊟ 2009	5,725,632.34	1,407,367.64	2,618,644.64	-1,211,277.00	-46.26%
⊞ Q1-2009	1,699,620.05	1,699,620.05	2,797,611.46	-1,097,991.40	-39.25%
⊟ Q2-2009	2,618,644.64	2,618,644.64	1,699,620.05	919,024.59	54.07%
Apr 2009	678,893.22	678,893.22	580,901.05	97,992.17	16.87%
May 2009	1,067,165.23	1,746,058.45	1,203,482.19	542,576.26	45.08%
Jun 2009	872,586.20	2,618,644.64	1,699,620.05	919,024.59	54.07%
⊟ Q3-2009	1,407,367.64	1,407,367.64	1,746,058.45	-338,690.80	-19.40%
Jul 2009	1,068,396.58	1,068,396.58	678,893.22	389,503.36	57.37%
Aug 2009	338,971.06	1,407,367.64	1,746,058.45	-338,690.80	-19.40%
Total	24,661,807.07	1,407,367.64	2,618,644.64	-1,211,277.00	-46.26%

图 3-8　Q3-2009 的 Sales PQTD 显示的是 2009 年 4 月至 5 月（指 Q3-2009 7 月至 8 月的上季度同期金额）的金额，因为在 2009 年 8 月之后没有数据

Sales PYTD 会筛选 Year Quarter Number 中的上一个值，通过 Month In Quarter Number 筛选该季度中早于或等于在筛选上下文中显示的该季度最后一个对应月份的所有月份。

Sales 表中的度量值

```
Sales PQTD :=
VAR LastMonthInQuarterAvailable = MAX ( 'Date'[Month In Quarter Number] )
VAR LastYearQuarterAvailable = MAX ( 'Date'[Year Quarter Number] )
VAR PreviousYearQuarterAvailable = LastYearQuarterAvailable - 1
VAR Result =
    CALCULATE (
        [Sales Amount],
        REMOVEFILTERS ( 'Date' ),
        'Date'[Month In Quarter Number] <= LastMonthInQuarterAvailable,
        'Date'[Year Quarter Number] = PreviousYearQuarterAvailable
    )
RETURN
    Result
```

Sales QOQTD 和 Sales QOQTD %通过 Sales PQTD 来确保进行合理比较。

Sales 表中的度量值

```
Sales QOQTD :=
VAR ValueCurrentPeriod = [Sales QTD]
VAR ValuePreviousPeriod = [Sales PQTD]
VAR Result =
    IF (
        NOT ISBLANK ( ValueCurrentPeriod ) && NOT ISBLANK ( ValuePreviousPeriod ),
        ValueCurrentPeriod - ValuePreviousPeriod
    )
RETURN
    Result
```

Sales 表中的度量值

```
Sales QOQTD % :=
DIVIDE (
    [Sales QOQTD],
    [Sales PQTD]
)
```

3.5　期初至今与上一个完整时间段的比较

当将上一个完整时间段作为基准时，将期初至今聚合结果与上一个完整时间段进行比较是很有用的。一旦当前年初至今达到上一完整年度的 100%，这意味着我们已经有望以更少的天数达到与上一个完整时间段相同的绩效。

3.5.1　年初至今比上个完整年度

顾名思义，"年初至今比上个完整年度"是将年初至今与上一个完整年度进行比较。如图 3-9 所示，2008 年 11 月（接近 2008 年的尾声）的 Sales YTD 几乎达到 2007 年全年的 Sales Amount。

Sales YTDOPY %体现年初至今与上个年度总额的直接比较；当该百分比为正数时，表示增长超过上一年。在本案例中，从 2008 年 12 月起实现超过上一年度的增长。

Year	Sales Amount	Sales YTD	Sales PYC	Sales YTDOPY	Sales YTDOPY %
⊞ 2007	9,008,591.74	9,008,591.74			
⊟ 2008	9,927,582.99	9,927,582.99	9,008,591.74	918,991.25	10.20%
⊞ Q1-2008	1,816,385.21	1,816,385.21	9,008,591.74	-7,192,206.53	-79.84%
⊞ Q2-2008	2,738,040.73	4,554,425.94	9,008,591.74	-4,454,165.80	-49.44%
⊞ Q3-2008	2,575,545.59	7,129,971.53	9,008,591.74	-1,878,620.21	-20.85%
⊟ Q4-2008	2,797,611.46	9,927,582.99	9,008,591.74	918,991.25	10.20%
Oct 2008	719,792.99	7,849,764.52	9,008,591.74	-1,158,827.22	-12.86%
Nov 2008	1,156,109.32	9,005,873.85	9,008,591.74	-2,717.90	-0.03%
Dec 2008	921,709.14	9,927,582.99	9,008,591.74	918,991.25	10.20%
⊞ 2009	5,725,632.34	5,725,632.34	9,927,582.99	-4,201,950.65	-42.33%
Total	24,661,807.07	5,725,632.34			

图 3-9　Sales YTDOPY %显示为负数，表示 Sales YTD 距离实现上一年 Sales Amount 还有差距

"年初至今比上个年度增长"是通过 Sales YTDOPY 和 Sales YTDOPY %度量值来计算的；通过 Sales YTD 度量值来计算年初至今的值，通过 Sales PYC 度量值来获得上一完整年度的销售额。

Sales 表中的度量值

```
Sales PYC :=
VAR CurrentYearNumber = SELECTEDVALUE ( 'Date'[Year] )
VAR PreviousYearNumber = CurrentYearNumber - 1
VAR Result =
    CALCULATE (
        [Sales Amount],
        REMOVEFILTERS ( 'Date' ),
        'Date'[Year] = PreviousYearNumber
    )
RETURN
    Result
```

Sales 表中的度量值

```
Sales YTDOPY :=
VAR ValueCurrentPeriod = [Sales YTD]
VAR ValuePreviousPeriod = [Sales PYC]
VAR Result =
    IF (
        NOT ISBLANK ( ValueCurrentPeriod ) && NOT ISBLANK ( ValuePreviousPeriod ),
        ValueCurrentPeriod - ValuePreviousPeriod
    )
RETURN
    Result
```

Sales 表中的度量值

```
Sales YTDOPY % :=
DIVIDE (
    [Sales YTDOPY],
    [Sales PYC]
)
```

3.5.2 季初至今比上个完整季度

顾名思义，"季初至今比上个完整季度"是将季初至今与上一个完整季度进行比较。如图 3-10 所示，2009 年 5 月的 Sales QTD 超过了上一个季度（Q1-2009）的 Sales Amount。Sales QTDOPQ% 体现季初至今与上个季度总额的直接比较；当该百分比为正数时，表示增长超过上一季度。在本案例中，2009 年 5 月和 6 月均实现超过上一季度的增长。

Year	Sales Amount	Sales QTD	Sales PQC	Sales QTDOPQ	Sales QTDOPQ %
⊞ 2007	9,008,591.74	2,731,424.16			
⊞ 2008	9,927,582.99	2,797,611.46			
⊟ 2009	5,725,632.34	1,407,367.64			
⊟ Q1-2009	1,699,620.05	1,699,620.05	2,797,611.46	-1,097,991.40	**-39.25%**
Jan 2009	580,901.05	580,901.05	2,797,611.46	-2,216,710.41	-79.24%
Feb 2009	622,581.14	1,203,482.19	2,797,611.46	-1,594,129.27	-56.98%
Mar 2009	496,137.87	1,699,620.05	2,797,611.46	-1,097,991.40	-39.25%
⊟ Q2-2009	2,618,644.64	2,618,644.64	1,699,620.05	919,024.59	**54.07%**
Apr 2009	678,893.22	678,893.22	1,699,620.05	-1,020,726.84	-60.06%
May 2009	1,067,165.23	1,746,058.45	1,699,620.05	46,438.39	2.73%
Jun 2009	872,586.20	2,618,644.64	1,699,620.05	919,024.59	54.07%
⊞ Q3-2009	1,407,367.64	1,407,367.64	2,618,644.64	-1,211,277.00	**-46.26%**
Total	24,661,807.07	1,407,367.64			

图 3-10　Sales QTDOPQ % 在 2009 年 5 月和 6 月显示为正数，表示 Sales QTD 开始大于 Q1-2009 的 Sales Amount

"季初至今比上个季度增长"是通过 Sales QTDOPQ 和 Sales QTDOPQ % 度量值来计算的；通过 Sales QTD 度量值来计算季初至今的值，通过 Sales PQC 度量值来获得上一完整季度的销售额。

Sales 表中的度量值

```
Sales PQC :=
VAR CurrentYearQuarterNumber = SELECTEDVALUE ( 'Date'[Year Quarter Number] )
VAR PreviousYearQuarterNumber = CurrentYearQuarterNumber - 1
VAR Result =
    CALCULATE (
        [Sales Amount],
        REMOVEFILTERS ( 'Date' ),
        'Date'[Year Quarter Number] = PreviousYearQuarterNumber
    )
RETURN
    Result
```

Sales 表中的度量值

```
Sales QTDOPQ :=
VAR ValueCurrentPeriod = [Sales QTD]
VAR ValuePreviousPeriod = [Sales PQC]
VAR Result =
    IF (
        NOT ISBLANK ( ValueCurrentPeriod )
            && NOT ISBLANK ( ValuePreviousPeriod ),
        ValueCurrentPeriod - ValuePreviousPeriod
    )
```

```
RETURN
    Result
```

Sales 表中的度量值

```
Sales QTDOPQ % :=
DIVIDE (
    [Sales QTDOPQ],
    [Sales PQC]
)
```

3.6 使用移动年度总计计算

聚合几个月数据的一种常用方法是使用移动年度总计，而不是年初至今。移动年度总计包括过去 12 个月的数据。例如，2009 年 3 月的移动年度总计包括 2008 年 4 月至 2009 年 3 月的数据。

3.6.1 移动年度总计

Sales MAT 度量值用于计算移动年度总计，如图 3-11 所示。

Year	Sales Amount	Sales MAT	Sales PYMAT	Sales MATG	Sales MATG %
⊞ 2007	9,008,591.74	9,008,591.74			
⊟ 2008	9,927,582.99	9,927,582.99	9,008,591.74	918,991.25	10.20%
Jan 2008	656,766.69	9,665,358.44			
Feb 2008	600,080.00	10,265,438.43			
Mar 2008	559,538.52	10,479,657.94	345,319.01	10,134,338.94	2934.78%
Apr 2008	999,667.17	10,351,220.30	1,473,423.82	8,877,796.47	602.53%
May 2008	893,231.96	10,308,259.51	2,409,616.57	7,898,642.95	327.80%
Jun 2008	845,141.60	10,171,096.65	3,391,921.03	6,779,175.62	199.86%
Jul 2008	890,547.41	10,139,101.08	4,314,464.01	5,824,637.07	135.00%
Aug 2008	721,560.95	9,907,827.45	5,267,298.60	4,640,528.85	88.10%
Sep 2008	963,437.23	9,861,395.69	6,277,167.58	3,584,228.11	57.10%
Oct 2008	719,792.99	9,666,915.14	7,191,441.12	2,475,474.02	34.42%
Nov 2008	1,156,109.32	9,997,422.60	8,017,042.99	1,980,379.60	24.70%
Dec 2008	921,709.14	9,927,582.99	9,008,591.74	918,991.25	10.20%
⊟ 2009	5,725,632.34	9,486,681.02	9,907,827.45	-421,146.43	-4.25%
Jan 2009	580,901.05	9,851,717.35	9,665,358.44	186,358.91	1.93%
Feb 2009	622,581.14	9,874,218.49	10,265,438.43	-391,219.95	-3.81%
Mar 2009	496,137.87	9,810,817.83	10,479,657.94	-668,840.11	-6.38%
Apr 2009	678,893.22	9,490,043.88	10,351,220.30	-861,176.42	-8.32%
May 2009	1,067,165.23	9,663,977.15	10,308,259.51	-644,282.36	-6.25%
Jun 2009	872,586.20	9,691,421.74	10,171,096.65	-479,674.91	-4.72%
Jul 2009	1,068,396.58	9,869,270.91	10,139,101.08	-269,830.17	-2.66%
Aug 2009	338,971.06	9,486,681.02	9,907,827.45	-421,146.43	-4.25%
Total	24,661,807.07	9,486,681.02	9,907,827.45	-421,146.43	-4.25%

图 3-11 2009 年 3 月的 Sales MAT 聚合了 2008 年 4 月至 2009 年 3 月的 Sales Amount

Sales MAT 度量值在 Year Month Number 列上定义范围。该范围包括筛选上下文中的最后一个月算起的整个年度的月份。

Sales 表中的度量值

```
Sales MAT :=
VAR MonthsInRange = 12
```

```
VAR LastMonthRange = MAX ( 'Date'[Year Month Number] )
VAR FirstMonthRange = LastMonthRange - MonthsInRange + 1
VAR Result =
    CALCULATE (
        [Sales Amount],
        REMOVEFILTERS ( 'Date' ),
        'Date'[Year Month Number] >= FirstMonthRange
            && 'Date'[Year Month Number] <= LastMonthRange
    )
RETURN
    Result
```

3.6.2 移动年度总计增长

"移动年度总计增长"借由 Sales MAT 度量值，通过 Sales PYMAT、Sales MATG 和 Sales MATG %度量值来计算。只要 Sales MAT 度量值可以收集一整年的数据，它就可以提供首次销售后一年的正确值；但如果当前时间段不足一整年，则不受保护。

例如，2009 年全年的 Sales PYMAT 为 9,927,582.99，这与 2008 年全年的 Sales Amount 相对应，如图 3-11 所示。将 2009 年销售额与 2008 年全年销售额进行比较，只能比较 8 个月的数据，是因为有效数据截至 2009 年 8 月。类似地，你可以看到 2008 年 3 月开始出现的 Sales MATG %数值非常高，一年后稳定下来。其设计原理是：移动年度总计通常是以月粒度进行计算，以便在图表中显示趋势。

度量值的定义方法如下。

Sales 表中的度量值

```
Sales PYMAT :=
VAR MonthsInRange = 12
VAR LastMonthRange =
    MAX ( 'Date'[Year Month Number] ) - MonthsInRange
VAR FirstMonthRange =
    LastMonthRange - MonthsInRange + 1
VAR Result =
    CALCULATE (
        [Sales Amount],
        REMOVEFILTERS ( 'Date' ),
        'Date'[Year Month Number] >= FirstMonthRange
            && 'Date'[Year Month Number] <= LastMonthRange
    )
RETURN
    Result
```

Sales 表中的度量值

```
Sales MATG :=
VAR ValueCurrentPeriod = [Sales MAT]
VAR ValuePreviousPeriod = [Sales PYMAT]
VAR Result =
    IF (
        NOT ISBLANK ( ValueCurrentPeriod )
            && NOT ISBLANK ( ValuePreviousPeriod ),
        ValueCurrentPeriod - ValuePreviousPeriod
    )
```

```
RETURN
    Result
```

Sales 表中的度量值

```
Sales MATG % :=
DIVIDE (
    [Sales MATG],
    [Sales PYMAT]
)
```

3.7   移动平均

移动平均通常用在折线图中显示趋势。图 3-12 包括 3 个月（Sales AVG 3M）和 1 年（Sales AVG 1Y）的移动平均。

图 3-12   Sales AVG 3M 和 Sales AVG 1Y 分别显示了 3 个月和 1 年的移动平均

3.7.1   移动平均 3 个月

Sales AVG 3M 度量值通过遍历借由变量 Period3M 获得的过去 3 个月，来计算 3 个月的移动平均。

Sales 表中的度量值

```
Sales AVG 3M :=
VAR MonthsInRange = 3
VAR LastMonthRange =
    MAX ( 'Date'[Year Month Number] )
VAR FirstMonthRange =
    LastMonthRange - MonthsInRange + 1
VAR Period3M =
    FILTER (
        ALL ( 'Date'[Year Month Number] ),
        'Date'[Year Month Number] >= FirstMonthRange
            && 'Date'[Year Month Number] <= LastMonthRange
    )
```

```
VAR Result =
    IF (
        COUNTROWS ( Period3M ) >= MonthsInRange,
        CALCULATE (
            AVERAGEX ( Period3M, [Sales Amount] ),
            REMOVEFILTERS ( 'Date' )
        )
    )
RETURN
    Result
```

3.7.2 移动平均 1 年

Sales AVG 1Y 度量值通过遍历借由变量 Period1Y 存储的过去 12 个月，来计算一年的移动平均。

Sales 表中的度量值

```
Sales AVG 1Y :=
VAR MonthsInRange = 12
VAR LastMonthRange =
    MAX ( 'Date'[Year Month Number] )
VAR FirstMonthRange =
    LastMonthRange - MonthsInRange + 1
VAR Period1Y =
    FILTER (
        ALL ( 'Date'[Year Month Number] ),
        'Date'[Year Month Number] >= FirstMonthRange
            && 'Date'[Year Month Number] <= LastMonthRange
    )
VAR Result =
    IF (
        COUNTROWS ( Period1Y ) >= MonthsInRange,
        CALCULATE (
            AVERAGEX ( Period1Y, [Sales Amount] ),
            REMOVEFILTERS ( 'Date' )
        )
    )
RETURN
    Result
```

3.8 管理超过 12 个月的年份

正如我们在简介中所述，这种模式同样适用于超过 12 个月的年份。例如，会计人员通常需要第 13 个月，以便进行年终调整。在这些情况下，正确设置 Date 表中的值很重要。具体来说，Year Month Number 列必须存储一年中每个月份的序号，因此，如果年份包含 13 个月，则只需从当前月份的值中减去 13，即可获得上一年的同期月份。

此外，你需要注意 Month 和 Year Month 列的内容。实际上，这些列必须包含第 13 个月的专有名称，而该选择取决于你如何在会计日历和公历中显示该月份。

如果报告仅显示会计年度，则可以选择任何名称，并且始终显示 13 个月。如果需要同时显示会计日历层次结构和公历日历层次结构，则应在以下选项中做出选择：你可以在公历中将第 13 个月显示为单独的月份；或者你可以决定将其合并到相应的公历月下，这意味着在展示公历日历时仍显示 12 个月。

例如，图 3-13 显示了名为"M13"的第 13 个月。它的位置在 6 月之后，因为会计日历在 6 月结束。在会计日历和公历日历中都可以看到该月份。

Year	Sales Amount	Sales YTD		Year	Sales Amount	Sales Fiscal YTD
⊟ 2007	9,008,591.74	9,008,591.74		⊟ FY 2007	3,477,295.86	3,477,295.86
Mar 2007	293,034.81	293,034.81		Mar 2007	293,034.81	293,034.81
Apr 2007	1,128,104.82	1,421,139.63		Apr 2007	1,128,104.82	1,421,139.63
May 2007	929,599.70	2,350,739.33		May 2007	929,599.70	2,350,739.33
Jun 2007	982,304.46	3,333,043.79		Jun 2007	982,304.46	3,333,043.79
M13 2007	144,252.07	3,477,295.86		M13 2007	144,252.07	3,477,295.86
Jul 2007	891,679.09	4,368,974.95		⊟ FY 2008	10,147,195.35	10,147,195.35
Aug 2007	934,606.97	5,303,581.92		Jul 2007	891,679.09	891,679.09
Sep 2007	1,009,868.98	6,313,450.90		Aug 2007	934,606.97	1,826,286.06
Oct 2007	884,842.16	7,198,293.07		Sep 2007	1,009,868.98	2,836,155.05
Nov 2007	825,601.87	8,023,894.94		Oct 2007	884,842.16	3,720,997.21
Dec 2007	984,696.81	9,008,591.74		Nov 2007	825,601.87	4,546,599.08
⊟ 2008	9,927,582.99	9,927,582.99		Dec 2007	984,696.81	5,531,295.88
Jan 2008	656,380.18	656,380.18		Jan 2008	656,380.18	6,187,676.07
Feb 2008	600,080.00	1,256,460.18		Feb 2008	600,080.00	6,787,756.06
Mar 2008	540,948.01	1,797,408.19		Mar 2008	540,948.01	7,328,704.07

图 3-13　13 个会计月和 13 个日历月

图 3-14 显示了不同选择的结果，其中第 13 个月仅在会计日历中显示。在使用公历日历浏览报告时，第 13 个月的值与 6 月的值合并。因此，公历日历仍然显示 12 个月。

Year	Sales Amount	Sales YTD		Year	Sales Amount	Sales Fiscal YTD
⊟ 2007	9,008,591.74	9,008,591.74		⊟ FY 2007	3,477,295.86	3,477,295.86
Mar 2007	293,034.81	293,034.81		Mar 2007	293,034.81	293,034.81
Apr 2007	1,128,104.82	1,421,139.63		Apr 2007	1,128,104.82	1,421,139.63
May 2007	929,599.70	2,350,739.33		May 2007	929,599.70	2,350,739.33
Jun 2007	1,126,556.53	3,477,295.86		Jun 2007	982,304.46	3,333,043.79
Jul 2007	891,679.09	4,368,974.95		M13 2007	144,252.07	3,477,295.86
Aug 2007	934,606.97	5,303,581.92		⊟ FY 2008	10,147,195.35	10,147,195.35
Sep 2007	1,009,868.98	6,313,450.90		Jul 2007	891,679.09	891,679.09
Oct 2007	884,842.16	7,198,293.07		Aug 2007	934,606.97	1,826,286.06
Nov 2007	825,601.87	8,023,894.94		Sep 2007	1,009,868.98	2,836,155.05
Dec 2007	984,696.81	9,008,591.74		Oct 2007	884,842.16	3,720,997.21
⊟ 2008	9,927,582.99	9,927,582.99		Nov 2007	825,601.87	4,546,599.08
Jan 2008	656,380.18	656,380.18		Dec 2007	984,696.81	5,531,295.88
Feb 2008	600,080.00	1,256,460.18		Jan 2008	656,380.18	6,187,676.07
Mar 2008	540,948.01	1,797,408.19		Feb 2008	600,080.00	6,787,756.06
Apr 2008	999,667.17	2,797,075.36		Mar 2008	540,948.01	7,328,704.07

图 3-14　13 个会计月和 12 个日历月

如果想要合并 6 月和第 13 个月（如图 3-14 左侧部分所示），则必须为 Date 表中的列分配适当的值。这样一来，会计日历和公历日历就不会再共享相同的列。会计日历的列必须对第 12 个月和第 13 个月进行区分，而公历日历的列将共享月份名称和编号的值。因此，Date 表仍包含 13 个月，但其中两个月在公历集中共享相同的值。这样，报告将合并月份列中具有相同值的行，用户便可获得所需的结果。

你可以在演示文件 *Month-related calculations-13 Fiscal and 13 Calendar Months.pbix* 和 *Month-related calculations-13 Fiscal and 12 Calendar Months.pbix* 中，分别找到本节显示的图例的值集，与公历日历显示的 Year Month、Year Month Number、Month 和 Month Number 列对应，在会计日历中显示为 Fiscal Year Month、Fiscal Year Month Number、Fiscal Month 和 Fiscal Month Number 列。

## 第 4 章

与周相关的计算

此模式介绍如何实现与周相关的计算，例如使用周粒度计算年初至今、上年同期，以及百分比增长。此模式不依赖 DAX 内置时间智能函数。所有度量值均参考会计日历，因为基于周的日历的性质与常规公历日历中定义的月份不兼容。若是基于公历日历的与时间相关的计算，你可以使用**标准时间相关的计算**模式。

所有基于周的会计日历，都应使用这个模式，而不要使用其他基于公历月的模式。全球采用许多不同的标准来定义基于周的日历。此模式中的假设有：

- 每年是一组完整的星期；
- 一年中的每个时间段（季度、月）都是一组完整的星期；
- 会计年度总是在一周的同一天开始，因此它并不总是在 1 月 1 日开始。
- 会计月份和会计季度始终在一周的同一天开始，因此它们并不总是在一个月的第一天开始。

4.1 与周相关的时间智能计算介绍

此模式中的时间智能计算会修改 Date 表上的筛选上下文来获得结果。公式旨在按照与计算需求对应的粒度应用筛选器，而不会删除应用于工作日和星期几等属性的筛选器，这样一来，报告粒度就不会受限于模式的实施。

该模式不依赖于标准时间智能函数，因此，标准 DAX 时间智能函数的要求不适用于 Date 表。无论是每月一行还是每天一行，公式都是相同的。示例中是每天一行，以便通过 Sales[Order Date]列与 Sales 表建立关系。

如果 Date 表含有 Date 列，你可以对其执行"标记为日期表"设置，但这不是必需的。筛选 Date 列时，此模式中的公式不依赖应用于 Date 表的自动 REMOVEFILTERS。相反，所有的公式会对 Date 表使用特定 REMOVEFILTERS 来摆脱现有的筛选器，并以最小数量的筛选器替换现有筛选器，从而确保得到期望的结果。

4.1.1 创建 Date 表

用于"与周相关的计算"的 Date 表必须包括所需的所有会计期间（季度、月、周）的正确定义。该模式的要求是公开与星期相关的列和与任何星期级别聚合（例如季度和年度）相关的列。这些月份可能与标准公历日历中定义的月份有所不同，比如当你使用 4-4-5 日历（如示例中使用的日历）时，便会如此。

如果你已经有一份 Date 表，则可以将其导入，但请确保该表具有此模式所需的列，并在必要时将其添加到 Date 表中。如果没有 Date 表，则可以使用 DAX 计算表来创建。示例中的 Date 表会基于 ISO 8601 公历日历中对星期的定义，动态地创建一份 4-4-5 日历。

示例表中 Date 的公式的前几行定义了要在特定变量中创建的基于周的表的类型。例如，这些是开始于每年 4 月 1 日的 4-4-5 日历的参数，尽管会计年度的第一天可能是上一个日历年的 12 月。

计算表

```
Date =
VAR FirstFiscalMonth = 1        -- 会计年度的第一个月
VAR FirstDayOfWeek = 0          -- 0 = 周日, 1 = 周一, ...
VAR FirstSalesDate = MIN ( Sales[Order Date] )
VAR LastSalesDate = MAX ( Sales[Order Date] )
VAR TypeStartFiscalYear = 1     -- 会计年度作为日历年:
                                -- 0 - 会计年度的第一天
                                -- 1 - 会计年度的最后一天
VAR QuarterWeekType = "445"     -- 仅支持"445"、"454"和"544"
VAR WeeklyType = "Last"         -- 使用 "Nearest" 或 "Last"
-- 计算表的其他代码包括在样本文件中
```

建议你阅读示例 Date 表中的注释，以了解它是否符合你的特定要求。但是，如果你的数据模型中已经有一份 Date 表，则应确保包括以下段落中描述的列。

为了获得正确的可视化效果，必须按以下方式在数据模型中对**日历列**进行设置。对于每一列，你都可以看到数据类型，后跟一个样本值。

❑ Date：日期 m/dd/yyyy（8/14/2007），用作标记为日期表的列，可选。

❑ Sequential Day Number：隐藏的整数（40040），采用 Date 值的整数形式。

❑ Fiscal Year：文本（FY 2007）。

❑ Fiscal Year Number：隐藏的整数（2007）。

❑ Fiscal Quarter：文本（FQ3）。

❑ Fiscal Quarter Number：隐藏的整数（3）。

❑ Fiscal Year Quarter：文本（FQ3-2007）。

❑ Fiscal Year Quarter Number：隐藏的整数（8030）。

❑ Fiscal Week：文本（FW33）。

❑ Fiscal Week Number：隐藏的整数（33）。

❑ Fiscal Year Week：文本（FW33-2007）。

❑ Fiscal Year Week Number：隐藏的整数（5564）。

❑ Fiscal Month：文本（FM Aug）。

❑ Fiscal Month Number：隐藏的整数（8）。

❑ Fiscal Year Month：文本（FM Aug 2007）。

❑ Fiscal Year Month Number：隐藏的整数（24091）。

❑ Day of Fiscal Month Number：隐藏的整数（17）。

❑ Day of Fiscal Quarter Number：隐藏的整数（45）。

❑ Day of Fiscal Year Number：隐藏的整数（227）。

现在介绍**筛选器安全列**的概念。在表格中，我们需要保护一些列的筛选器。时间智能计算不会更改筛选器安全列上的筛选器。这些筛选器将会影响此模式中显示的计算。示例表中的筛选器安全列如下。

❑ Day of Week：ddd（Tue）。

❑ Day of Week Number：隐藏的整数（6）。

❑ Working Day：文本（Working Day）。

在 4.1.2 节中，我们将对筛选器安全列的执行方式进行更深入的介绍。

此模式中的 Date 表具有多个层次结构。

❑ 年-月-周：年（Fiscal Year）、月（Fiscal Year Month）、周（Fiscal Year Week）。

❑ 年-季度-月-周：年（Fiscal Year）、季度（Fiscal Year Quarter）、月（Fiscal Year Month）、周（Fiscal Year Week）。

❑ 年-季度-周：年（Fiscal Year）、季度（Fiscal Year Quarter）、周（Fiscal Year Week）。

❑ 年-周：年（Fiscal Year）、周（Fiscal Year Week）。

这些列旨在简化公式。例如，Day of Fiscal Year Number 列包含自会计年度开始以来的天数；此天数使得查找上一年的相应日期范围更加容易。

Date 表还必须包括一个隐藏的 DateWithSales 计算列，用于此模式中的一些公式。

Date 表中的计算列

```
DateWithSales =
'Date'[Date] <= MAX ( Sales[Order Date] )
```

如果日期早于或等于 Sales 表中的最后交易日期，则 Date[DateWithSales]列为 TRUE，否则为 FALSE。换句话说，"过去"日期的 DateWithSales 为 TRUE，"未来"日期的为 FALSE，这里的"过去"和"未来"均相对于 Sales 中的最后交易日期。

如果导入一份 Date 表，则需要创建与在此模式中描述的列相似的列，这样它们就会以相同的方式来执行。

4.1.2　了解筛选器安全列

Date 表包含两种类型的列：常规列和筛选器安全列。常规列通过此模式显示的度量值执行。筛选器安全列上的筛选器始终会被保留，永远不会被此模式的度量值更改。下面用一个例子阐明两者的区别。

Year Quarter Number 列是常规列：此模式中的公式可以选择在计算过程中更改其值。为了计算上一个季度，公式会通过将筛选上下文中 Fiscal Year Quarter Number 的值减 1 来更改筛选上下文。反之，Day of Week 列是筛选器安全列。如果用户筛选星期一至星期五，则公式不会更改星期几上的筛选器。因此，上一季度的度量值会保留星期几上的筛选器，并且仅替换日历列（例如年、月和日期）上的筛选器。

要实现此模式，你必须识别出哪些列需要被视为筛选器安全列，因为筛选器安全列需要特殊处理。以下是此模式的 Date 表中使用的列的分类。

❑ **日历列**（有别于筛选器安全列的日期数据）：Date、Fiscal Year、Fiscal Year Number、Fiscal Quarter、Fiscal Quarter Number、Fiscal Year Quarter、Fiscal Year Quarter Number、Fiscal Week、Fiscal Week Number、Fiscal Year Week、Fiscal Year Week Number、Fiscal Month、Fiscal Month Number、Fiscal Year Month、Fiscal Year Month Number、Day of Fiscal Month Number、Day of Fiscal Quarter Number、Day of Fiscal Year Number。

❑ **筛选器安全列**：Day of Week、Day of Week Number、Working Day。

筛选器安全列的特殊处理围绕筛选上下文。此模式中的每个度量值都通过替换所有日历列上的筛选器来操纵筛选上下文，而无须更改应用于筛选器安全列的任何筛选器。换句话说，每个度量值均遵循以下两个规则：

❑ 删除日历列上的筛选器；

❑ 不更改筛选器安全列上的筛选器。

如果用户在 ALLEXCEPT 函数的第一个参数中指定 Date 表，在后面的参数中指定筛选器安全列，则该函数会实现这些需求。

```
CALCULATE (
    [Sales Amount],
    ALLEXCEPT ( 'Date', 'Date'[Working Day], 'Date'[Day of Week] ),
    ... // 一个或多个日历列上的筛选器
)
```

如果 Date 表没有任何筛选器安全列，则可以通过在 Date 表上使用 REMOVEFILTERS 函数来删除筛选器，而不使用 ALLEXCEPT 函数。

```
CALCULATE (
    [Sales Amount],
    REMOVEFILTERS ( 'Date' ),
    ... // 一个或多个日历列上的筛选器
)
```

如果 Date 表不包含任何筛选器安全列，则可以在此模式的所有度量中使用 REMOVEFILTERS 函数，而不使用 ALLEXCEPT 函数。我们提供了一个包括筛选器安全列的完整方案。只要有需要，你都可以对其进行简化。

尽管 ALLEXCEPT 函数应该包括所有筛选器安全列，但我们严格跳过仅用于对其他列进行排序的隐藏筛选器安全列。例如，不包括用来对 Day of Week 列进行排序的隐藏列 Day of Week Number。我们假设用户永远不会对隐藏的列应用筛选器；如果此假设不成立，则 ALLEXCEPT 函数就必须包括隐藏的筛选器安全列。你可以在 2.2.1 节中找到 REMOVEFILTERS 函数和 ALLEXCEPT 函数执行效果的对比示例。

4.1.3　控制未来日期中的可视化

大多数时间智能计算不应显示最后有效日期之后的日期值。例如，年初至今的计算也可以显示未来日期的值，但是我们想要隐藏这些值。这些示例中使用的数据集在 2009 年 8 月 15 日结束。因此，我们将会计月份 "FM Aug 2009"、2009 年第三个会计季度 "FQ3-2009" 和会计年度"FY 2009"视为数据的最后一个时间段。2009 年 8 月 15 日以后的任何日期都被视为未来，我们想要隐藏未来值。

　　为了避免显示未来日期的，我们使用下方的 ShowValueForDates 度量值。如果所选的时间段早于数据的最后一个时间段，则 ShowValueForDates 返回 TRUE。

Date 表中的度量值（隐藏）

```
ShowValueForDates :=
VAR LastDateWithData =
    CALCULATE (
        MAX ( 'Sales'[Order Date] ),
        REMOVEFILTERS ()
    )
VAR FirstDateVisible =
    MIN ( 'Date'[Date] )
VAR Result =
    FirstDateVisible <= LastDateWithData
RETURN
    Result
```

　　ShowValueForDates 度量值是隐藏的。这是一项技术措施，其目的是在许多与时间相关的不同计算中重复使用同一逻辑，用户不应直接在报告中使用 ShowValueForDates。REMOVEFILTERS 函数会删除模型中所有表格的筛选器，因为其目的就是在不考虑任何筛选器的情况下，检索 Sales 表中使用的最后日期。

4.1.4　命名约定

　　本节介绍时间智能计算的命名约定方式。一种简单的命名分类方式可以有效地表明一种计算是否：

❑ 推移一段时间，例如上一年的同一时间段；

❑ 执行聚合，例如年初至今；

❑ 比较两个时间段，例如今年与去年比较。

　　部分命名约定如表 4-1 所示。

表 4-1　命名约定

首字母缩写	描述	推移	汇总	比较
YTD	年初至今		X	
QTD	季初至今		X	
MTD	月初至今		X	
WTD	周初至今		X	
MAT	移动年度总计		X	
PY	上一年	X		
PQ	上一季	X		
PW	上一周	X		
PYC	上一整年	X		
PQC	上一整季	X		
PWC	上一整周	X		

续表

首字母缩写	描述	推移	汇总	比较
PP	上一时间段（自动选择年、季或周）	X		
PYMAT	上一年移动年度总计	X	X	
YOY	比上个年度的差异			X
QOQ	比上个季度的差异			X
WOW	比上个周度的差异			X
MATG	移动年度总计增长	X	X	X
POP	比上个时间段的差异（自动选择年、季或月）			X
PYTD	上个年度的年初至今	X	X	
PQTD	上个季度的季初至今	X	X	
PWTD	上个周度的周初至今	X	X	
YOYTD	比上个年度年初至今的差异	X	X	X
QOQTD	比上个季度季初至今的差异	X	X	X
WOWTD	比上个周度周初至今的差异	X	X	X
YTDOPY	年初至今比上个年度	X	X	X
QTDOPQ	季初至今比上个季度	X	X	X
WTDOPW	周初至今比上个周度	X	X	X

4.2 期初至今总计

年初至今、季初至今、月初至今和周初至今的计算会修改 Date 表的筛选上下文，以显示筛选上下文中从时间段的开始到最后有效日期之间的值。

4.2.1 年初至今总计

"年初至今总计"始于该会计年度第一天的数据，如图 4-1 所示。

Year	Sales Amount	Sales YTD (simple)	Sales YTD
⊞ FY 2007	8,942,403.96	8,942,403.96	8,942,403.96
⊞ FY 2008	9,788,101.45	9,788,101.45	9,788,101.45
⊟ FY 2009	5,931,301.67	5,931,301.67	5,931,301.67
⊞ FQ1-2009	1,903,944.38	1,903,944.38	1,903,944.38
⊞ FQ2-2009	2,531,034.28	4,434,978.66	4,434,978.66
⊟ FQ3-2009	1,496,323.01	5,931,301.67	5,931,301.67
FW27-2009	260,265.60	4,695,244.25	4,695,244.25
FW28-2009	250,893.60	4,946,137.85	4,946,137.85
FW29-2009	306,535.20	5,252,673.05	5,252,673.05
FW30-2009	193,712.22	5,446,385.28	5,446,385.28
FW31-2009	183,695.43	5,630,080.71	5,630,080.71
FW32-2009	79,423.99	5,709,504.70	5,709,504.70
FW33-2009	221,796.97	5,931,301.67	5,931,301.67
FW34-2009		5,931,301.67	
FW35-2009		5,931,301.67	
FW36-2009		5,931,301.67	
FW37-2009		5,931,301.67	
FW38-2009		5,931,301.67	
FW39-2009		5,931,301.67	
⊞ FQ4-2009		5,931,301.67	
Total	24,661,807.07	5,931,301.67	5,931,301.67

图 4-1   Sales YTD (simple) 显示任何时间段的值，而 Sales YTD 隐藏数据最后一个时间段以后的结果

度量值会筛选早于或等于上一会计年度中显示的最后一天的所有日期，它还会筛选显示的最后一个 Fiscal Year Number。

Sales 表中的度量值

```
Sales YTD (simple) :=
VAR LastDayAvailable = MAX ( 'Date'[Day of Fiscal Year Number] )
VAR LastFiscalYearAvailable = MAX ( 'Date'[Fiscal Year Number] )
VAR Result =
    CALCULATE (
        [Sales Amount],
        ALLEXCEPT ( 'Date', 'Date'[Working Day], 'Date'[Day of Week] ),
        'Date'[Day of Fiscal Year Number] <= LastDayAvailable,
        'Date'[Fiscal Year Number] = LastFiscalYearAvailable
    )
RETURN
    Result
```

因为 LastDayAvailable 包含筛选上下文中显示的最后日期，所以 Sales YTD (simple)显示的数据可以是该年未来的日期。通过仅当 ShowValueForDates 返回 TRUE 时才返回结果，就可以避免在 Sales YTD 度量值中出现像 Sales YTD (simple)显示任何时间的值的情况。

Sales 表中的度量值

```
Sales YTD :=
IF (
    [ShowValueForDates],
    VAR LastDayAvailable = MAX ( 'Date'[Day of Fiscal Year Number] )
    VAR LastFiscalYearAvailable = MAX ( 'Date'[Fiscal Year Number] )
    VAR Result =
        CALCULATE (
            [Sales Amount],
            ALLEXCEPT ( 'Date', 'Date'[Working Day], 'Date'[Day of Week] ),
            'Date'[Day of Fiscal Year Number] <= LastDayAvailable,
            'Date'[Fiscal Year Number] = LastFiscalYearAvailable
        )
    RETURN
        Result
)
```

如果报告中使用了筛选器安全列 Working Day 或 Day of Week，则需要通过 ALLEXCEPT 函数来对其进行保护。为了演示这一功能，我们特意创建了一个错误的度量值：Sales YTD (wrong)，它使用 REMOVEFILTERS 函数，而不是 ALLEXCEPT 函数删除 Date 表中的筛选器。这就导致公式失去矩阵列中使用的 Working Day 的筛选条件，从而产生错误的结果。

Sales 表中的度量值

```
Sales YTD (wrong) :=
IF (
    [ShowValueForDates],
    VAR LastDayAvailable = MAX ( 'Date'[Day of Fiscal Year Number] )
    VAR LastFiscalYearAvailable = MAX ( 'Date'[Fiscal Year Number] )
    RETURN
        CALCULATE (
            [Sales Amount],
```

```
        REMOVEFILTERS ( 'Date' ),
        'Date'[Day of Fiscal Year Number] <= LastDayAvailable,
        'Date'[Fiscal Year Number] = LastFiscalYearAvailable
    )
)
```

图 4-2 显示了正确度量值和错误度量值的比较。

Working Day Year	Non-Working day Sales Amount	Sales YTD	Sales YTD (wrong)	Working Day Sales Amount	Sales YTD	Sales YTD (wrong)
⊞ FY 2007	2,649,347.96	2,649,347.96	8,942,403.96	6,293,056.00	6,293,056.00	8,942,403.96
⊞ FY 2008	2,514,575.86	2,514,575.86	9,788,101.45	7,273,525.59	7,273,525.59	9,776,539.08
⊟ FY 2009	1,654,106.45	1,654,106.45	5,931,301.67	4,277,195.22	4,277,195.22	5,931,301.67
⊟ FQ1-2009	437,943.10	437,943.10	1,903,944.38	1,466,001.28	1,466,001.28	1,903,519.67
FW01-2009	48,656.79	48,656.79	270,201.87	221,545.07	221,545.07	244,457.06
FW02-2009	36,818.09	85,474.88	400,260.58	93,240.63	314,785.70	393,593.69
FW03-2009	7,979.08	93,453.96	491,169.04	82,929.38	397,715.08	490,891.65
FW04-2009	62,386.36	155,840.32	704,188.45	150,633.05	548,348.13	675,339.52
FW05-2009	14,542.94	170,383.26	786,570.38	67,838.99	616,187.12	773,382.53
FW06-2009	18,187.30	188,570.57	917,416.48	112,658.80	728,845.91	902,732.22
FW07-2009	33,966.68	222,537.25	1,047,579.85	96,196.69	825,042.60	1,029,216.79
FW08-2009	41,628.88	264,166.13	1,226,407.50	137,198.77	962,241.37	1,199,679.91
FW09-2009	48,340.72	312,506.85	1,409,151.52	134,403.30	1,096,644.67	1,378,964.16
FW10-2009	30,639.72	343,146.57	1,510,053.01	70,261.78	1,166,906.44	1,492,718.35
FW11-2009	42,916.73	386,063.30	1,631,521.08	78,551.34	1,245,457.78	1,629,973.67
FW12-2009	39,550.06	425,613.35	1,788,118.06	117,046.93	1,362,504.71	1,757,457.82
FW13-2009	12,329.75	437,943.10	1,903,944.38	103,496.57	1,466,001.28	1,903,519.67
⊞ FQ2-2009	747,912.55	1,185,855.65	4,434,978.66	1,783,121.73	3,249,123.01	4,384,604.18
⊞ FQ3-2009	468,250.80	1,654,106.45	5,931,301.67	1,028,072.21	4,277,195.22	5,931,301.67
Total	6,818,030.26	1,654,106.45	5,931,301.67	17,843,776.81	4,277,195.22	5,931,301.67

图 4-2　Sales YTD (wrong)显示了忽略 Working Day 上的筛选器计算出的 Sales YTD

如果 Date 表中不包含任何筛选器安全列，则 Sales YTD (wrong)度量值会正常执行。筛选器安全列要求使用 ALLEXCEPT 函数，而不是 REMOVEFILTERS 函数。我们使用 Sales YTD 来举例说明，相同的概念对于此模式中的所有其他度量值均有效。

4.2.2　季初至今总计

"季初至今总计"始于该会计季度第一天的数据，如图 4-3 所示。

Year	Sales Amount	Sales QTD
⊞ FY 2007	8,942,403.96	2,717,807.00
⊞ FY 2008	9,788,101.45	2,663,730.18
⊟ FY 2009	5,931,301.67	
⊞ FQ1-2009	1,903,944.38	1,903,944.38
⊞ FQ2-2009	2,531,034.28	2,531,034.28
⊟ FQ3-2009	1,496,323.01	1,496,323.01
FW27-2009	260,265.60	260,265.60
FW28-2009	250,893.60	511,159.20
FW29-2009	306,535.20	817,694.40
FW30-2009	193,712.22	1,011,406.62
FW31-2009	183,695.43	1,195,102.05
FW32-2009	79,423.99	1,274,526.04
FW33-2009	221,796.97	1,496,323.01
Total	24,661,807.07	

图 4-3　Sales QTD 显示了季初至今的金额，FY 2009 显示为空白，因为 FQ4-2009 没有数据

季初至今总计可以采用与年初至今总计相同的方法来计算。不同的是，筛选器现在位于

Fiscal Year Quarter Number 和 Day of Fiscal Quarter Number，而不是 Fiscal Year Number 和 Day of Fiscal Year Number。

Sales 表中的度量值

```
Sales QTD :=
IF (
    [ShowValueForDates],
    VAR LastDayAvailable = MAX ( 'Date'[Day of Fiscal Quarter Number] )
    VAR LastFiscalYearQuarterAvailable = MAX ( 'Date'[Fiscal Year Quarter Number] )
    VAR Result =
        CALCULATE (
            [Sales Amount],
            ALLEXCEPT ( 'Date', 'Date'[Working Day], 'Date'[Day of Week] ),
            'Date'[Day of Fiscal Quarter Number] <= LastDayAvailable,
            'Date'[Fiscal Year Quarter Number] = LastFiscalYearQuarterAvailable
        )
    RETURN
        Result
)
```

4.2.3 月初至今总计

"月初至今总计"始于该会计月份第一天的数据，如图 4-4 所示。

Year	Sales Amount	Sales MTD
⊞ **FY 2007**	**8,942,403.96**	**1,046,500.07**
⊞ **FY 2008**	**9,788,101.45**	**984,333.18**
⊟ **FY 2009**	**5,931,301.67**	
⊞ **FQ1-2009**	**1,903,944.38**	**677,536.88**
⊞ **FQ2-2009**	**2,531,034.28**	**1,119,492.29**
⊟ **FQ3-2009**	**1,496,323.01**	
⊟ **FM Jul 2009**	**1,011,406.62**	**1,011,406.62**
FW27-2009	260,265.60	260,265.60
FW28-2009	250,893.60	511,159.20
FW29-2009	306,535.20	817,694.40
FW30-2009	193,712.22	1,011,406.62
⊟ **FM Aug 2009**	**484,916.39**	**484,916.39**
FW31-2009	183,695.43	183,695.43
FW32-2009	79,423.99	263,119.42
FW33-2009	221,796.97	484,916.39
Total	**24,661,807.07**	

图 4-4　Sales MTD 显示了月初至今的金额，FY 2009 和 FQ3-2009 显示为空白，
因为 2009 年 8 月 15 日以后没有数据

　　月初至今总计可以采用与年初至今总计和季初至今总计相似的方法来计算。该方法可以筛选早于或等于最后一个会计月份显示的最后一天的所有日期。筛选器用于 Day of Month Number 列和 Year Month Number 列。

Sales 表中的度量值

```
Sales MTD :=
IF (
    [ShowValueForDates],
    VAR LastDayAvailable = MAX ( 'Date'[Day of Fiscal Month Number] )
```

```
        VAR LastFiscalYearMonthAvailable = MAX ( 'Date'[Fiscal Year Month Number] )
        VAR Result =
            CALCULATE (
                [Sales Amount],
                ALLEXCEPT ( 'Date', 'Date'[Working Day], 'Date'[Day of Week] ),
                'Date'[Day of Fiscal Month Number] <= LastDayAvailable,
                'Date'[Fiscal Year Month Number] = LastFiscalYearMonthAvailable
            )
        RETURN
            Result
)
```

度量值筛选 Day of Fiscal Month Number，而不是 Day of Fiscal Year Number。这是为了筛选具有较少唯一值的列，这是从查询性能的角度来看的最佳实践。

4.2.4　周初至今总计

"周初至今总计"始于该周第一天的数据，如图 4-5 所示。

Year	Sales Amount	Sales WTD
⊞ FY 2007	8,942,403.96	201,146.30
⊞ FY 2008	9,788,101.45	165,554.93
⊟ FY 2009	5,931,301.67	
⊞ FQ1-2009	1,903,944.38	115,826.31
⊞ FQ2-2009	2,531,034.28	201,675.45
⊟ FQ3-2009	1,496,323.01	
⊞ FM Jul 2009	1,011,406.62	193,712.22
⊟ FM Aug 2009	484,916.39	
⊞ FW31-2009	183,695.43	183,695.43
⊞ FW32-2009	79,423.99	79,423.99
⊟ FW33-2009	221,796.97	221,796.97
8/9/2009	21,983.18	21,983.18
8/10/2009	4,211.87	26,195.05
8/11/2009	79,245.09	105,440.14
8/12/2009	1,497.50	106,937.64
8/13/2009	13,784.34	120,721.98
8/14/2009	100,059.00	220,780.98
8/15/2009	1,015.98	221,796.97
Total	**24,661,807.07**	

图 4-5　Sales WTD 显示了周初至今的金额，FY 2009、FQ3-2009 和
FM Aug 2009 显示为空白，因为 2009 年 8 月 15 日以后没有数据

周初至今总计可以采用与年初至今总计和季初至今总计相似的方法来计算，该方法可以筛选早于或等于最后一个会计周中的最后一天的日期序号的所有日期。筛选器用于 Day of Week Number 列和 Fiscal Year Week Number 列。

Sales 表中的度量值

```
Sales WTD :=
IF (
    [ShowValueForDates],
    VAR LastDayOfWeekAvailable = MAX ( 'Date'[Day of Week Number] )
    VAR LastFiscalYearWeekAvailable = MAX ( 'Date'[Fiscal Year Week Number] )
    VAR Result =
        CALCULATE (
```

```
            [Sales Amount],
            ALLEXCEPT ( 'Date', 'Date'[Working Day], 'Date'[Day of Week] ),
            'Date'[Day of Week Number] <= LastDayOfWeekAvailable,
            'Date'[Fiscal Year Week Number] = LastFiscalYearWeekAvailable
        )
    RETURN
        Result
)
```

度量值筛选 Day of Week Number，而不是 Day of Fiscal Year Number。这是为了筛选具有较少唯一值的列，这是从查询性能的角度来看的最佳实践。

4.3 比上个时期增长的计算

一个常见的需求是将一个时间段与上一年、上一个季度或上一个星期的相同时间段进行比较。我们不看与上一个月的比较，因为 4-4-5 日历中不同月份的星期数可能会不同。为了实现合理的比较，度量值应与一个等效时间段配合使用，同时也要考虑上一年、季、周不完整的可能性。由于这些原因，本节介绍的计算会使用 Date[DateWithSales]计算列，如 SQLBI 官网中的"Hiding future dates for calculations in DAX"一文所述。

4.3.1 比上个年度增长

"比上个年度"是将一个时间段与上一年的等效时间段进行比较。在此示例中，有效数据截至 2009 年 8 月 15 日。因此，Sales PY 显示的 FY 2009 数字，仅考虑 2008 年 8 月 15 日之前的交易。图 4-6 显示，FQ3-2008 的 Sales Amount 为 2,573,182.08，而 FQ3-2009 的 Sales PY 返回值为 1,270,748.28，是因为度量值仅考虑截至 2008 年 8 月 15 日的销售额。

Year	Sales Amount	Sales PY	Sales YOY	Sales YOY %
⊞ **FY 2007**	**8,942,403.96**			
⊟ **FY 2008**	**9,788,101.45**	**8,942,403.96**	**845,697.49**	**9.46%**
⊞ FQ1-2008	1,856,813.65	345,319.01	1,511,494.64	437.71%
⊞ FQ2-2008	2,694,375.54	3,046,602.02	-352,226.48	-11.56%
⊞ FQ3-2008	2,573,182.08	2,832,675.92	-259,493.84	-9.16%
⊞ FQ4-2008	2,663,730.18	2,717,807.00	-54,076.82	-1.99%
⊟ **FY 2009**	**5,931,301.67**	**5,821,937.47**	**109,364.20**	**1.88%**
⊞ FQ1-2009	1,903,944.38	1,856,813.65	47,130.73	2.54%
⊞ FQ2-2009	2,531,034.28	2,694,375.54	-163,341.26	-6.06%
⊞ FQ3-2009	1,496,323.01	1,270,748.28	225,574.73	17.75%
Total	**24,661,807.07**	**14,764,341.42**	**9,897,465.65**	**67.04%**

图 4-6 FQ3-2009 的 Sales PY 显示的是 FQ3-2008 至 2008 年 8 月 15 日的金额，因为在 2009 年 8 月 15 日之后没有数据

Sales PY 度量值使用了根据变量 MonthsOffset 中定义的月数往前平移日期的标准技术。在 Sales PY 中，将该变量设置为 12，则时间会倒退 12 个月。接下来的度量值（Sales PQ 和 Sales PM）会使用相同的代码。不同的是分配给 MonthsOffset 的值。

Sales PY 会遍历筛选上下文中所有的有效年份。对于每一年，它都会检索这一年的所选日期，而忽略筛选器安全列（示例中为 Working Day、Day of Week 和 Day of Week Number）。使

用一年中的相对天数来计算天数，这些天数用作上一年的筛选器。使用 ALLEXCEPT 函数可以将筛选器安全列上的筛选器保留在筛选上下文中。

Sales 表中的度量值

```
Sales PY :=
IF (
    [ShowValueForDates],
    SUMX (
        VALUES ( 'Date'[Fiscal Year Number] ),
        VAR CurrentFiscalYearNumber = 'Date'[Fiscal Year Number]
        VAR DaysSelected =
            CALCULATETABLE (
                VALUES ( 'Date'[Day of Fiscal Year Number] ),
                REMOVEFILTERS (
                    'Date'[Working Day],
                    'Date'[Day of Week],
                    'Date'[Day of Week Number]
                ),
                'Date'[DateWithSales] = TRUE
            )
        RETURN
            CALCULATE (
                [Sales Amount],
                'Date'[Fiscal Year Number] = CurrentFiscalYearNumber - 1,
                DaysSelected,
                ALLEXCEPT ( 'Date', 'Date'[Working Day], 'Date'[Day of Week] )
            )
    )
)
```

"比上个年度增长"的计算，以数字形式表现为 Sales YOY，以百分比形式表现为 Sales YOY %。这两个度量值都使用 Sales PY 来确保仅计算截至 2009 年 8 月 15 日的数据。

Sales 表中的度量值

```
Sales YOY :=
VAR ValueCurrentPeriod = [Sales Amount]
VAR ValuePreviousPeriod = [Sales PY]
VAR Result =
    IF (
        NOT ISBLANK ( ValueCurrentPeriod )
            && NOT ISBLANK ( ValuePreviousPeriod ),
        ValueCurrentPeriod - ValuePreviousPeriod
    )
RETURN
    Result
```

Sales 表中的度量值

```
Sales YOY % :=
DIVIDE (
    [Sales YOY],
    [Sales PY]
)
```

4.3.2 比上个季度增长

"比上个季度"是将一个时间段与上一季度的等效时间段进行比较。在此示例中，有效数据截至 2009 年 8 月 15 日，即所在季度的第 49 天，超过 FY 2009 第三个季度的一半时间。因此，2009 年 8 月（第三个季度的第二个月）的 Sales PQ 仅显示截至 2009 年 5 月 16 日的销售情况，也就是截至上一个季度 FQ2-2009 的第 49 天。图 4-7 显示，FQ2-2009 的 Sales Amount 为 2,531,034.28，而 FQ3-2009 的 Sales PQ 为 1,140,186.77，仅考虑截至 2009 年 5 月 16 日的销售额。

Year	Sales Amount	Sales PQ	Sales QOQ	Sales QOQ %
⊞ FY 2007	8,942,403.96	6,224,596.95	2,717,807.00	43.66%
⊞ FY 2008	9,788,101.45	9,842,178.27	-54,076.82	-0.55%
⊟ FY 2009	5,931,301.67	5,707,861.33	223,440.34	3.91%
⊞ FQ1-2009	1,903,944.38	2,663,730.18	-759,785.80	-28.52%
⊟ FQ2-2009	2,531,034.28	1,903,944.38	627,089.91	32.94%
FW14-2009	156,901.21	270,201.87	-113,300.65	-41.93%
FW15-2009	89,762.79	130,058.72	-40,295.93	-30.98%
FW16-2009	190,397.26	90,908.45	99,488.81	109.44%
FW17-2009	157,692.58	213,019.41	-55,326.83	-25.97%
FW18-2009	178,247.24	82,381.93	95,865.31	116.37%
FW19-2009	250,067.09	130,846.10	119,220.99	91.12%
FW20-2009	117,118.60	130,163.37	-13,044.77	-10.02%
FW21-2009	271,355.21	178,827.65	92,527.56	51.74%
FW22-2009	302,268.61	182,744.02	119,524.59	65.41%
FW23-2009	194,482.52	100,901.50	93,581.02	92.74%
FW24-2009	229,129.53	121,468.07	107,661.46	88.63%
FW25-2009	191,936.18	156,596.98	35,339.20	22.57%
FW26-2009	201,675.45	115,826.31	85,849.14	74.12%
⊟ FQ3-2009	1,496,323.01	1,140,186.77	356,136.24	31.23%
FW27-2009	260,265.60	156,901.21	103,364.38	65.88%
FW28-2009	250,893.60	89,762.79	161,130.81	179.51%
FW29-2009	306,535.20	190,397.26	116,137.94	61.00%
FW30-2009	193,712.22	157,692.58	36,019.64	22.84%
FW31-2009	183,695.43	178,247.24	5,448.19	3.06%
FW32-2009	79,423.99	250,067.09	-170,643.10	-68.24%
FW33-2009	221,796.97	117,118.60	104,678.37	89.38%
Total	24,661,807.07	21,774,636.55	2,887,170.52	13.26%

图 4-7 FQ3-2009 的 Sales PQ 显示的是 FQ2-2009 至 2009 年 5 月 16 日的值。
2009 年 8 月 15 日以后没有数据，这一天是该季度同期对应的第 49 天

Sales PQ 使用 Sales PY 中介绍的方法。不同的是，Sales PQ 遍历的是 Fiscal Year Quarter Number，而不是遍历 Fiscal Year Number，并且将筛选器应用在 Day of Fiscal Quarter Number，而不是应用在 Day of Fiscal Year Number。

Sales 表中的度量值

```
Sales PQ :=
IF (
    [ShowValueForDates],
    SUMX (
        VALUES ( 'Date'[Fiscal Year Quarter Number] ),
        VAR CurrentFiscalYearQuarterNumber = 'Date'[Fiscal Year Quarter Number]
        VAR DaysSelected =
```

```
                    CALCULATETABLE (
                        VALUES ( 'Date'[Day of Fiscal Quarter Number] ),
                        REMOVEFILTERS (
                            'Date'[Working Day],
                            'Date'[Day of Week],
                            'Date'[Day of Week Number]
                        ),
                        'Date'[DateWithSales] = TRUE
                    )
            RETURN
                CALCULATE (
                    [Sales Amount],
                    'Date'[Fiscal Year Quarter Number] = CurrentFiscalYearQuarterNumber - 1,
                    DaysSelected,
                    ALLEXCEPT ( 'Date', 'Date'[Working Day], 'Date'[Day of Week] )
                )
        )
    )
```

"比上个季度增长"的计算，以数字形式表现为 Sales QOQ，以百分比形式表现为 Sales QOQ %。这两个度量值都使用 Sales PQ 来确保进行合理比较。

Sales 表中的度量值

```
Sales QOQ :=
VAR ValueCurrentPeriod = [Sales Amount]
VAR ValuePreviousPeriod = [Sales PQ]
VAR Result =
    IF (
        NOT ISBLANK ( ValueCurrentPeriod ) && NOT ISBLANK ( ValuePreviousPeriod ),
        ValueCurrentPeriod - ValuePreviousPeriod
    )
RETURN
    Result
```

Sales 表中的度量值

```
Sales QOQ % :=
DIVIDE (
    [Sales QOQ],
    [Sales PQ]
)
```

4.3.3 比上个周度增长

"比上个周度增长"是将一个时间段与上一周度的等效时间段进行比较。该计算类似于"比上个年度增长"和"比上个季度增长"，即使有效数据没有显示对应到有效最后一天（2019 年 8 月 15 日）的不完整星期的具体示例。如果报告聚合了更多的星期（例如在年度和季度级别），则 Sales PW 度量值会将日期整体向前平移一周的所有星期的数据进行相加。图 4-8 显示了结果示例。

Sales PW 使用 Sales PY 介绍的方法。不同之处在于，Sales PW 是遍历 Fiscal Year Week Number，而不是遍历 Fiscal Year Number，并且将筛选器应用在 Day of Week Number，而不是应用在 Day of Fiscal Year Number。

Year	Sales Amount	Sales PW	Sales WOW	Sales WOW %
⊞ **FY 2007**	8,942,403.96	8,741,257.66	201,146.30	2.30%
⊞ **FY 2008**	9,788,101.45	9,823,692.82	-35,591.37	-0.36%
⊟ **FY 2009**	5,931,301.67	5,875,059.63	56,242.04	0.96%
⊞ **FQ1-2009**	1,903,944.38	1,953,672.99	-49,728.62	-2.55%
⊞ **FQ2-2009**	2,531,034.28	2,445,185.14	85,849.14	3.51%
⊟ **FQ3-2009**	1,496,323.01	1,476,201.50	20,121.51	1.36%
FW27-2009	260,265.60	201,675.45	58,590.14	29.05%
FW28-2009	250,893.60	260,265.60	-9,371.99	-3.60%
FW29-2009	306,535.20	250,893.60	55,641.60	22.18%
FW30-2009	193,712.22	306,535.20	-112,822.98	-36.81%
FW31-2009	183,695.43	193,712.22	-10,016.79	-5.17%
FW32-2009	79,423.99	183,695.43	-104,271.44	-56.76%
FW33-2009	221,796.97	79,423.99	142,372.97	179.26%
Total	24,661,807.07	24,440,010.10	221,796.97	0.91%

图 4-8　Sales PW 度量值显示了上周的 Sales Amount

Sales 表中的度量值

```
Sales PW :=
IF (
    [ShowValueForDates],
    SUMX (
        VALUES ( 'Date'[Fiscal Year Week Number] ),
        VAR CurrentFiscalYearWeekNumber = 'Date'[Fiscal Year Week Number]
        VAR DaysSelected =
            CALCULATETABLE (
                VALUES ( 'Date'[Day of Week Number] ),
                REMOVEFILTERS (
                    'Date'[Working Day],
                    'Date'[Day of Week],
                    'Date'[Day of Week Number]
                ),
                'Date'[DateWithSales] = TRUE
            )
        RETURN
            CALCULATE (
                [Sales Amount],
                'Date'[Fiscal Year Week Number] = CurrentFiscalYearWeekNumber - 1,
                KEEPFILTERS ( DaysSelected ),
                ALLEXCEPT ( 'Date', 'Date'[Working Day], 'Date'[Day of Week] )
            )
    )
)
```

"比上个周度增长"的计算，以数字形式表现为 Sales WOW，以百分比形式表现为 Sales WOW %。这两个度量值都使用 Sales PW 来确保进行合理比较。

Sales 表中的度量值

```
Sales WOW :=
VAR ValueCurrentPeriod = [Sales Amount]
VAR ValuePreviousPeriod = [Sales PW]
VAR Result =
    IF (
        NOT ISBLANK ( ValueCurrentPeriod ) && NOT ISBLANK ( ValuePreviousPeriod ),
        ValueCurrentPeriod - ValuePreviousPeriod
    )
RETURN
    Result
```

Sales 表中的度量值

```
Sales WOW % :=
DIVIDE (
    [Sales WOW],
    [Sales PW]
)
```

4.3.4 比上个时间段增长

"比上个时间段增长"会根据当前的可视化选择，自动选择本节先前介绍的度量值之一。例如，如果可视化显示星期级别的数据，则会返回"比上个星期增长"的度量值；如果可视化显示季度级别或者年度级别的总计，则分别返回"比上个季度增长"或"比上个年度增长"的度量值。4-4-5 日历不支持月份级别。预期结果如图 4-9 所示。

Year	Sales Amount	Sales PP	Sales POP	Sales POP %
⊞ **FY 2007**	8,942,403.96			
⊟ **FY 2008**	9,788,101.45	8,942,403.96	845,697.49	9.46%
⊞ **FQ1-2008**	1,856,813.65	2,717,807.00	-860,993.36	-31.68%
⊞ **FQ2-2008**	2,694,375.54	1,856,813.65	837,561.90	45.11%
⊞ **FQ3-2008**	2,573,182.08	2,694,375.54	-121,193.46	-4.50%
⊞ **FQ4-2008**	2,663,730.18	2,573,182.08	90,548.10	3.52%
⊟ **FY 2009**	5,931,301.67	5,821,937.47	109,364.20	1.88%
⊞ **FQ1-2009**	1,903,944.38	2,663,730.18	-759,785.80	-28.52%
⊞ **FQ2-2009**	2,531,034.28	1,903,944.38	627,089.91	32.94%
⊟ **FQ3-2009**	1,496,323.01	1,140,186.77	356,136.24	31.23%
FW27-2009	260,265.60	201,675.45	58,590.14	29.05%
FW28-2009	250,893.60	260,265.60	-9,371.99	-3.60%
FW29-2009	306,535.20	250,893.60	55,641.60	22.18%
FW30-2009	193,712.22	306,535.20	-112,822.98	-36.81%
FW31-2009	183,695.43	193,712.22	-10,016.79	-5.17%
FW32-2009	79,423.99	183,695.43	-104,271.44	-56.76%
FW33-2009	221,796.97	79,423.99	142,372.97	179.26%
Total	**24,661,807.07**			

图 4-9 Sales PP 在星期级别上显示上个星期的值，在季度级别上显示上一个季度的值，
在年级别上显示上一年的值

Sales PP、Sales POP 和 Sales POP%这 3 个度量值，会根据报告中选择的级别，定向到相应的年、季度和星期的度量值，来进行计算。ISINSCOPE 函数会检测报告所使用的级别。传递给 ISINSCOPE 函数的参数是图 4-9 的矩阵视图的行所使用的属性。度量值的定义方法如下。

Sales 表中的度量值

```
Sales POP % :=
SWITCH (
    TRUE,
    ISINSCOPE ( 'Date'[Fiscal Year Week] ), [Sales WOW %],
    -- 不得在 445 日历中管理月度级别
    ISINSCOPE ( 'Date'[Fiscal Year Quarter] ), [Sales QOQ %],
    ISINSCOPE ( 'Date'[Fiscal Year] ), [Sales YOY %]
)
```

Sales 表中的度量值

```
Sales POP :=
SWITCH (
    TRUE,
    ISINSCOPE ( 'Date'[Fiscal Year Week] ), [Sales WOW],
    -- 不得在 445 日历中管理月度级别
    ISINSCOPE ( 'Date'[Fiscal Year Quarter] ), [Sales QOQ],
    ISINSCOPE ( 'Date'[Fiscal Year] ), [Sales YOY]
)
```

Sales 表中的度量值

```
Sales PP :=
SWITCH (
    TRUE,
    ISINSCOPE ( 'Date'[Fiscal Year Week] ), [Sales PW],
    -- 不得在 445 日历中管理月度级别
    ISINSCOPE ( 'Date'[Fiscal Year Quarter] ), [Sales PQ],
    ISINSCOPE ( 'Date'[Fiscal Year] ), [Sales PY]
)
```

4.4　期初至今增长的计算

"期初至今增长的计算"是指将"期初至今"度量值与基于特定偏移量的等效时间段的同一度量值进行比较。例如，你可以将年初至今的汇总与上一会计年的年初至今进行比较，偏移量为一个会计年。

这组计算中的所有度量值均需考虑不完整时间段。示例中的有效数据截至 2009 年 8 月 15 日，因此这些度量值可确保上一年的计算不包括 2008 年 8 月 15 日之后的日期。

4.4.1　比上个年度年初至今增长

"比上个年度年初至今增长"将特定日期的年初至今与上一年等效日期的年初至今进行比较。图 4-10 显示，由于 FY 2008 的 2008 年 8 月 16 日与 FY 2009 的 2009 年 8 月 15 日是同期对应日期，所以 FY 2009 的 Sales PYTD 仅考虑截至 2008 年 8 月 16 日的数据。因此，FQ3-2008 的 Sales YTD 为 7,124,371.27，而 FQ3-2009 的 Sales PYTD 较低，为 5,821,937.47。

Year	Sales Amount	Sales YTD	Sales PYTD	Sales YOYTD	Sales YOYTD %
⊞ FY 2007	8,942,403.96	8,942,403.96			
⊟ FY 2008	9,788,101.45	9,788,101.45	8,942,403.96	845,697.49	9.46%
⊞ FQ1-2008	1,856,813.65	1,856,813.65	345,319.01	1,511,494.64	437.71%
⊞ FQ2-2008	2,694,375.54	4,551,189.19	3,391,921.03	1,159,268.16	34.18%
⊟ FQ3-2008	2,573,182.08	7,124,371.27	6,224,596.95	899,774.32	14.46%
⊞ FM Jul 2008	855,061.83	5,406,251.02	4,201,119.08	1,205,131.94	28.69%
⊞ FM Aug 2008	608,473.34	6,014,724.36	5,065,511.79	949,212.57	18.74%
⊞ FM Sep 2008	1,109,646.91	7,124,371.27	6,224,596.95	899,774.32	14.46%
⊞ FQ4-2008	2,663,730.18	9,788,101.45	8,942,403.96	845,697.49	9.46%
⊟ FY 2009	5,931,301.67	5,931,301.67	5,821,937.47	109,364.20	1.88%
⊞ FQ1-2009	1,903,944.38	1,903,944.38	1,856,813.65	47,130.73	2.54%
⊞ FQ2-2009	2,531,034.28	4,434,978.66	4,551,189.19	-116,210.53	-2.55%
⊟ FQ3-2009	1,496,323.01	5,931,301.67	5,821,937.47	109,364.20	1.88%
⊞ FM Jul 2009	1,011,406.62	5,446,385.28	5,406,251.02	40,134.26	0.74%
⊞ FM Aug 2009	484,916.39	5,931,301.67	5,821,937.47	109,364.20	1.88%
Total	24,661,807.07	5,931,301.67	9,788,101.45	-3,856,799.78	-39.40%

图 4-10　FQ3-2009 的 Sales PYTD 显示的是 FQ3-2008 至 2008 年 8 月 16 日的数据，
因为在 2009 年 8 月 15 日之后没有数据

Sales PYTD 与 Sales YTD 相似：它会筛选 Fiscal Year Number 中的上一个值，而不对筛选上下文中显示的最后一个年份进行筛选。两者主要的不同在于对 LastDayOfFiscalYearAvailable 的计算。该计算必须仅考虑销售的日期，而忽略计算 Sales Amount 所要考虑的筛选器安全列上的筛选器。

Sales 表中的度量值

```
Sales PYTD :=
IF (
    [ShowValueForDates],
    VAR PreviousFiscalYear = MAX ( 'Date'[Fiscal Year Number] ) - 1
    VAR LastDayOfFiscalYearAvailable =
        CALCULATE (
            MAX ( 'Date'[Day of Fiscal Year Number] ),
            REMOVEFILTERS (                        -- 从筛选器安全列删除筛选器，
                'Date'[Working Day],               -- 以获得报告中所选数据的最后一天
                'Date'[Day of Week],
                'Date'[Day of Week Number]
            ),
            'Date'[DateWithSales] = TRUE
        )
    VAR Result =
        CALCULATE (
            [Sales Amount],
            ALLEXCEPT ( 'Date', 'Date'[Working Day], 'Date'[Day of Week] ),
            'Date'[Fiscal Year Number] = PreviousFiscalYear,
            'Date'[Day of Fiscal Year Number] <= LastDayOfFiscalYearAvailable,
            'Date'[DateWithSales] = TRUE
        )
    RETURN
        Result
)
```

Sales YOYTD 和 Sales YOYTD %通过 Sales PYTD 来确保进行合理比较。

Sales 表中的度量值

```
Sales YOYTD :=
VAR ValueCurrentPeriod = [Sales YTD]
VAR ValuePreviousPeriod = [Sales PYTD]
VAR Result =
    IF (
        NOT ISBLANK ( ValueCurrentPeriod ) && NOT ISBLANK ( ValuePreviousPeriod ),
        ValueCurrentPeriod - ValuePreviousPeriod
    )
RETURN
    Result
```

Sales 表中的度量值

```
Sales YOYTD % :=
DIVIDE (
    [Sales YOYTD],
    [Sales PYTD]
)
```

4.4.2 比上个季度季初至今增长

"比上个季度季初至今增长"将特定日期的季初至今与上一季度等效日期的季初至今进行比较。图 4-11 显示，FM Aug 2009 的 Sales PQTD 仅考虑 2009 年 5 月 16 日之前的数据，以获得上一个季度相应的时间段。因此，FM May 2009 的 Sales QTD 为 1,411,541.99，而 FM Aug 2009 的 Sales PQTD 较低，为 1,140,186.77。

Year	Sales Amount	Sales QTD	Sales PQTD	Sales QOQTD	Sales QOQTD %
⊞ **FY 2007**	8,942,403.96	2,717,807.00	2,832,675.92	-114,868.92	**-4.06%**
⊞ **FY 2008**	9,788,101.45	2,663,730.18	2,573,182.08	90,548.10	**3.52%**
⊟ **FY 2009**	5,931,301.67		1,496,323.01		
⊞ **FQ1-2009**	1,903,944.38	1,903,944.38	2,663,730.18	-759,785.80	**-28.52%**
⊟ **FQ2-2009**	2,531,034.28	2,531,034.28	1,903,944.38	627,089.91	**32.94%**
⊞ FM Apr 2009	594,753.85	594,753.85	704,188.45	-109,434.60	-15.54%
⊞ FM May 2009	816,788.14	1,411,541.99	1,226,407.50	185,134.49	15.10%
⊞ FM Jun 2009	1,119,492.29	2,531,034.28	1,903,944.38	627,089.91	32.94%
⊟ **FQ3-2009**	1,496,323.01	1,496,323.01	1,140,186.77	356,136.24	**31.23%**
⊞ FM Jul 2009	1,011,406.62	1,011,406.62	594,753.85	416,652.77	70.05%
⊞ FM Aug 2009	484,916.39	1,496,323.01	1,140,186.77	356,136.24	31.23%
Total	24,661,807.07		1,496,323.01		

图 4-11　2009 年 8 月的 Sales PQTD 显示的是 2009 年 3 月 29 日至 5 月 16 日的数据，
因为在 2009 年 8 月 15 日之后没有数据。该比较仅使用该季度的前 49 天

Sales PQTD 与 Sales QTD 相似：它会筛选 Fiscal Year Quarter Number 中的上一个值，而不对筛选上下文中显示的最后一个季度进行筛选。两者主要的不同在于对 LastDayOfFiscalYearQuarter Available 的计算。该计算必须仅考虑销售的日期，而忽略计算 Sales Amount 所要考虑的筛选器安全列上的筛选器。

Sales 表中的度量值

```
Sales PQTD :=
IF (
    [ShowValueForDates],
    VAR PreviousFiscalYearQuarter = MAX ( 'Date'[Fiscal Year Quarter Number] ) - 1
    VAR LastDayOfFiscalYearQuarterAvailable =
        CALCULATE (
            MAX ( 'Date'[Day of Fiscal Quarter Number] ),
            REMOVEFILTERS (                       -- 从筛选器安全列删除筛选器，
                'Date'[Working Day],              -- 以获得报告中所选数据的最后一天
                'Date'[Day of Week],
                'Date'[Day of Week Number]
            ),
            'Date'[DateWithSales] = TRUE
        )
    VAR Result =
        CALCULATE (
            [Sales Amount],
            ALLEXCEPT ( 'Date', 'Date'[Working Day], 'Date'[Day of Week] ),
            'Date'[Fiscal Year Quarter Number] = PreviousFiscalYearQuarter,
            'Date'[Day of Fiscal Quarter Number] <= LastDayOfFiscalYearQuarterAvailable,
            'Date'[DateWithSales] = TRUE
        )
    RETURN
        Result
)
```

4

Sales QOQTD 和 Sales QOQTD %通过 Sales PQTD 来确保进行合理比较。

Sales 表中的度量值

```
Sales QOQTD :=
VAR ValueCurrentPeriod = [Sales QTD]
VAR ValuePreviousPeriod = [Sales PQTD]
VAR Result =
    IF (
        NOT ISBLANK ( ValueCurrentPeriod ) && NOT ISBLANK ( ValuePreviousPeriod ),
        ValueCurrentPeriod - ValuePreviousPeriod
    )
RETURN
    Result
```

Sales 表中的度量值

```
Sales QOQTD % :=
DIVIDE (
    [Sales QOQTD],
    [Sales PQTD]
)
```

4.4.3   比上个周度周初至今增长

"比上个周度周初至今增长"将特定日期的周初至今与上个星期等效日期的周初至今进行比较。该计算类似于"比上个年度年初至今增长"和"比上个季度季初至今增长",即使有效数据没有显示对应到有效最后一天(2019 年 8 月 15 日)的不完整星期的具体示例。图 4-12 显示了结果示例。

Year	Sales Amount	Sales WTD	Sales PWTD	Sales WOWTD	Sales WOWTD %
⊞ FY 2007	8,942,403.96	201,146.30	200,343.92	802.38	0.40%
⊞ FY 2008	9,788,101.45	165,554.93	152,052.00	13,502.93	8.88%
⊟ FY 2009	5,931,301.67				
⊞ FQ1-2009	1,903,944.38	115,826.31	156,596.98	-40,770.67	-26.04%
⊞ FQ2-2009	2,531,034.28	201,675.45	191,936.18	9,739.27	5.07%
⊟ FQ3-2009	1,496,323.01				
⊞ FW27-2009	260,265.60	260,265.60	201,675.45	58,590.14	29.05%
⊞ FW28-2009	250,893.60	250,893.60	260,265.60	-9,371.99	-3.60%
⊞ FW29-2009	306,535.20	306,535.20	250,893.60	55,641.60	22.18%
⊞ FW30-2009	193,712.22	193,712.22	306,535.20	-112,822.98	-36.81%
⊞ FW31-2009	183,695.43	183,695.43	193,712.22	-10,016.79	-5.17%
⊟ FW32-2009	79,423.99	79,423.99	183,695.43	-104,271.44	-56.76%
8/2/2009	8,203.42	8,203.42	17,995.31	-9,791.89	-54.41%
8/3/2009	337.68	8,541.10	19,090.63	-10,549.53	-55.26%
8/4/2009	4,482.94	13,024.04	32,875.76	-19,851.72	-60.38%
8/5/2009	14,319.18	27,343.22	35,135.57	-7,792.35	-22.18%
8/6/2009	26,941.94	54,285.16	98,335.49	-44,050.34	-44.80%
8/7/2009	2,518.99	56,804.15	145,945.33	-89,141.18	-61.08%
8/8/2009	22,619.84	79,423.99	183,695.43	-104,271.44	-56.76%
⊟ FW33-2009	221,796.97	221,796.97	79,423.99	142,372.97	179.26%
8/9/2009	21,983.18	21,983.18	8,203.42	13,779.76	167.98%
8/10/2009	4,211.87	26,195.05	8,541.10	17,653.95	206.69%
8/11/2009	79,245.09	105,440.14	13,024.04	92,416.10	709.58%
8/12/2009	1,497.50	106,937.64	27,343.22	79,594.42	291.09%
8/13/2009	13,784.34	120,721.98	54,285.16	66,436.83	122.38%
8/14/2009	100,059.00	220,780.98	56,804.15	163,976.83	288.67%
8/15/2009	1,015.98	221,796.97	79,423.99	142,372.97	179.26%
Total	24,661,807.07				

图 4-12   Sales PWTD 度量值显示了上一周的 Sales WTD

Sales PWTD 与 Sales WTD 相似：它会筛选 Fiscal Year Week Number 中的上一个值，而不对筛选上下文中显示的最后一个星期进行筛选。两者主要的不同在于对 LastDayOfFiscalYearWeek Available 的计算。该计算必须仅考虑销售的日期，而忽略计算 Sales Amount 所要考虑的筛选器安全列上的筛选器。

Sales 表中的度量值

```
Sales PWTD :=
IF (
    [ShowValueForDates],
    VAR PreviousFiscalYearWeek = MAX ( 'Date'[Fiscal Year Week Number] ) - 1
    VAR LastDayOfWeekAvailable =
        CALCULATE (
            MAX ( 'Date'[Day of Week Number] ),
            REMOVEFILTERS (                      -- 从筛选器安全列中删除筛选器
                'Date'[Working Day],             -- 以获得报告中所选数据的最后一天
                'Date'[Day of Week],
                'Date'[Day of Week Number]
            ),
            'Date'[DateWithSales] = TRUE
        )
    VAR Result =
        CALCULATE (
            [Sales Amount],
            ALLEXCEPT ( 'Date', 'Date'[Working Day], 'Date'[Day of Week] ),
            'Date'[Fiscal Year Week Number] = PreviousFiscalYearWeek,
            'Date'[Day of Week Number] <= LastDayOfWeekAvailable,
            'Date'[DateWithSales] = TRUE
        )
    RETURN
        Result
)
```

Sales WOWTD 和 Sales WOWTD %通过 Sales PWTD 度量值来确保进行合理比较。

Sales 表中的度量值

```
Sales WOWTD :=
VAR ValueCurrentPeriod = [Sales WTD]
VAR ValuePreviousPeriod = [Sales PWTD]
VAR Result =
    IF (
        NOT ISBLANK ( ValueCurrentPeriod )
            && NOT ISBLANK ( ValuePreviousPeriod ),
        ValueCurrentPeriod - ValuePreviousPeriod
    )
RETURN
    Result
```

Sales 表中的度量值

```
Sales WOWTD % :=
DIVIDE (
    [Sales WOWTD],
    [Sales PWTD]
)
```

4.5　期初至今与上一个完整时间段的比较

当将上一个完整时间段作为基准时，将期初至今聚合结果与上一个完整时间段进行比较是

很有用的。例如，一旦当前年初至今达到上一个完整年度的 100%，这意味着我们已经以更少的天数达到了与上一个完整时间段相同的绩效。

4.5.1   年初至今比上个完整年度

"年初至今比上个完整年度"是将年初至今与上一个完整年度进行比较。图 4-13 显示，FW48-2008 的 Sales YTD 已经超过 2007 会计全年的 Sales Amount。Sales YTDOPY %体现年初至今与上个会计年度总额的直接比较；当该百分比为正数时，表示增长超过上一个会计年。

Year	Sales Amount	Sales YTD	Sales PYC	Sales YTDOPY	Sales YTDOPY %
⊞ FY 2007	8,942,403.96	8,942,403.96			
⊟ FY 2008	9,788,101.45	9,788,101.45	8,942,403.96	845,697.49	9.46%
⊞ FQ1-2008	1,856,813.65	1,856,813.65	8,942,403.96	-7,085,590.31	-79.24%
⊞ FQ2-2008	2,694,375.54	4,551,189.19	8,942,403.96	-4,391,214.77	-49.11%
⊞ FQ3-2008	2,573,182.08	7,124,371.27	8,942,403.96	-1,818,032.69	-20.33%
⊟ FQ4-2008	2,663,730.18	9,788,101.45	8,942,403.96	845,697.49	9.46%
⊞ FM Oct 2008	659,306.74	7,783,678.01	8,942,403.96	-1,158,725.94	-12.96%
⊞ FM Nov 2008	1,020,090.26	8,803,768.27	8,942,403.96	-138,635.69	-1.55%
⊟ FM Dec 2008	984,333.18	9,788,101.45	8,942,403.96	845,697.49	9.46%
FW48-2008	245,714.96	9,049,483.23	8,942,403.96	107,079.27	1.20%
FW49-2008	145,259.35	9,194,742.58	8,942,403.96	252,338.62	2.82%
FW50-2008	275,751.94	9,470,494.52	8,942,403.96	528,090.57	5.91%
FW51-2008	152,052.00	9,622,546.52	8,942,403.96	680,142.56	7.61%
FW52-2008	165,554.93	9,788,101.45	8,942,403.96	845,697.49	9.46%
⊞ FY 2009	5,931,301.67	5,931,301.67	9,788,101.45	-3,856,799.78	-39.40%
Total	24,661,807.07	5,931,301.67			

图 4-13   Sales YTDOPY %显示为正数，表示 Sales YTD 大于上一个会计年度 Sales Amount 的总额

"年初至今比上个年度增长"是通过 Sales YTDOPY 和 Sales YTDOPY %度量值来计算的；分别通过 Sales YTD 度量值来计算年初至今的值，通过 Sales PYC 度量值来获得上一个完整会计年度的销售额。

Sales 表中的度量值

```
Sales PYC :=
IF (
    [ShowValueForDates] && HASONEVALUE ( 'Date'[Fiscal Year Number] ),
    VAR PreviousFiscalYear = MAX ( 'Date'[Fiscal Year Number] ) - 1
    VAR Result =
        CALCULATE (
            [Sales Amount],
            ALLEXCEPT ( 'Date', 'Date'[Working Day], 'Date'[Day of Week] ),
            'Date'[Fiscal Year Number] = PreviousFiscalYear
        )
    RETURN
        Result
)
```

Sales 表中的度量值

```
Sales YTDOPY :=
VAR ValueCurrentPeriod = [Sales YTD]
VAR ValuePreviousPeriod = [Sales PYC]
```

```
VAR Result =
    IF (
        NOT ISBLANK ( ValueCurrentPeriod ) && NOT ISBLANK ( ValuePreviousPeriod ),
        ValueCurrentPeriod - ValuePreviousPeriod
    )
RETURN
    Result
```

Sales 表中的度量值

```
Sales YTDOPY % :=
DIVIDE (
    [Sales YTDOPY],
    [Sales PYC]
)
```

4.5.2　季初至今比上个完整季度

"季初至今比上个完整季度"是将季初至今与上一个完整季度进行比较。图 4-14 显示，FW23-2009 的 Sales QTD 超过了 FQ1-2009 的 Sales Amount 总额。Sales QTDOPQ %体现季初至今与上个季度总额的直接比较；当该百分比为正数时，表示增长超过上个季度。

Year	Sales Amount	Sales QTD	Sales PQC	Sales QTDOPQ	Sales QTDOPQ %
⊞ **FY 2007**	**8,942,403.96**	**2,717,807.00**			
⊞ **FY 2008**	**9,788,101.45**	**2,663,730.18**			
⊟ **FY 2009**	**5,931,301.67**				
⊞ FQ1-2009	1,903,944.38	1,903,944.38	2,663,730.18	-759,785.80	-28.52%
⊟ FQ2-2009	2,531,034.28	2,531,034.28	1,903,944.38	627,089.91	32.94%
⊞ FM Apr 2009	594,753.85	594,753.85	1,903,944.38	-1,309,190.53	-68.76%
⊞ FM May 2009	816,788.14	1,411,541.99	1,903,944.38	-492,402.39	-25.86%
⊟ FM Jun 2009	1,119,492.29	2,531,034.28	1,903,944.38	627,089.91	32.94%
FW22-2009	302,268.61	1,713,810.60	1,903,944.38	-190,133.78	-9.99%
FW23-2009	194,482.52	1,908,293.11	1,903,944.38	4,348.74	0.23%
FW24-2009	229,129.53	2,137,422.65	1,903,944.38	233,478.27	12.26%
FW25-2009	191,936.18	2,329,358.83	1,903,944.38	425,414.45	22.34%
FW26-2009	201,675.45	2,531,034.28	1,903,944.38	627,089.91	32.94%
⊞ FQ3-2009	1,496,323.01	1,496,323.01	2,531,034.28	-1,034,711.27	-40.88%
Total	**24,661,807.07**				

图 4-14　Sales QTDOPQ %从 FW23-2009 起显示为正数，表示 Sales QTD 开始大于 FQ1-2009 的 Sales Amount

"季初至今比上个完整季度增长"是通过 Sales QTDOPQ 和 Sales QTDOPQ %度量值来计算的；分别通过 Sales QTD 度量值来计算季初至今的值，通过 Sales PQC 度量值来获得上个完整季度的销售额。

Sales 表中的度量值

```
Sales PQC :=
IF (
    [ShowValueForDates] && HASONEVALUE ( 'Date'[Fiscal Year Quarter Number] ),
    VAR PreviousFiscalYearQuarter = MAX ( 'Date'[Fiscal Year Quarter Number] ) - 1
    VAR Result =
        CALCULATE (
            [Sales Amount],
            ALLEXCEPT ( 'Date', 'Date'[Working Day], 'Date'[Day of Week] ),
```

```
            'Date'[Fiscal Year Quarter Number] = PreviousFiscalYearQuarter
        )
    RETURN
        Result
)
```

Sales 表中的度量值

```
Sales QTDOPQ :=
VAR ValueCurrentPeriod = [Sales QTD]
VAR ValuePreviousPeriod = [Sales PQC]
VAR Result =
    IF (
        NOT ISBLANK ( ValueCurrentPeriod ) && NOT ISBLANK ( ValuePreviousPeriod ),
        ValueCurrentPeriod - ValuePreviousPeriod
    )
RETURN
    Result
```

Sales 表中的度量值

```
Sales QTDOPQ % :=
DIVIDE (
    [Sales QTDOPQ],
    [Sales PQC]
)
```

4.5.3　周初至今比上个完整星期

　　"周初至今比上个完整星期"是将周初至今与上一个完整星期进行比较。图 4-15 显示，FW33-2009 的 Sales WTD 超过了 FW32-2009 的 Sales Amount 总额。Sales WTDOPW%体现周初至今与上个星期总额的直接比较；当该百分比为正数时，表示增长超过上个星期。在本案例中，从 2009 年 8 月 11 日起实现超过上个星期的增长。

Year	Sales Amount	Sales WTD	Sales PWC	Sales WTDOPW	Sales WTDOPW %
⊞ FY 2007	8,942,403.96	201,146.30			
⊞ FY 2008	9,788,101.45	165,554.93			
⊟ FY 2009	5,931,301.67				
⊞ FQ1-2009	1,903,944.38	115,826.31			
⊞ FQ2-2009	2,531,034.28	201,675.45			
⊟ FQ3-2009	1,496,323.01				
⊞ FW27-2009	260,265.60	260,265.60	201,675.45	58,590.14	29.05%
⊞ FW28-2009	250,893.60	250,893.60	260,265.60	-9,371.99	-3.60%
⊞ FW29-2009	306,535.20	306,535.20	250,893.60	55,641.60	22.18%
⊞ FW30-2009	193,712.22	193,712.22	306,535.20	-112,822.98	-36.81%
⊞ FW31-2009	183,695.43	183,695.43	193,712.22	-10,016.79	-5.17%
⊞ FW32-2009	79,423.99	79,423.99	183,695.43	-104,271.44	-56.76%
⊟ FW33-2009	221,796.97	221,796.97	79,423.99	142,372.97	179.26%
8/9/2009	21,983.18	21,983.18	79,423.99	-57,440.82	-72.32%
8/10/2009	4,211.87	26,195.05	79,423.99	-53,228.94	-67.02%
8/11/2009	79,245.09	105,440.14	79,423.99	26,016.15	32.76%
8/12/2009	1,497.50	106,937.64	79,423.99	27,513.65	34.64%
8/13/2009	13,784.34	120,721.98	79,423.99	41,297.99	52.00%
8/14/2009	100,059.00	220,780.98	79,423.99	141,356.99	177.98%
8/15/2009	1,015.98	221,796.97	79,423.99	142,372.97	179.26%
Total	24,661,807.07				

图 4-15　Sales WTDOPW %从 2009 年 8 月 11 日起显示为正数，表示从此时起 Sales WTD
开始大于 FW32-2009 的 Sales Amount

"周初至今比上个完整星期"是通过 Sales WTDOPW %和 Sales WTDOPW 度量值来计算的。它们分别通过 Sales WTD 度量值来计算周初至今的值，通过 Sales PWC 度量值来获得上一个完整星期的销售额。

Sales 表中的度量值

```
Sales PWC :=
IF (
    [ShowValueForDates] && HASONEVALUE ( 'Date'[Fiscal Year Week Number] ),
    VAR PreviousFiscalYearWeek = MAX ( 'Date'[Fiscal Year Week Number] ) - 1
    VAR Result =
        CALCULATE (
            [Sales Amount],
            ALLEXCEPT ( 'Date', 'Date'[Working Day], 'Date'[Day of Week] ),
            'Date'[Fiscal Year Week Number] = PreviousFiscalYearWeek
        )
    RETURN
        Result
)
```

Sales 表中的度量值

```
Sales WTDOPW :=
VAR ValueCurrentPeriod = [Sales WTD]
VAR ValuePreviousPeriod = [Sales PWC]
VAR Result =
    IF (
        NOT ISBLANK ( ValueCurrentPeriod ) && NOT ISBLANK ( ValuePreviousPeriod ),
        ValueCurrentPeriod - ValuePreviousPeriod
    )
RETURN
    Result
```

Sales 表中的度量值

```
Sales WTDOPW % :=
DIVIDE (
    [Sales WTDOPW],
    [Sales PWC]
)
```

4.6　使用移动年度总计计算

聚合几个月数据的一种常用方法是使用移动年度总计，而不是年初至今。在基于周的日历中，移动年度总计包括过去 52 周（364 天）的数据。

4.6.1　移动年度总计

Sales MAT (364)度量值用于计算移动年度总计，如图 4-16 所示。

Year	Sales Amount	Sales MAT (364)	Sales PYMAT (364)	Sales MATG	Sales MATG %
⊞ **FY 2007**	8,942,403.96	8,942,403.96			
⊟ **FY 2008**	9,788,101.45	9,788,101.45	8,942,403.96	845,697.49	9.46%
⊞ **FQ1-2008**	1,856,813.65	10,453,898.59	345,319.01	10,108,579.58	2927.32%
⊞ **FQ2-2008**	2,694,375.54	10,101,672.11	3,391,921.03	6,709,751.08	197.82%
⊞ **FQ3-2008**	2,573,182.08	9,842,178.27	6,224,596.95	3,617,581.32	58.12%
⊞ **FQ4-2008**	2,663,730.18	9,788,101.45	8,942,403.96	845,697.49	9.46%
⊟ **FY 2009**	5,931,301.67	9,788,101.45	-3,856,799.78	-39.40%	
⊞ **FQ1-2009**	1,903,944.38	9,835,232.18	10,453,898.59	-618,666.42	-5.92%
⊞ **FQ2-2009**	2,531,034.28	9,671,890.91	10,101,672.11	-429,781.20	-4.25%
⊟ **FQ3-2009**	1,496,323.01	8,595,031.84	9,842,178.27	-1,247,146.43	-12.67%
FW27-2009	260,265.60	9,721,895.85	10,146,028.07	-424,132.23	-4.18%
FW28-2009	250,893.60	9,808,892.25	9,913,448.59	-104,556.34	-1.05%
FW29-2009	306,535.20	9,918,120.11	9,920,475.38	-2,355.27	-0.02%
FW30-2009	193,712.22	9,828,235.71	10,147,535.89	-319,300.18	-3.15%
FW31-2009	183,695.43	9,877,768.06	10,097,325.83	-219,557.77	-2.17%
FW32-2009	79,423.99	9,837,876.30	10,003,938.08	-166,061.78	-1.66%
FW33-2009	221,796.97	9,897,465.65	9,938,077.40	-40,611.75	-0.41%
Total	24,661,807.07	5,931,301.67	9,788,101.45	-3,856,799.78	-39.40%

图 4-16　FQ3-2009 的 Sales MAT (364)聚合了 FQ4-2008 至 FQ3-2009 的 Sales Amount

Sales MAT (364)度量值在 Date[Date]列上定义范围，该范围包括从筛选上下文中的最后一个日期算起的整个年度的日期。

Sales 表中的度量值

```
Sales MAT (364) :=
IF (
    [ShowValueForDates],
    VAR LastDayMAT = MAX ( 'Date'[Sequential Day Number] )
    VAR FirstDayMAT = LastDayMAT - 363
    VAR Result =
        CALCULATE (
            [Sales Amount],
            ALLEXCEPT ( 'Date', 'Date'[Working Day], 'Date'[Day of Week] ),
            'Date'[Sequential Day Number] >= FirstDayMAT
                && 'Date'[Sequential Day Number] <= LastDayMAT
        )
    RETURN
        Result
)
```

Sales MAT (364)不能对应星期数超过 52 个的年份，比如每隔五六年出现一次的 4-4-5 日历。然而，它是评估数据随时间变化趋势的很好的方法，因为它始终包含相同的天数和周数。

4.6.2　移动年度总计增长

"移动年度总计增长"借由 Sales MAT (364)度量值，通过 Sales PYMAT (364)、Sales MATG和 Sales MATG %度量值来计算。只要 Sales MAT (364)度量值已经收集一整年的数据，"移动年度总计增长"就可以提供首次销售后一年的正确值；但如果当前时间段不足一整年，则无法提供。例如，FY 2009 会计年的 Sales PYMAT (364)为 9,788,101.45，这与 FY 2008 的 Sales Amount相对应，如图 4-17 所示。将 FY 2009 销售额与整个 2009 会计年销售额进行比较，只能比较不足 6 个月的数据，是因为有效数据截至 2009 年 8 月 15 日。类似地，你可以看到 FY 2008 开始出现的 Sales MATG %数值非常高，一年后稳定下来。其设计原理是：移动年度总计通常是以月粒度或日粒度进行计算的，以便在图表中显示趋势。

Year	Sales Amount	Sales MAT (364)	Sales PYMAT (364)	Sales MATG	Sales MATG %
⊞ FY 2007	8,942,403.96	8,942,403.96			
⊟ FY 2008	9,788,101.45	9,788,101.45	8,942,403.96	845,697.49	9.46%
⊞ FQ1-2008	1,856,813.65	10,453,898.59	345,319.01	10,108,579.58	2927.32%
⊞ FQ2-2008	2,694,375.54	10,101,672.11	3,391,921.03	6,709,751.08	197.82%
⊞ FQ3-2008	2,573,182.08	9,842,178.27	6,224,596.95	3,617,581.32	58.12%
⊞ FQ4-2008	2,663,730.18	9,788,101.45	8,942,403.96	845,697.49	9.46%
⊟ FY 2009	5,931,301.67	5,931,301.67	9,788,101.45	-3,856,799.78	-39.40%
⊞ FQ1-2009	1,903,944.38	9,835,232.18	10,453,898.59	-618,666.42	-5.92%
⊞ FQ2-2009	2,531,034.28	9,671,890.91	10,101,672.11	-429,781.20	-4.25%
⊞ FQ3-2009	1,496,323.01	8,595,031.84	9,842,178.27	-1,247,146.43	-12.67%
Total	24,661,807.07	5,931,301.67	9,788,101.45	-3,856,799.78	-39.40%

图 4-17　Sales MATG %以百分比形式显示了 Sales MAT (364)与 Sales PYMAT (364)之间的增长

度量值的定义方法如下。

Sales 表中的度量值

```
Sales PYMAT (364) :=
IF (
    [ShowValueForDates],
    VAR LastDayAvailable = MAX ( 'Date'[Sequential Day Number] )
    VAR LastDayMAT = LastDayAvailable−364   -- 退回 52 个星期
    VAR FirstDayMAT = LastDayMAT - 363
    VAR Result =
        CALCULATE (
            [Sales Amount],
            ALLEXCEPT ( 'Date', 'Date'[Working Day], 'Date'[Day of Week] ),
            'Date'[Sequential Day Number] >= FirstDayMAT
                && 'Date'[Sequential Day Number] <= LastDayMAT
        )
    RETURN
        Result
)
```

Sales 表中的度量值

```
Sales MATG :=
VAR ValueCurrentPeriod = [Sales MAT (364)]
VAR ValuePreviousPeriod = [Sales PYMAT (364)]
VAR Result =
    IF (
        NOT ISBLANK ( ValueCurrentPeriod ) && NOT ISBLANK ( ValuePreviousPeriod ),
        ValueCurrentPeriod - ValuePreviousPeriod
    )
RETURN
    Result
```

Sales 表中的度量值

```
Sales MATG % :=
DIVIDE (
    [Sales MATG],
    [Sales PYMAT (364)]
)
```

4.7　移动平均

　　移动平均通常用在折线图中显示趋势。图 4-18 包括 4 个星期（Sales AVG 4W）、1 个季度（Sales AVG 1Q）和 1 个会计年（Sales AVG 1Y）的 Sales Amount 的移动平均。

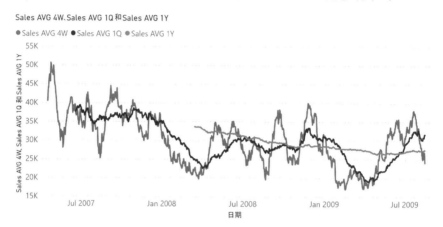

图 4-18　Sales AVG 4W、Sales AVG 1Q 和 Sales AVG 1Y 分别显示了 4 个星期、1 个季度和 1 年的移动平均

4.7.1　移动平均 4 个星期

　　Sales AVG 4W 度量值通过遍历由变量 Period4W 获得的过去 28 天的日期列表，来计算 4 个星期的移动平均。变量 Period4W 检索过去 28 天包含的显示的日期，同时忽略没有销售的日期，并应用存在于 Date 表中筛选器安全列的筛选器。

Sales 表中的度量值

```
Sales AVG 4W :=
IF (
    [ShowValueForDates],
    VAR LastDayMAT =
        MAX ( 'Date'[Sequential Day Number] )
    VAR FirstDayMAT = LastDayMAT - 27
    VAR Period4W =
        CALCULATETABLE (
            VALUES ( 'Date'[Sequential Day Number] ),
            ALLEXCEPT (
                'Date',
                'Date'[Working Day],
                'Date'[Day of Week]
            ),
            'Date'[Sequential Day Number] >= FirstDayMAT
                && 'Date'[Sequential Day Number] <= LastDayMAT,
            'Date'[DateWithSales] = TRUE
        )
    VAR FirstDayWithData =
        CALCULATE (
            MIN ( Sales[Order Date] ),
            REMOVEFILTERS ()
```

```
    )
VAR FirstDayInPeriod =
    MINX (
        Period4W,
        'Date'[Sequential Day Number]
    )
VAR Result =
    IF (
        FirstDayWithData <= FirstDayInPeriod,
        CALCULATE (
            AVERAGEX ( Period4W, [Sales Amount] ),
            REMOVEFILTERS ( 'Date' )
        )
    )
RETURN
    Result
)
```

这种模式非常灵活，因为它也适用于非累加度量值。说了这么多，对于常规的累加计算，可以使用另一个更快的公式来计算结果。

Sales 表中的度量值

```
VAR Result =
    IF (
        FirstDayWithData <= FirstDayInPeriod,
        CALCULATE (
            DIVIDE (
                [Sales Amount],
                DISTINCTCOUNT ( Sales[Order Date] )
            ),
            REMOVEFILTERS ( 'Date' ),
            Period4W
        )
    )
```

4.7.2 移动平均 1 个季度

Sales AVG 1Q 度量值通过遍历由变量 Period1Q 获得的过去一个季度的日期列表，来计算 13 个星期的移动平均。变量 Period1Q 检索过去 13 个星期（91 天）包含的显示的日期，同时忽略没有销售的日期，并应用存在于 Date 表中筛选器安全列的筛选器。

Sales 表中的度量值

```
Sales AVG 1Q :=
IF (
    [ShowValueForDates],
    VAR LastDayMAT =
        MAX ( 'Date'[Sequential Day Number] )
    VAR FirstDayMAT = LastDayMAT - 13 * 7 + 1
    VAR Period1Q =
        CALCULATETABLE (
            VALUES ( 'Date'[Sequential Day Number] ),
            ALLEXCEPT ( 'Date', 'Date'[Working Day], 'Date'[Day of Week] ),
            'Date'[Sequential Day Number] >= FirstDayMAT
                && 'Date'[Sequential Day Number] <= LastDayMAT,
            'Date'[DateWithSales] = TRUE
```

```
        )
    VAR FirstDayWithData =
        CALCULATE (
            MIN ( Sales[Order Date] ),
            REMOVEFILTERS ()
        )
    VAR FirstDayInPeriod =
        MINX (
            Period1Q,
            'Date'[Sequential Day Number]
        )
    VAR Result =
        IF (
            FirstDayWithData <= FirstDayInPeriod,
            CALCULATE (
                AVERAGEX ( Period1Q, [Sales Amount] ),
                REMOVEFILTERS ( 'Date' )
            )
        )
    RETURN
        Result
)
```

对于简单的累加度量值，在“移动平均 4 个星期”中介绍的基于 DIVIDE 的模式，也可以用于计算超过 91 天的移动平均。

4.7.3　移动平均 1 年

Sales AVG 1Y 度量值通过遍历由变量 Period1Y 获得的过去一个 364 天的日期列表，来计算 1 年的移动平均。变量 Period1Y 检索过去 1 个会计年（仅含 52 个星期）包含的显示的日期，同时忽略没有销售的日期，并应用存在于 Date 表中筛选器安全列的筛选器。

Sales 表中的度量值

```
Sales AVG 1Y :=
IF (
    [ShowValueForDates],
    VAR LastDayMAT =
        MAX ( 'Date'[Sequential Day Number] )
    VAR FirstDayMAT = LastDayMAT - 363
    VAR Period1Y =
        CALCULATETABLE (
            VALUES ( 'Date'[Sequential Day Number] ),
            ALLEXCEPT (
                'Date',
                'Date'[Working Day],
                'Date'[Day of Week]
            ),
            'Date'[Sequential Day Number] >= FirstDayMAT
                && 'Date'[Sequential Day Number] <= LastDayMAT,
            'Date'[DateWithSales] = TRUE
        )
    VAR FirstDayWithData =
        CALCULATE (
            MIN ( Sales[Order Date] ),
            REMOVEFILTERS ()
        )
    VAR FirstDayInPeriod =
```

```
            MINX (
                Period1Y,
                'Date'[Sequential Day Number]
            )
    VAR Result =
        IF (
            FirstDayWithData <= FirstDayInPeriod,
            CALCULATE (
                AVERAGEX ( Period1Y, [Sales Amount] ),
                REMOVEFILTERS ( 'Date' )
            )
        )
    RETURN
        Result
)
```

对于简单的累加度量值，在"移动平均 4 个星期"中介绍的基于 DIVIDE 的模式，也可以用于计算超过 364 天的移动平均。

## 第 5 章

自定义时间相关的计算

此模式介绍如何使用自定义日历实现与时间相关的计算，例如年初至今、上年同期，以及百分比增长。此模式不依赖 DAX 内置时间智能函数。所有度量值均参考会计日历，因为在常规的公历日历情况下，对于同样的度量值，可以使用**标准时间相关的计算**模式来计算。

在某些场景下，DAX 内置时间智能函数无法给出正确的答案。例如，如果你的会计年度开始的月份不是 1 月、4 月、7 月和 10 月，则无法使用 DAX 时间智能函数进行与季度相关的计算。在这些场景下，你需要使用像 FILTER 函数和 CALCULATE 函数这样的普通 DAX 函数来重写内置函数的时间智能逻辑。此外，你必须创建一份 Date 表，其中包含用以计算时间段（例如，上一季度或全年）的其他列。的确，标准时间智能函数可以从 Date 表的 Date 列中得到该信息。自定义时间相关的计算模式不会从 Date 列中提取信息，而是需要从其他列中提取。

此模式中的度量值基于以下假设在常规公历日历上运行：

❑ 年份和季度始终从一个月的第一天开始；

❑ 一个月份始终是一个日历月。

简单来说，如果会计年度从一个月的第一天开始，而一个季度由 3 个常规月份组成，则此模式可以正常工作。例如，如果会计年度从 3 月 3 日开始，或者所有会计季度必须有 90 天，则该公式将不起作用。

不满足此模式要求的日历示例，是基于周的日历。如果需要对基于周的时间段进行计算，则应使用**与周相关的计算**模式。

5.1　自定义时间智能计算介绍

此模式中的自定义时间智能计算会修改 Date 表上的筛选上下文来获得所需结果。所选的公式旨在按照所需的最小粒度应用筛选器，以提高查询性能。例如，在做月份的计算时，通过修改月份级别的筛选上下文来实现计算，而不是修改日期级别。此技术降低了计算新筛选器并将其应用于筛选上下文的成本。此模式在使用 DirectQuery 时特别有用，同时也可以提高内存中导入的模型的性能。

该模式不依赖于标准时间智能函数，因此，对标准 DAX 时间智能函数的要求不适用于 Date 表。

例如，建议执行"标记为日期表"设置，但这不是必需的。筛选 Date 列时，此模式中的公式并不依赖应用于 Date 表的自动 REMOVEFILTERS。相反，Date 表必须包含度量值要求的特定的列。因此，即使你的模型中已经有一张 Date 表了，你也必须阅读 5.1.1 节，以确认所有需要的列都存在于该 Date 表中。

5.1.1 创建 Date 表

用于"自定义与时间相关的计算"的 Date 表基于标准公历日历表的月份。如果你已经有一份 Date 表，则可以将其导入，并在必要时将其扩展为包括一组包含 DAX 公式所需信息的列。我们将在本节后面介绍这些列。

如果没有 Date 表，则可以使用 DAX 计算表创建。例如，以下 DAX 表达式定义了此模式使用的 Date 表，该 Date 表的会计年度始于 3 月 1 日。

Date 表

```
Date =
VAR FirstFiscalMonth = 3     -- 会计年的第一个月
VAR FirstDayOfWeek = 0       -- 0 = 周日, 1 = 周一, ...
VAR FirstSalesDate = MIN ( Sales[Order Date] )
VAR LastSalesDate = MAX ( Sales[Order Date] )
VAR FirstFiscalYear =         -- 自定义要使用的第一个会计年
    YEAR ( FirstSalesDate )
    + 1 * ( MONTH ( FirstSalesDate ) >= FirstFiscalMonth && FirstFiscalMonth > 1 )
VAR LastFiscalYear =          -- 自定义要使用的最后一个会计年
    YEAR ( LastSalesDate )
    + 1 * ( MONTH ( LastSalesDate ) >= FirstFiscalMonth && FirstFiscalMonth > 1 )
RETURN
GENERATE (
    VAR FirstDay =
        DATE (
            FirstFiscalYear - 1 * (FirstFiscalMonth > 1),
            FirstFiscalMonth,
            1
        )

    VAR LastDay =
        DATE (
            LastFiscalYear + 1 * (FirstFiscalMonth = 1),
            FirstFiscalMonth, 1
        ) - 1
    RETURN
        CALENDAR ( FirstDay, LastDay ),

    VAR CurrentDate = [Date]
    VAR Yr = YEAR ( CurrentDate )         -- 年份编号
    VAR Mn = MONTH ( CurrentDate )        -- 月份编号 (1-12)
    VAR Mdn = DAY ( CurrentDate )         -- 月份的日期
    VAR DateKey = Yr*10000+Mn*100+Mdn
    VAR Wd =                              -- 星期几 (0 = 周日, 1 = 周一, ...)
        WEEKDAY ( CurrentDate + 7 - FirstDayOfWeek, 1 )
    VAR WorkingDay =                      -- 工作日 (1 = 工作日, 0 = 非工作日)
        ( WEEKDAY ( CurrentDate, 1 ) IN { 2, 3, 4, 5, 6 } )
    VAR Fyr =                             -- 会计年度编号
        Yr + 1 * ( FirstFiscalMonth > 1 && Mn >= FirstFiscalMonth )
    VAR Fmn =                             -- 会计月份编号 (1-12)
        Mn - FirstFiscalMonth + 1 + 12 * (Mn < FirstFiscalMonth)
    VAR Fqrn =                            -- 会计季度 (字符串)
        ROUNDUP ( Fmn / 3, 0 )
    VAR Fmqn =
```

```
        MOD ( FMn - 1, 3 ) + 1
    VAR Fqr =                              -- 会计季度（字符串）
        FORMAT ( Fqrn, "\Q0" )
    VAR FirstDayOfYear =
        DATE ( Fyr - 1 * (FirstFiscalMonth > 1), FirstFiscalMonth, 1 )
    VAR Fydn =
        SUMX (
            CALENDAR ( FirstDayOfYear, CurrentDate ),
            1 * ( MONTH ( [Date] ) <> 2 || DAY ( [Date] ) <> 29 )
        )
    RETURN ROW (
        "DateKey", INT ( DateKey ),
        "Sequential Day Number", INT ( [Date] ),
        "Year Month", FORMAT ( CurrentDate, "mmm yyyy" ),
        "Year Month Number", Yr * 12 + Mn - 1,
        "Fiscal Year", "FY " & Fyr,
        "Fiscal Year Number", Fyr,
        "Fiscal Year Quarter", "F" & Fqr & "-" & Fyr,
        "Fiscal Year Quarter Number", CONVERT ( Fyr * 4 + FQrn - 1, INTEGER ),
        "Fiscal Quarter", "F" & Fqr,
        "Month", FORMAT ( CurrentDate, "mmm" ),
        "Fiscal Month Number", Fmn,
        "Fiscal Month in Quarter Number", Fmqn,
        "Day of Week", FORMAT ( CurrentDate, "ddd" ),
        "Day of Week Number", Wd,
        "Day of Month Number", Mdn,
        "Day of Fiscal Year Number", Fydn,
        "Working Day", IF ( WorkingDay, "Working Day", "Non-Working Day" )
    )
)
```

前两个变量对于自定义会计年度的开始和星期的开始非常有用。接下来的变量根据 Sales 表中的交易来检测所需会计年度的范围。你既可以自定义 FirstSalesDate 和 LastSalesDate，以检索模型中的第一个和最后一个交易日期，也可以在变量 FirstFiscalYear 和 LastFiscalYear 中定义第一个和最后一个会计年度。

从会计年度的第一个月开始计算季度。Date 表包含隐藏的列，以便使用按列排序功能对年份、季度和月份进行正确的排序。这些隐藏的列会填充序号，使你可以轻松应用筛选器来检索之前或之后的年份、季度和月份，而不必依赖查询时的复杂计算。

在众多列中，有一个列值得扩展。**Year Month Number** 列包含年份乘以 12，再加上月份并减去 1。所得的数字很难读懂，但可以对月份进行计算。在既有的 Year Month Number 值上，减去 12 可以退回一年，这将为你提供与上一年相同月份相对应的 Year Month Number 的值。许多公式使用此特性来执行一定日期范围内的移动。

为了获得正确的可视化效果，必须按以下方式在数据模型中对**日历列**进行设置。对于每一列，你都可以看到数据类型和带有样本值的格式字符串。

❑ Date：日期，m/dd/yyyy（8/14/2007），用作标记为日期表的列（不是必需的）。

❑ DateKey：整数，（20070814），用作关系的备用键。

❑ Sequential Day Number：隐藏的整数（40040），采用 Date 值的整数形式。

❑ Year Month：文本（Aug 2007）。

❑ Year Month Number：隐藏的整数（24091）。

❑ Month：文本（Aug）。

❑ Fiscal Month Number：隐藏的整数（6）。

❑ Fiscal Month in Quarter Number：隐藏的整数（3）。

❑ Fiscal Year：文本（FY 2008）。

❑ Fiscal Year Number：隐藏的整数（2008）。

❑ Fiscal Year Quarter：文本（FQ2-2008）。

❑ Fiscal Year Quarter Number：隐藏的整数（8033）。

❑ Fiscal Quarter：文本（FQ2）。

❑ Day of Fiscal Year Number：隐藏的整数（167）。

❑ Day of Month Number：隐藏的整数（14）。

下面介绍**筛选器安全列**的概念。在表格中，我们需要保护一些列的筛选器。时间智能计算不会更改筛选器安全列上的筛选器。这些筛选器将会影响此模式中显示的计算。示例表中的筛选器安全列如下。

❑ Day of Week：ddd（Tue）。

❑ Day of Week Number：隐藏的整数（6）。

❑ Working Day：文本（Working Day）。

在 5.1.2 节中，我们将对筛选器安全列的执行方式进行更深入的讲解。

此模式中的 Date 表具有以下层次结构。

会计：年（Fiscal Year）、季度（Fiscal Year Quarter）、月（Year Month）

这些列旨在简化公式。例如，Day of Fiscal Year Number 列包含自会计年度开始以来的天数，并忽略闰年的 2 月 29 日；此列使得查找上一年的相应日期范围更加容易。

Date 表还必须包括一个隐藏的 DateWithSales 计算列，该列用于此模式中一些公式。

Date 表中的计算列

```
DateWithSales =
'Date'[Date] <= MAX ( Sales[Order Date] )
```

如果日期早于或等于 Sales 表中的最后交易日期，则 Date[DateWithSales]列是 TRUE，否则为 FALSE。换句话说，"过去"日期的 DateWithSales 为 TRUE，"未来"日期的为 FALSE。这里的"过去"和"未来"均相对于 Sales 中的最后交易日期。

如果是导入一份 Date 表，则需要创建与在此模式中描述的列相似的列，这样就会以相同的方式执行。

5.1.2 了解筛选器安全列

Date 表包含两种类型的列：常规列和筛选器安全列。常规列通过此模式中显示的度量值执行。筛选器安全列上的筛选器始终会被保留，永远不会被此模式的度量值更改。下面用一个例子阐明两者的区别。Year Month Number 列是常规列：此模式中的公式可以选择在计算过程中更改其值。

例如，为了计算上一个月，公式会通过将筛选上下文中 Year Month Number 的值减 1 来更改筛选上下文。Day of Week 列是筛选器安全列。如果用户筛选星期一至星期五，则公式不会更改某一天上的筛选器。因此，上一年的度量值会保留某一天上的筛选器，并且仅替换日历列（有别于筛选器安全列的日期数据，例如年、月和日期）上的筛选器。

要实现此模式，你必须识别出哪些列需要被视为筛选器安全列，因为筛选器安全列需要特殊处理。以下是此模式的 Date 表中使用的列的分类。

❑ 日历列：Date，DateKey、Sequential Day Number、Year Month、Year Month Number、Month、Fiscal Month Number、Fiscal Month in Quarter Number、Fiscal Year、Fiscal Year Number、Fiscal Year Quarter、Fiscal Year Quarter Number、Fiscal Quarter、Day of Fiscal Year Number、Day of Month Number。

❑ 筛选器安全列：Day of Week、Day of Week Number、Working Day。

筛选器安全列的特殊处理是围绕筛选上下文展开的。此模式中的每个度量值都通过替换所有日历列上的筛选器来操纵筛选上下文，而无须更改应用于筛选器安全列的任何筛选器。换句话说，每个度量值均遵循以下规则：

❑ 删除日历列上的筛选器；

❑ 不更改筛选器安全列上的筛选器。

ALLEXCEPT 函数可以实现这些需求。在第一个参数中指定 Date 表，在后面的参数中指定筛选器安全列：

```
CALCULATE (
    [Sales Amount],
    ALLEXCEPT ( 'Date', 'Date'[Working Day], 'Date'[Day of Week] ),
    ... // 一个或多个日历列上的筛选器
)
```

如果 Date 表没有筛选器安全列，则可以通过在 Date 表上使用 REMOVEFILTERS 函数来删除筛选器，而不是使用 ALLEXCEPT 函数。

```
CALCULATE (
    [Sales Amount],
    REMOVEFILTERS ( 'Date' ),
    ... // 一个或多个日历列上的筛选器
)
```

如果你的 Date 表不包含筛选器安全列，则可以在此模式的所有度量中使用 REMOVEFILTERS 函数，而不是使用 ALLEXCEPT 函数。我们提供了一个包括筛选器安全列的完整方案。只要有需要，你都可以对其进行简化。

尽管 ALLEXCEPT 函数应该包括所有筛选器安全列，但我们特意跳过仅用于对其他列进行排序的隐藏筛选器安全列。例如，不包括用来对 Day of Week 列进行排序的隐藏列 Day of Week Number。我们假设用户永远不会对隐藏的列应用筛选器；如果此假设不成立，则 ALLEXCEPT 函数的参数中就必须包括隐藏的筛选器安全列。

5.1.3　控制未来日期中可视化

大多数时间智能计算不应显示最后有效日期之后的日期值。例如，年初至今的计算也可以显示未来日期的值，但是我们想要隐藏这些值。这些示例中使用的数据集截至 2009 年 8 月 15 日。因此，我们将会计月份"August 2009"、2009 年第三个季度"Q3-2009"和年度"2009"视为数据的最后一个时间段。2009 年 8 月 15 日以后的任何日期都被视为未来，我们想要隐藏未来值。

为了避免显示未来日期，我们使用 ShowValueForDates 度量值。

如果所选的时间段早于数据的最后一个时间段，则 ShowValueForDates 返回 TRUE。

Date 表中的度量值（隐藏）

```
ShowValueForDates :=
VAR LastDateWithData =
    CALCULATE (
        MAX ( 'Sales'[Order Date] ),
        REMOVEFILTERS ()
    )
VAR FirstDateVisible =
    MIN ( 'Date'[Date] )
VAR Result =
    FirstDateVisible <= LastDateWithData
RETURN
    Result
```

ShowValueForDates 度量值是隐藏的。这是一项技术措施，其目的是在许多与时间相关的不同计算中重复使用同一逻辑。用户不应直接在报告中使用 ShowValueForDates。REMOVEFILTERS 函数会删除模型中所有表格的筛选器，因为其目的就是在不考虑任何筛选器的情况下，检索 Sales 表使用的最后日期。

5.1.4 命名约定

本节介绍时间智能计算的命名约定方式。一个简单的分类显示了一个计算是否：

❏ 推移一段时间，例如上一年的同一时间段；
❏ 执行聚合，例如年初至今；
❏ 比较两个时间段，例如今年与去年比较。

部分命名约定如表 5-1 所示。

表 5-1　命名约定

首字母缩写	描述	推移	聚合	比较
YTD	年初至今		×	
QTD	季初至今		×	
MTD	月初至今		×	
MAT	移动年度总计		×	
PY	上一年	×		
PQ	上一季	×		
PM	上一月	×		
PYC	上一整年	×		
PQC	上一整季	×		
PMC	上一整月	×		

首字母缩写	描述	推移	聚合	比较
PP	上一时间段（自动选择年、季或周）	×		
PYMAT	上一年移动年度总计	×	×	
YOY	比上个年度的差异			×
QOQ	比上个季度的差异			×
MOM	比上个月度的差异			×
MATG	移动年度总计增长	×	×	×
POP	比上个时间段的差异（自动选择年、季或月）			×
PYTD	上个年度的年初至今	×	×	
PQTD	上个季度的季初至今	×	×	
PMTD	上个月度的月初至今	×	×	
YOYTD	比上个年度年初至今的差异	×	×	×
QOQTD	比上个季度季初至今的差异	×	×	×
MOMTD	比上个月度月初至今的差异	×	×	×
YTDOPY	年初至今比上个年度	×	×	×
QTDOPQ	季初至今比上个季度	×	×	×
MTDOPM	月初至今比上个月度	×	×	×

5.2　期初至今总计

年初至今、季初至今和月初至今的计算会修改 Date 表的筛选上下文，以显示筛选上下文中从时间段开始日期到最后有效日期之间的值。

5.2.1　年初至今总计

"年初至今总计"从该会计年度第一天的数据开始聚合，如图 5-1 所示。

Year	Sales Amount	Sales YTD (simple)	Sales YTD
⊞ **FY 2008**	**10,265,438.43**	**10,265,438.43**	**10,265,438.43**
⊞ **FY 2009**	**9,874,218.49**	**9,874,218.49**	**9,874,218.49**
⊟ **FY 2010**	**4,522,150.15**	**4,522,150.15**	**4,522,150.15**
Mar 2009	496,137.87	496,137.87	496,137.87
Apr 2009	678,893.22	1,175,031.08	1,175,031.08
May 2009	1,067,165.23	2,242,196.31	2,242,196.31
Jun 2009	872,586.20	3,114,782.51	3,114,782.51
Jul 2009	1,068,396.58	4,183,179.09	4,183,179.09
Aug 2009	338,971.06	4,522,150.15	4,522,150.15
Sep 2009		4,522,150.15	4,522,150.15
Oct 2009		4,522,150.15	
Nov 2009		4,522,150.15	
Dec 2009		4,522,150.15	
Jan 2010		4,522,150.15	
Feb 2010		4,522,150.15	
Total	**24,661,807.07**	**4,522,150.15**	**4,522,150.15**

图 5-1　Sales YTD (simple)显示所有时间段的值，而 Sales YTD 隐藏数据最后一个时间段以后的结果

度量值会筛选早于或等于上一会计年度显示的最后一天的所有日期。它还会筛选显示的最后一个 Fiscal Year Number。

Sales 表中的度量值

```
Sales YTD (simple) :=
VAR LastDayAvailable = MAX ( 'Date'[Day of Fiscal Year Number] )
VAR LastFiscalYearAvailable = MAX ( 'Date'[Fiscal Year Number] )
VAR Result =
    CALCULATE (
        [Sales Amount],
        ALLEXCEPT ( 'Date', 'Date'[Working Day], 'Date'[Day of Week] ),
        'Date'[Day of Fiscal Year Number] <= LastDayAvailable,
        'Date'[Fiscal Year Number] = LastFiscalYearAvailable
    )
RETURN
    Result
```

因为 LastDayAvailable 包含筛选上下文显示的最后日期，因此 Sales YTD (simple)度量值显示的数据可以是该年未来的日期。通过仅当 ShowValueForDates 返回 TRUE 时才返回结果，就可以避免在 Sales YTD 度量值中计算未来日期的情形。

Sales 表中的度量值

```
Sales YTD :=
IF (
    [ShowValueForDates],
    VAR LastDayAvailable = MAX ( 'Date'[Day of Fiscal Year Number] )
    VAR LastFiscalYearAvailable = MAX ( 'Date'[Fiscal Year Number] )
    VAR Result =
        CALCULATE (
            [Sales Amount],
            ALLEXCEPT ( 'Date', 'Date'[Working Day], 'Date'[Day of Week] ),
            'Date'[Day of Fiscal Year Number] <= LastDayAvailable,
            'Date'[Fiscal Year Number] = LastFiscalYearAvailable
        )
    RETURN
        Result
)
```

如果报告使用了筛选器安全列 Working Day 或 Day of Week，则需要通过 ALLEXCEPT 函数来对其进行保护。为了说明这一点，我们创建了一个错误的度量值：Sales YTD (wrong)，它使用 REMOVEFILTERS 函数而不是 ALLEXCEPT 函数来删除 Date 表中的筛选器。这就导致公式失去矩阵列使用的 Working Day 的筛选条件，从而产生错误的结果。

Sales 表中的度量值

```
Sales YTD (wrong) :=
IF (
    [ShowValueForDates],
    VAR LastDayAvailable = MAX ( 'Date'[Day of Fiscal Year Number] )
    VAR LastFiscalYearAvailable = MAX ( 'Date'[Fiscal Year Number] )
    VAR Result =
        CALCULATE (
            [Sales Amount],
            REMOVEFILTERS ( 'Date' ),
```

```
                'Date'[Day of Fiscal Year Number] <= LastDayAvailable,
                'Date'[Fiscal Year Number] = LastFiscalYearAvailable
        )
    RETURN
        Result
)
```

图 5-2 显示了正确度量值和错误度量值的比较。

	Non-Working Day			Working Day		
Year	Sales Amount	Sales YTD	Sales YTD (wrong)	Sales Amount	Sales YTD	Sales YTD (wrong)
⊞ FY 2008	3,007,658.58	3,007,658.58	10,183,163.40	7,257,779.85	7,257,779.85	10,265,438.43
⊞ FY 2009	2,468,772.08	2,468,772.08	9,874,218.49	7,405,446.41	7,405,446.41	9,844,031.13
⊟ FY 2010	1,341,599.60	1,341,599.60	4,522,150.15	3,180,550.55	3,180,550.55	4,522,150.15
Mar 2009	126,171.07	126,171.07	495,527.68	369,966.79	369,966.79	496,137.87
Apr 2009	170,253.83	296,424.91	1,106,238.81	508,639.39	878,606.18	1,175,031.08
May 2009	383,512.28	679,937.19	2,242,196.31	683,652.95	1,562,259.13	2,145,367.97
Jun 2009	218,911.51	898,848.70	3,051,327.04	653,674.69	2,215,933.81	3,114,782.51
Jul 2009	351,178.38	1,250,027.07	4,055,229.07	717,218.20	2,933,152.01	4,183,179.09
Aug 2009	91,572.52	1,341,599.60	4,522,150.15	247,398.54	3,180,550.55	4,522,150.15
Total	**6,818,030.26**	**1,341,599.60**	**4,522,150.15**	**17,843,776.81**	**3,180,550.55**	**4,522,150.15**

图 5-2   Sales YTD (wrong)显示了忽略 Working Day 上的筛选器计算出的 Sales YTD

如果 Date 表不包含筛选器安全列，则 Sales YTD (wrong)度量值会正常执行。筛选器安全列要求使用 ALLEXCEPT 函数，而不是 REMOVEFILTERS 函数。我们用 Sales YTD 举例说明，但是相同的概念对于此模式中的所有其他度量值均有效。

5.2.2   季初至今总计

"季初至今总计"始于该会计季度第一天的数据，如图 5-3 所示。

Year	Sales Amount	Sales QTD
⊞ **FY 2008**	**10,265,438.43**	**2,248,395.44**
⊞ **FY 2009**	**9,874,218.49**	**2,125,191.33**
⊟ **FY 2010**	**4,522,150.15**	
⊟ **FQ1-2010**	**2,242,196.31**	**2,242,196.31**
Mar 2009	496,137.87	496,137.87
Apr 2009	678,893.22	1,175,031.08
May 2009	1,067,165.23	2,242,196.31
⊟ **FQ2-2010**	**2,279,953.84**	**2,279,953.84**
Jun 2009	872,586.20	872,586.20
Jul 2009	1,068,396.58	1,940,982.78
Aug 2009	338,971.06	2,279,953.84
Total	**24,661,807.07**	

图 5-3   Sales QTD 显示了季初至今的金额，FY 2010 显示为空白，因为 FQ4-2010 没有数据

季初至今的值可以采用与计算年初至今总计相同的方法来计算。唯一的不同在于，筛选器现在位于 Fiscal Year Quarter Number，而不是 Fiscal Year Number。

Sales 表中的度量值

```
Sales QTD :=
IF (
    [ShowValueForDates],
```

```
VAR LastDayAvailable = MAX ( 'Date'[Day of Fiscal Year Number] )
VAR LastFiscalYearQuarterAvailable = MAX ( 'Date'[Fiscal Year Quarter Number] )
VAR Result =
    CALCULATE (
        [Sales Amount],
        ALLEXCEPT ( 'Date', 'Date'[Working Day], 'Date'[Day of Week] ),
        'Date'[Day of Fiscal Year Number] <= LastDayAvailable,
        'Date'[Fiscal Year Quarter Number] = LastFiscalYearQuarterAvailable
    )
RETURN
    Result
)
```

5.2.3　月初至今总计

"月初至今总计"始于该月份第一天的数据，如图 5-4 所示。

Year	Sales Amount	Sales MTD
⊞ **FY 2008**	10,265,438.43	600,080.00
⊞ **FY 2009**	9,874,218.49	622,581.14
⊟ **FY 2010**	4,522,150.15	
⊞ **FQ1-2010**	2,242,196.31	1,067,165.23
⊟ **FQ2-2010**	2,279,953.84	338,971.06
⊞ **Jun 2009**	872,586.20	872,586.20
⊞ **Jul 2009**	1,068,396.58	1,068,396.58
⊟ **Aug 2009**	338,971.06	338,971.06
8/1/2009	37,750.10	37,750.10
8/2/2009	8,203.42	45,953.52
8/3/2009	337.68	46,291.20
8/4/2009	4,482.94	50,774.14
8/5/2009	14,319.18	65,093.32
8/6/2009	26,941.94	92,035.26
8/7/2009	2,518.99	94,554.25
8/8/2009	22,619.84	117,174.10
8/9/2009	21,983.18	139,157.27
8/10/2009	4,211.87	143,369.15
8/11/2009	79,245.09	222,614.24
8/12/2009	1,497.50	224,111.74
8/13/2009	13,784.34	237,896.08
8/14/2009	100,059.00	337,955.08
8/15/2009	1,015.98	338,971.06
Total	24,661,807.07	

图 5-4　Sales MTD 显示了月初至今的金额，FY 2010 显示为空白，
因为 2009 年 8 月 15 日以后没有数据

　　月初至今总计可以采用与计算年初至今总计和季初至今总计相似的方法来计算。该方法可以筛选早于或等于最后一个月份显示的最后一天的所有日期。筛选器用于 Day of Month Number 列和 Year Month Number 列。

Sales 表中的度量值

```
Sales MTD :=
IF (
    [ShowValueForDates],
    VAR LastDayAvailable = MAX ( 'Date'[Day of Month Number] )
    VAR LastFiscalYearMonthAvailable = MAX ( 'Date'[Year Month Number] )
```

```
VAR Result =
    CALCULATE (
        [Sales Amount],
        ALLEXCEPT ( 'Date', 'Date'[Working Day], 'Date'[Day of Week] ),
        'Date'[Day of Month Number] <= LastDayAvailable,
        'Date'[Year Month Number] = LastFiscalYearMonthAvailable
    )
RETURN
    Result
)
```

度量值筛选的是 Day of Month Number，而不是 Day of Fiscal Year Number。这是为了筛选具有较少唯一值的列，这是从查询性能的角度得出的最佳实践（不对季初至今总计应用此方法，是因为它带来的查询性能优势会很小）。

5.3 比上个时期增长的计算

一个常见的需求是将一个时间段与上一年、上一个季度或上一个月的相同时间段进行比较。上一年、季、月可能不完整，因此，为了实现合理的比较，度量值应与等效时间段配合使用。由于这些原因，本节展示的计算会使用 Date[DateWithSales]计算列，如 SQLBI 官网中的 "Hiding future dates for calculations in DAX" 一文所述。

5.3.1 比上个年度增长

"比上个年度" 是将一个时间段与上一年的等效时间段进行比较。在此示例中，有效数据截至 2009 年 8 月 15 日。因此，Sales PY 显示的 FY 2010，仅考虑 2008 年 8 月 15 日之前的数据。图 5-5 显示，2008 年 8 月的 Sales Amount 为 721,560.95，而 2009 年 8 月的 Sales PY 返回值为 296,529.51，是因为度量值仅考虑截至 2008 年 8 月 15 日的销售额。

Year	Sales Amount	Sales PY	Sales YOY	Sales YOY %
⊞ **FY 2008**	**10,265,438.43**			
⊟ **FY 2009**	**9,874,218.49**	**10,265,438.43**	**-391,219.95**	**-3.81%**
⊞ FQ1-2009	2,452,437.65	2,409,616.57	42,821.08	1.78%
⊟ FQ2-2009	2,457,249.97	2,857,682.03	-400,432.07	-14.01%
Jun 2008	845,141.60	982,304.46	-137,162.86	-13.96%
Jul 2008	890,547.41	922,542.98	-31,995.58	-3.47%
Aug 2008	721,560.95	952,834.59	-231,273.63	-24.27%
⊞ FQ3-2009	2,839,339.54	2,749,744.39	89,595.15	3.26%
⊞ FQ4-2009	2,125,191.33	2,248,395.44	-123,204.11	-5.48%
⊟ **FY 2010**	**4,522,150.15**	**4,484,656.17**	**37,493.98**	**0.84%**
⊞ FQ1-2010	2,242,196.31	2,452,437.65	-210,241.34	-8.57%
⊟ FQ2-2010	2,279,953.84	2,032,218.52	247,735.32	12.19%
Jun 2009	872,586.20	845,141.60	27,444.59	3.25%
Jul 2009	1,068,396.58	890,547.41	177,849.17	19.97%
Aug 2009	338,971.06	296,529.51	42,441.55	14.31%
Total	**24,661,807.07**	**14,750,094.60**	**9,911,712.47**	**67.20%**

图 5-5 2009 年 8 月的 Sales PY 显示的是 2008 年 8 月 1 日至 8 月 15 日的金额，
因为在 2009 年 8 月 15 日之后没有数据

Sales PY 度量值使用了根据变量 MonthsOffset 中定义的月数往前平移日期的标准技术。在 Sales PY 中，该变量设置为 12，则时间会倒退 12 个月。接下来的度量值，即 Sales PQ 和 Sales PM，会使用相同的代码。唯一的不同在于分配给 MonthsOffset 的值。

Sales PY 会遍历筛选上下文中的所有有效月份。对于每个月，它都会检查这个月所选的日期是否与该月的所有日期相对应，并考虑筛选器安全列（示例中为 Working Day 和 Day of Week）。如果选择了所有日期，则意味着当前筛选上下文包括一个完整月份。因此，筛选器会回移到上一个完整的月。如果未选择所有日期，则表示用户已在显示不完整月份的日历列上放置了一个或多个筛选器。在这种情况下，所选的日期会回移到上一年的相应月份。Date[DateWithSales] 上的筛选器可确保与上一区间的数据进行合理比较。

Sales 表中的度量值

```
Sales PY :=
VAR MonthsOffset = 12
RETURN IF (
    [ShowValueForDates],
    SUMX (
        SUMMARIZE ( 'Date', 'Date'[Year Month Number] ),
        VAR CurrentYearMonthNumber = 'Date'[Year Month Number]
        VAR PreviousYearMonthNumber = CurrentYearMonthNumber - MonthsOffset
        VAR DaysOnMonth =
            CALCULATE (
                COUNTROWS ( 'Date' ),
                ALLEXCEPT (
                    'Date',
                    'Date'[Year Month Number],      -- 年月粒度
                    'Date'[Working Day],            -- 筛选器安全日期列
                    'Date'[Day of week]             -- 筛选器安全日期列
                )
            )
        VAR DaysSelected =
            CALCULATE (
                COUNTROWS ( 'Date' ),
                'Date'[DateWithSales] = TRUE
            )
        RETURN IF (
            DaysOnMonth = DaysSelected,

            -- 选择该月的所有日期
            CALCULATE (
                [Sales Amount],
                ALLEXCEPT ( 'Date', 'Date'[Working Day], 'Date'[Day of Week] ),
                'Date'[Year Month Number] = PreviousYearMonthNumber
            ),

            -- 选择该月的部分日期
            CALCULATE (
                [Sales Amount],
                ALLEXCEPT ( 'Date', 'Date'[Working Day], 'Date'[Day of Week] ),
                'Date'[Year Month Number] = PreviousYearMonthNumber,
                CALCULATETABLE (
```

```
                    VALUES ( 'Date'[Day of Month Number] ),
                    ALLEXCEPT (
                        'Date',
                        'Date'[Day of Month Number],
                        'Date'[Date]
                        -- 从所有不具备日粒度的列删除筛选器，仅保留 Date 和 Day of Month Number
                    ),
                    'Date'[Year Month Number] = CurrentYearMonthNumber,
                    'Date'[DateWithSales] = TRUE
                )
            )
        )
    )
)
```

"比上个年度增长"的计算，以数字形式表现为 Sales YOY，以百分比形式表现为 Sales YOY %。这两个度量值都使用 Sales PY 来确保仅计算截至 2009 年 8 月 15 日的数据。

Sales 表中的度量值

```
Sales YOY :=
VAR ValueCurrentPeriod = [Sales Amount]
VAR ValuePreviousPeriod = [Sales PY]
VAR Result =
    IF (
        NOT ISBLANK ( ValueCurrentPeriod )
            && NOT ISBLANK ( ValuePreviousPeriod ),
        ValueCurrentPeriod - ValuePreviousPeriod
    )
RETURN
    Result
```

Sales 表中的度量值

```
Sales YOY % :=
DIVIDE (
    [Sales YOY],
    [Sales PY]
)
```

5.3.2　比上个季度增长

"比上个季度增长"是将一个时间段与上一季度的等效时间段进行比较。在此示例中，有效数据截至 2009 年 8 月 15 日，即 FY 2010 第二季度第三个月的前 15 天。因此，2009 年 8 月（第二个季度的第三个月）的 Sales PQ 显示截至 2009 年 5 月 15 日的销售情况，也就是截至上一个季度第三个月的前 15 天。图 5-6 显示，2009 年 5 月的 Sales Amount 为 1,067,165.23，而 2009 年 8 月的 Sales PQ 返回值为 435,306.10，是因为仅考虑截至 2009 年 5 月 15 日的销售额。

Year	Sales Amount	Sales PQ	Sales QOQ	Sales QOQ %
⊞ FY 2008	10,265,438.43	8,017,042.99	2,248,395.44	28.05%
⊞ FY 2009	9,874,218.49	9,997,422.60	-123,204.11	-1.23%
⊟ FY 2010	4,522,150.15	3,735,528.51	786,621.64	21.06%
⊟ FQ1-2010	2,242,196.31	2,125,191.33	117,004.98	5.51%
Mar 2009	496,137.87	921,709.14	-425,571.27	-46.17%
Apr 2009	678,893.22	580,901.05	97,992.17	16.87%
May 2009	1,067,165.23	622,581.14	444,584.09	71.41%
⊟ FQ2-2010	2,279,953.84	1,610,337.18	669,616.65	41.58%
Jun 2009	872,586.20	496,137.87	376,448.33	75.88%
Jul 2009	1,068,396.58	678,893.22	389,503.36	57.37%
Aug 2009	338,971.06	435,306.10	-96,335.04	-22.13%
Total	24,661,807.07	21,749,994.10	2,911,812.97	13.39%

图 5-6　2009 年 8 月的 Sales PQ 显示的是 2009 年 5 月 1 日至 15 日的金额，
实际上，2009 年 8 月 15 日以后没有数据

Sales PQ 使用 Sales PY 中介绍的方法。唯一的不同在于，MonthsOffset 被设置为 3 个月，而不是 12 个月。

Sales 表中的度量值

```
Sales PQ :=
VAR MonthsOffset = 3
... // 与 Sales PY 的定义相同
```

"比上个季度增长"的计算，以数字形式表现为 Sales QOQ，以百分比形式表现为 Sales QOQ %。这两个度量值都使用 Sales PQ 来确保进行合理比较。

Sales 表中的度量值

```
Sales QOQ :=
VAR ValueCurrentPeriod = [Sales Amount]
VAR ValuePreviousPeriod = [Sales PQ]
VAR Result =
    IF (
        NOT ISBLANK ( ValueCurrentPeriod )
            && NOT ISBLANK ( ValuePreviousPeriod ),
        ValueCurrentPeriod - ValuePreviousPeriod
    )
RETURN
    Result
```

Sales 表中的度量值

```
Sales QOQ % :=
DIVIDE (
    [Sales QOQ],
    [Sales PQ]
)
```

5.3.3　比上个月度增长

"比上个月度增长"是将一个时间段与上一月度的等效时间段进行比较。在此示例中，有效数据截至 2009 年 8 月 15 日。因此，Sales PM 仅考虑 2009 年 7 月 1 日至 15 日这一时期的销售额，以便返回与 2009 年 8 月进行比较的值。以这种方式，它仅返回上个月相应时间段的数据。

图 5-7 显示，2009 年 7 月的 Sales Amount 为 1,068,396.58，而 2009 年 8 月的 Sales PM 为 584,212.78，是因为仅考虑了截至 2009 年 7 月 15 日的销售额。

Year	Sales Amount	Sales PM	Sales MOM	Sales MOM %
⊞ **FY 2008**	**10,265,438.43**	**9,665,358.44**	**600,080.00**	**6.21%**
⊞ **FY 2009**	**9,874,218.49**	**9,851,717.35**	**22,501.14**	**0.23%**
⊟ **FY 2010**	**4,522,150.15**	**4,321,576.42**	**200,573.73**	**4.64%**
⊟ **FQ1-2010**	**2,242,196.31**	**1,797,612.22**	**444,584.09**	**24.73%**
Mar 2009	496,137.87	622,581.14	-126,443.27	-20.31%
Apr 2009	678,893.22	496,137.87	182,755.35	36.84%
May 2009	1,067,165.23	678,893.22	388,272.01	57.19%
⊟ **FQ2-2010**	**2,279,953.84**	**2,523,964.20**	**-244,010.36**	**-9.67%**
Jun 2009	872,586.20	1,067,165.23	-194,579.03	-18.23%
Jul 2009	1,068,396.58	872,586.20	195,810.38	22.44%
Aug 2009	338,971.06	584,212.78	-245,241.71	-41.98%
Total	**24,661,807.07**	**23,838,652.20**	**823,154.87**	**3.45%**

图 5-7　2009 年 8 月的 Sales PM 显示的是 2009 年 7 月 1 日至 15 日的金额，
因为在 2009 年 8 月 15 日之后没有数据

Sales PM 使用 Sales PY 中介绍的方法。唯一的不同在于，MonthsOffset 被设置为 1 个月，而不是 12 个月。

Sales 表中的度量值

```
Sales PM :=
VAR MonthsOffset = 1
... // 与 Sales PY 的定义相同
```

"比上个月度增长"的计算，以数字形式表现为 Sales MOM，以百分比形式表现为 Sales MOM %。这两个度量值都使用 Sales PM 来确保进行合理比较。

Sales 表中的度量值

```
Sales MOM :=
VAR ValueCurrentPeriod = [Sales Amount]
VAR ValuePreviousPeriod = [Sales PM]
VAR Result =
    IF (
        NOT ISBLANK ( ValueCurrentPeriod )
            && NOT ISBLANK ( ValuePreviousPeriod ),
        ValueCurrentPeriod - ValuePreviousPeriod
    )
RETURN
    Result
```

Sales 表中的度量值

```
Sales MOM % :=
DIVIDE (
    [Sales MOM],
    [Sales PM]
)
```

5.3.4　比上个时间段增长

"比上个时间段增长"会根据当前的可视化选择，自动选择本节之前介绍的度量值之一。例如，如果可视化显示月度级别的数据，则会返回"比上个月度增长"的度量值；如果可视化显示年度级别的总计，则返回"比上个年度增长"的度量值。预期结果如图 5-8 所示。

Year	Sales Amount	Sales PP	Sales POP	Sales POP %
⊞ **FY 2008**	**10,265,438.43**			
⊟ **FY 2009**	**9,874,218.49**	**10,265,438.43**	**-391,219.95**	**-3.81%**
⊟ **FQ1-2009**	**2,452,437.65**	**2,248,395.44**	**204,042.21**	**9.08%**
Mar 2008	559,538.52	600,080.00	-40,541.48	-6.76%
Apr 2008	999,667.17	559,538.52	440,128.65	78.66%
May 2008	893,231.96	999,667.17	-106,435.21	-10.65%
⊟ **FQ2-2009**	**2,457,249.97**	**2,452,437.65**	**4,812.32**	**0.20%**
Jun 2008	845,141.60	893,231.96	-48,090.36	-5.38%
Jul 2008	890,547.41	845,141.60	45,405.81	5.37%
Aug 2008	721,560.95	890,547.41	-168,986.45	-18.98%
⊞ **FQ3-2009**	**2,839,339.54**	**2,457,249.97**	**382,089.58**	**15.55%**
⊞ **FQ4-2009**	**2,125,191.33**	**2,839,339.54**	**-714,148.21**	**-25.15%**
⊟ **FY 2010**	**4,522,150.15**	**9,874,218.49**	**-5,352,068.33**	**-54.20%**
⊟ **FQ1-2010**	**2,242,196.31**	**2,125,191.33**	**117,004.98**	**5.51%**
Mar 2009	496,137.87	622,581.14	-126,443.27	-20.31%
Apr 2009	678,893.22	496,137.87	182,755.35	36.84%
May 2009	1,067,165.23	678,893.22	388,272.01	57.19%
⊟ **FQ2-2010**	**2,279,953.84**	**2,242,196.31**	**37,757.53**	**1.68%**
Jun 2009	872,586.20	1,067,165.23	-194,579.03	-18.23%
Jul 2009	1,068,396.58	872,586.20	195,810.38	22.44%
Aug 2009	338,971.06	1,068,396.58	-729,425.52	-68.27%
Total	**24,661,807.07**			

图 5-8　Sales PP 在星期级别上显示上个星期的值，在季度级别上显示上一个季度的值，
在年度级别上显示上一年的值

Sales PP、Sales POP 和 Sales POP%这 3 个度量值，会根据报告中选择的级别，定向到相应的年、季度和月的度量值来进行计算。ISINSCOPE 函数会检测报告中所使用的级别。传递给 ISINSCOPE 的参数是图 5-8 的矩阵视图的行所使用的属性。度量值的定义方法如下。

Sales 表中的度量值

```
Sales POP % :=
SWITCH (
    TRUE,
    ISINSCOPE ( 'Date'[Year Month] ), [Sales MOM %],
    ISINSCOPE ( 'Date'[Fiscal Year Quarter] ), [Sales QOQ %],
    ISINSCOPE ( 'Date'[Fiscal Year] ), [Sales YOY %]
)
```

Sales 表中的度量值

```
Sales POP :=
SWITCH (
    TRUE,
    ISINSCOPE ( 'Date'[Year Month] ), [Sales MOM],
    ISINSCOPE ( 'Date'[Fiscal Year Quarter] ), [Sales QOQ],
    ISINSCOPE ( 'Date'[Fiscal Year] ), [Sales YOY]
)
```

Sales 表中的度量值

```
Sales PP :=
SWITCH (
    TRUE,
    ISINSCOPE ( 'Date'[Year Month] ), [Sales PM],
    ISINSCOPE ( 'Date'[Fiscal Year Quarter] ), [Sales PQ],
    ISINSCOPE ( 'Date'[Fiscal Year] ), [Sales PY]
)
```

5.4 期初至今增长的计算

"期初至今增长"的度量值是指将"期初至今"度量值与基于特定偏移量的等效时间段的同一度量值进行比较。例如，你可以将年初至今的总计结果与上一年的年初至今总计进行比较，偏移量为一年。

这组计算中的所有度量值均需考虑不完整时间段。示例中有效数据截至 2009 年 8 月 15 日，因此这些度量值需要确保上一年的计算不包括 2008 年 8 月 15 日之后的日期。

5.4.1 比上个年度年初至今增长

"比上个年度年初至今增长"将特定日期的年初至今与上一年等效日期的年初至今进行比较。例如，FY 2010 的 Sales PYTD 仅考虑截至 2008 年 8 月 15 日的交易。图 5-9 显示，FQ2-2009 的 Sales YTD 为 4,909,687.61，而 FQ2-2010 的 Sales PYTD 较低，为 4,484,656.17。

Year	Sales Amount	Sales YTD	Sales PYTD	Sales YOYTD	Sales YOYTD %
⊟ FY 2008	10,265,438.43	10,265,438.43			
⊞ FQ1-2008	2,409,616.57	2,409,616.57			
⊞ FQ2-2008	2,857,682.03	5,267,298.60			
⊞ FQ3-2008	2,749,744.39	8,017,042.99			
⊞ FQ4-2008	2,248,395.44	10,265,438.43			
⊟ FY 2009	9,874,218.49	9,874,218.49	10,265,438.43	-391,219.95	-3.81%
⊞ FQ1-2009	2,452,437.65	2,452,437.65	2,409,616.57	42,821.08	1.78%
⊟ FQ2-2009	2,457,249.97	4,909,687.61	5,267,298.60	-357,610.98	-6.79%
Jun 2008	845,141.60	3,297,579.25	3,391,921.03	-94,341.78	-2.78%
Jul 2008	890,547.41	4,188,126.66	4,314,464.01	-126,337.35	-2.93%
Aug 2008	721,560.95	4,909,687.61	5,267,298.60	-357,610.98	-6.79%
⊞ FQ3-2009	2,839,339.54	7,749,027.16	8,017,042.99	-268,015.84	-3.34%
⊞ FQ4-2009	2,125,191.33	9,874,218.49	10,265,438.43	-391,219.95	-3.81%
⊟ FY 2010	4,522,150.15	4,522,150.15	4,484,656.17	37,493.98	0.84%
⊞ FQ1-2010	2,242,196.31	2,242,196.31	2,452,437.65	-210,241.34	-8.57%
⊟ FQ2-2010	2,279,953.84	4,522,150.15	4,484,656.17	37,493.98	0.84%
Jun 2009	872,586.20	3,114,782.51	3,297,579.25	-182,796.74	-5.54%
Jul 2009	1,068,396.58	4,183,179.09	4,188,126.66	-4,947.57	-0.12%
Aug 2009	338,971.06	4,522,150.15	4,484,656.17	37,493.98	0.84%
Total	24,661,807.07	4,522,150.15	9,874,218.49	-5,352,068.33	-54.20%

图 5-9   FQ2-2010 的 Sales PYTD 显示的是 2008 年 3 月 1 日至 8 月 15 日的金额，
因为在 2009 年 8 月 15 日之后没有数据

Sales PYTD 与 Sales YTD 相似，它会筛选 Fiscal Year Number 中的上一个值，而不对筛选

上下文中显示的最后一个年份进行筛选。其主要的不同在于对 LastDayOfFiscalYearAvailable 的计算，该计算必须仅考虑销售的日期，而忽略计算 Sales Amount 所要考虑的筛选器安全列上的筛选器。

```
Sales PYTD :=
IF (
    [ShowValueForDates],
    VAR PreviousFiscalYear = MAX ( 'Date'[Fiscal Year Number] ) - 1
    VAR LastDayOfFiscalYearAvailable =
        CALCULATE (
            MAX ( 'Date'[Day of Fiscal Year Number] ),
            REMOVEFILTERS (                       -- 从筛选器安全列中删除筛选器
                'Date'[Working Day],              -- 以获得报告中所选数据的最后一天
                'Date'[Day of Week],
                'Date'[Day of Week Number]
            ),
            'Date'[DateWithSales] = TRUE
        )
    VAR Result =
        CALCULATE (
            [Sales Amount],
            ALLEXCEPT ( 'Date', 'Date'[Working Day], 'Date'[Day of Week] ),
            'Date'[Fiscal Year Number] = PreviousFiscalYear,
            'Date'[Day of Fiscal Year Number] <= LastDayOfFiscalYearAvailable,
            'Date'[DateWithSales] = TRUE
        )
    RETURN
        Result
)
```

Sales YOYTD 和 Sales YOYTD %通过 Sales PYTD 来确保进行合理比较。

Sales 表中的度量值

```
Sales YOYTD :=
VAR ValueCurrentPeriod = [Sales YTD]
VAR ValuePreviousPeriod = [Sales PYTD]
VAR Result =
    IF (
        NOT ISBLANK ( ValueCurrentPeriod ) && NOT ISBLANK ( ValuePreviousPeriod ),
        ValueCurrentPeriod - ValuePreviousPeriod
    )
RETURN
    Result
```

Sales 表中的度量值

```
Sales YOYTD % :=
DIVIDE (
    [Sales YOYTD],
    [Sales PYTD]
)
```

5.4.2 比上个季度季初至今增长

"比上个季度季初至今增长"将特定日期的季初至今与上个季度等效日期的季初至今进行比

较。例如，2009 年 8 月的 Sales PQTD 仅考虑截至 2008 年 5 月 15 日的交易，以获得上一个季度相应的时间段。图 5-10 显示，2009 年 5 月的 Sales QTD 为 2,242,196.31，而 2009 年 8 月的 Sales PQTD 较低，为 1,610,337.18。

Year	Sales Amount	Sales QTD	Sales PQTD	Sales QOQTD	Sales QOQTD %
⊞ FY 2008	10,265,438.43	2,248,395.44	2,749,744.39	-501,348.95	**-18.23%**
⊞ FY 2009	9,874,218.49	2,125,191.33	2,839,339.54	-714,148.21	**-25.15%**
⊟ FY 2010	4,522,150.15				
⊟ FQ1-2010	2,242,196.31	2,242,196.31	2,125,191.33	117,004.98	**5.51%**
Mar 2009	496,137.87	496,137.87	921,709.14	-425,571.27	-46.17%
Apr 2009	678,893.22	1,175,031.08	1,502,610.19	-327,579.11	-21.80%
May 2009	1,067,165.23	2,242,196.31	2,125,191.33	117,004.98	5.51%
⊟ FQ2-2010	2,279,953.84	2,279,953.84	2,242,196.31	37,757.53	**1.68%**
Jun 2009	872,586.20	872,586.20	496,137.87	376,448.33	75.88%
Jul 2009	1,068,396.58	1,940,982.78	1,175,031.08	765,951.69	65.19%
Aug 2009	338,971.06	2,279,953.84	1,610,337.18	669,616.65	41.58%
Total	24,661,807.07				

图 5-10　2009 年 8 月的 Sales PQTD 显示的是 2009 年 3 月 1 日至 5 月 15 日的金额，因为在 2009 年 8 月 15 日之后没有数据

Sales PQTD 会执行几个步骤，其中一些步骤比较复杂。前两个变量非常简单：LastMonthSelected 包含在筛选上下文中显示的最后一个月，而 DaysOnLastMonth 包含 LastMonthSelected 中的天数。

需要注意的是，如果 DaysOnLastMonth 等于 DaysLastMonthSelected，意味着当前筛选上下文包括月末，因此，对上个季度的相应选择必然包括完整的对应月份。如果 DaysOnLastMonth 不等于 DaysLastMonthSelected，则筛选上下文限制了显示的天数。因此，我们计算数据的月度最后一天，并且将结果限制为仅上移至上个季度内对应月份中的相同天数。该计算通过 LastDayOfMonthWithSales 执行，该变量包含销售月度的最后一天，而与筛选器安全列无关。

如果选择的上个月包括整个月份，则 LastDayOfMonthWithSales 包含固定值 31，该数字大于或等于一个月的所有其他天。LastMonthInQuarterWithSales 也会发生类似的计算，这次是月份数。这两个变量在最后一步中用于计算 FilterQTD。FilterQTD 包含（FiscalMonthInQuarter，FiscalDayInMonth）的所有“变量对”，这些“变量对”小于或等于该“变量对”（LastMonthInQuarterWithSales, LastDayOfMonthWithSales）。通过使用 ISONORAFTER（…, DESC），可以获得使用默认 ASC 排序的 NOT ISONORAFTER 相同的效果。

```
Sales PQTD :=
IF (
    [ShowValueForDates],
    VAR LastMonthSelected =
        MAX ( 'Date'[Year Month Number] )
    VAR DaysOnLastMonth =
        CALCULATE (
            COUNTROWS ( 'Date' ),
            ALLEXCEPT ( 'Date', 'Date'[Working Day], 'Date'[Day of week] ),
            'Date'[Year Month Number] = LastMonthSelected
        )
    VAR DaysLastMonthSelected =
        CALCULATE (
```

```
            COUNTROWS ( 'Date' ),
            'Date'[DateWithSales] = TRUE,
            'Date'[Year Month Number] = LastMonthSelected
    )
    VAR LastDayOfMonthWithSales =
        MAX (
            -- 任何月份的月末
            31 * (DaysOnLastMonth = DaysLastMonthSelected),
            -- 或所选数据的最后一天
            CALCULATE (
                MAX ( 'Date'[Day of Month Number] ),
                REMOVEFILTERS (              -- 从所有筛选器安全列中删除筛选器
                    'Date'[Working Day],     -- 以获得报告中所选数据的最后一天
                    'Date'[Day of Week],
                    'Date'[Day of Week Number]
                ),
                'Date'[DateWithSales] = TRUE
            )
        )
    VAR LastMonthInQuarterWithSales =
        CALCULATE (
            MAX ( 'Date'[Fiscal Month In Quarter Number] ),
            REMOVEFILTERS (              -- 从所有筛选器安全列中删除筛选器
                'Date'[Working Day],     -- 以获得报告中所选数据的最后一天
                'Date'[Day of Week],
                'Date'[Day of Week Number]
            ),
            'Date'[DateWithSales] = TRUE
        )
    VAR PreviousFiscalYearQuarter =
        MAX ( 'Date'[Fiscal Year Quarter Number] ) - 1
    VAR FilterQTD =
        FILTER (
            ALL ( 'Date'[Fiscal Month In Quarter Number], 'Date'[Day of Month Number] ),
            ISONORAFTER (
                'Date'[Fiscal Month In Quarter Number], LastMonthInQuarterWithSales, DESC,
                'Date'[Day of Month Number], LastDayOfMonthWithSales, DESC
            )
        )

    VAR Result =
        CALCULATE (
            [Sales Amount],
            ALLEXCEPT ( 'Date', 'Date'[Working Day], 'Date'[Day of Week] ),
            'Date'[Fiscal Year Quarter Number] = PreviousFiscalYearQuarter,
            FilterQTD
        )
    RETURN
        Result
)
```

Sales QOQTD 和 Sales QOQTD %通过 Sales PQTD 来确保进行合理比较。

Sales 表中的度量值

```
Sales QOQTD :=
VAR ValueCurrentPeriod = [Sales QTD]
VAR ValuePreviousPeriod = [Sales PQTD]
VAR Result =
    IF (
        NOT ISBLANK ( ValueCurrentPeriod ) && NOT ISBLANK ( ValuePreviousPeriod ),
        ValueCurrentPeriod - ValuePreviousPeriod
```

```
)
RETURN
    Result
```

Sales 表中的度量值

```
Sales QOQTD % :=
DIVIDE (
    [Sales QOQTD],
    [Sales PQTD]
)
```

5.4.3   比上个月度月初至今增长

"比上个月度月初至今增长"将特定日期的月初至今与上一个月等效日期的月初至今进行比较。图 5-11 显示，2009 年 8 月的 Sales PMTD 仅考虑截至 2009 年 7 月 15 日的交易，以获得上一个月的相应时间段。因此，2009 年 7 月的 Sales MTD 为 1,068,396.58，而 2009 年 8 月的 Sales PMTD 较低，为 584,212.78。

Year	Sales Amount	Sales MTD	Sales PMTD	Sales MOMTD	Sales MOMTD %
⊞ FY 2008	10,265,438.43	600,080.00	656,766.69	-56,686.70	-8.63%
⊞ FY 2009	9,874,218.49	622,581.14	580,901.05	41,680.09	7.18%
⊟ FY 2010	4,522,150.15				
⊟ FQ1-2010	2,242,196.31	1,067,165.23	678,893.22	388,272.01	57.19%
⊞ Mar 2009	496,137.87	496,137.87	622,581.14	-126,443.27	-20.31%
⊞ Apr 2009	678,893.22	678,893.22	496,137.87	182,755.35	36.84%
⊞ May 2009	1,067,165.23	1,067,165.23	678,893.22	388,272.01	57.19%
⊟ FQ2-2010	2,279,953.84	338,971.06	1,068,396.58	-729,425.52	-68.27%
⊞ Jun 2009	872,586.20	872,586.20	1,067,165.23	-194,579.03	-18.23%
⊞ Jul 2009	1,068,396.58	1,068,396.58	872,586.20	195,810.38	22.44%
⊟ Aug 2009	338,971.06	338,971.06	584,212.78	-245,241.71	-41.98%
8/1/2009	37,750.10	37,750.10	64,551.47	-26,801.36	-41.52%
8/2/2009	8,203.42	45,953.52	90,074.93	-44,121.41	-48.98%
8/3/2009	337.68	46,291.20	153,054.51	-106,763.31	-69.76%
8/4/2009	4,482.94	50,774.14	171,310.23	-120,536.08	-70.36%
8/5/2009	14,319.18	65,093.32	248,443.99	-183,350.66	-73.80%
8/6/2009	26,941.94	92,035.26	272,277.89	-180,242.62	-66.20%
8/7/2009	2,518.99	94,554.25	296,502.87	-201,948.61	-68.11%
8/8/2009	22,619.84	117,174.10	315,987.54	-198,813.44	-62.92%
8/9/2009	21,983.18	139,157.27	369,855.95	-230,698.67	-62.38%
8/10/2009	4,211.87	143,369.15	370,871.93	-227,502.78	-61.34%
8/11/2009	79,245.09	222,614.24	422,203.83	-199,589.59	-47.27%
8/12/2009	1,497.50	224,111.74	484,757.36	-260,645.62	-53.77%
8/13/2009	13,784.34	237,896.08	510,540.43	-272,644.35	-53.40%
8/14/2009	100,059.00	337,955.08	533,703.16	-195,748.08	-36.68%
8/15/2009	1,015.98	338,971.06	584,212.78	-245,241.71	-41.98%
Total	24,661,807.07				

图 5-11   2009 年 8 月的 Sales PMTD 显示的是 2009 年 7 月 1 日至 15 日这一时期的金额，
因为在 2009 年 8 月 15 日之后没有数据

Sales PMTD 会执行几个步骤，其中一些步骤比较复杂。前两个变量非常简单：LastMonthSelected 包含在筛选上下文中显示的最后一个月，而 DaysOnLastMonth 包含 LastMonthSelected

中的天数。

需要注意的是，如果 DaysOnLastMonth 等于 DaysLastMonthSelected，则意味着当前筛选上下文包括月末，因此，对上个季度的相应选择必然包括完整的月份。如果 DaysOnLastMonth 不等于 DaysLastMonthSelected，则筛选上下文限制了显示的天数。因此，我们需要计算数据的月度最后一天，并且将结果限制为仅上移至上个月内的相同天数。该计算通过 LastDayOfMonthWithSales 执行，该变量包含销售数据的月度最后一天，而与筛选器安全列无关。

如果选择的上个月包括整个月份，则 LastDayOfMonthWithSales 包含固定值 31，该数字大于或等于一个月的所有其他天。然后 LastDayOfMonthWithSales 会用于筛选上个月的天数，通过从 LastMonthSelected 的值中减去 1 获得上个月的天数。

Sales 表中的度量值

```
Sales PMTD :=
IF (
    [ShowValueForDates],
    VAR LastMonthSelected =
        MAX ( 'Date'[Year Month Number] )
    VAR DaysOnLastMonth =
        CALCULATE (
            COUNTROWS ( 'Date' ),
            ALLEXCEPT ( 'Date', 'Date'[Working Day], 'Date'[Day of week] ),
            'Date'[Year Month Number] = LastMonthSelected
        )
    VAR DaysLastMonthSelected =
        CALCULATE (
            COUNTROWS ( 'Date' ),
            'Date'[DateWithSales] = TRUE,
            'Date'[Year Month Number] = LastMonthSelected
        )
    VAR LastDayOfMonthWithSales =
        MAX (
            -- 任何月份的月末
            31 * (DaysOnLastMonth = DaysLastMonthSelected),
            -- 或所选数据的最后一天
            CALCULATE (
                MAX ( 'Date'[Day of Month Number] ),
                REMOVEFILTERS (                    -- 从所有筛选器安全列中删除筛选器
                    'Date'[Working Day],           -- 以获得报告中所选数据的最后一天
                    'Date'[Day of Week],
                    'Date'[Day of Week Number]
                ),
                'Date'[DateWithSales] = TRUE
            )
        )
    VAR PreviousYearMonth =
        LastMonthSelected - 1
    VAR Result =
        CALCULATE (
            [Sales Amount],
            ALLEXCEPT ( 'Date', 'Date'[Working Day], 'Date'[Day of Week] ),
            'Date'[Year Month Number] = PreviousYearMonth,
            'Date'[Day of Month Number] <= LastDayOfMonthWithSales
        )
    RETURN
        Result
)
```

Sales MOMTD 和 Sales MOMTD %通过 Sales PMTD 度量值来确保进行合理比较。

Sales 表中的度量值

```
Sales MOMTD :=
VAR ValueCurrentPeriod = [Sales MTD]
VAR ValuePreviousPeriod = [Sales PMTD]
VAR Result =
    IF (
        NOT ISBLANK ( ValueCurrentPeriod )
            && NOT ISBLANK ( ValuePreviousPeriod ),
        ValueCurrentPeriod - ValuePreviousPeriod
    )
RETURN
    Result
```

Sales 表中的度量值

```
Sales MOMTD % :=
DIVIDE (
    [Sales MOMTD],
    [Sales PMTD]
)
```

5.5　期初至今与上一个完整时间段的比较

当将上一个完整时间段作为基准时，将期初至今总计结果与上一个完整时间段进行比较是很有用的。一旦当前年初至今达到上一个完整年度的 100%，就意味着我们已经以更少的天数达到了与上一个完整时间段相同的绩效。

5.5.1　年初至今比上个完整年度

"年初至今比上个完整年度"是将年初至今与上一个完整年度进行比较。图 5-12 显示，2009年 1 月（接近 FY 2009 的尾声）的 Sales YTD 相较 2008 会计全年的 Sales Amount 降低近 10%。Sales YTDOPY %体现年初至今与上个年度总额的直接比较；当该百分比为正数时，表示增长超过上一年。本案例未发生超过上一年度的增长。

Year	Sales Amount	Sales YTD	Sales PYC	Sales YTDOPY	Sales YTDOPY %
⊞ FY 2008	10,265,438.43	10,265,438.43			
⊟ FY 2009	9,874,218.49	9,874,218.49	10,265,438.43	-391,219.95	-3.81%
⊞ FQ1-2009	2,452,437.65	2,452,437.65	10,265,438.43	-7,813,000.78	-76.11%
⊞ FQ2-2009	2,457,249.97	4,909,687.61	10,265,438.43	-5,355,750.82	-52.17%
⊞ FQ3-2009	2,839,339.54	7,749,027.16	10,265,438.43	-2,516,411.28	-24.51%
⊟ FQ4-2009	2,125,191.33	9,874,218.49	10,265,438.43	-391,219.95	-3.81%
⊞ Dec 2008	921,709.14	8,670,736.30	10,265,438.43	-1,594,702.13	-15.53%
⊞ Jan 2009	580,901.05	9,251,637.35	10,265,438.43	-1,013,801.08	-9.88%
⊟ Feb 2009	622,581.14	9,874,218.49	10,265,438.43	-391,219.95	-3.81%
2/1/2009	3,503.04	9,255,140.39	10,265,438.43	-1,010,298.04	-9.84%
2/2/2009	55,182.37	9,310,322.76	10,265,438.43	-955,115.68	-9.30%
2/3/2009	19,696.81	9,330,019.57	10,265,438.43	-935,418.86	-9.11%
Total	24,661,807.07	4,522,150.15			

图 5-12　Sales YTDOPY %显示为负数，表示 Sales YTD 距离实现上一年度的 Sales Amount 还有差距

"年初至今比上个年度增长"是通过 Sales YTDOPY 和 Sales YTDOPY %度量值来计算的；通过 Sales YTD 度量值来计算年初至今的值，通过 Sales PYC 度量值来获得上一个完整年度的销售额。

Sales 表中的度量值

```
Sales PYC :=
IF (
    [ShowValueForDates] && HASONEVALUE ( 'Date'[Fiscal Year Number] ),
    VAR PreviousFiscalYear = MAX ( 'Date'[Fiscal Year Number] ) - 1
    VAR Result =
        CALCULATE (
            [Sales Amount],
            ALLEXCEPT ( 'Date', 'Date'[Working Day], 'Date'[Day of Week] ),
            'Date'[Fiscal Year Number] = PreviousFiscalYear
        )
    RETURN
        Result
)
```

Sales 表中的度量值

```
Sales YTDOPY :=
VAR ValueCurrentPeriod = [Sales YTD]
VAR ValuePreviousPeriod = [Sales PYC]
VAR Result =
    IF (
        NOT ISBLANK ( ValueCurrentPeriod )
            && NOT ISBLANK ( ValuePreviousPeriod ),
        ValueCurrentPeriod - ValuePreviousPeriod
    )
RETURN
    Result
```

Sales 表中的度量值

```
Sales YTDOPY % :=
DIVIDE (
    [Sales YTDOPY],
    [Sales PYC]
)
```

5.5.2　季初至今比上个完整季度

"季初至今比上个完整季度"是将季初至今与上个完整季度进行比较。图 5-13 显示，2008 年 8 月的 Sales QTD 超过了 FQ1-2008 的 Sales Amount。Sales QTDOPQ %体现季初至今与上个季度总额的直接比较；当该百分比为正数时，表示增长超过上一季度。

"季初至今比上个季度增长"是通过 Sales QTDOPQ 和 Sales QTDOPQ %度量值来计算的；通过 Sales QTD 度量值来计算季初至今的值，通过 Sales PQC 度量值来获得上个完整季度的销售额。

Year	Sales Amount	Sales QTD	Sales PQC	Sales QTDOPQ	Sales QTDOPQ %
⊞ FY 2008	10,265,438.43	2,248,395.44			
⊟ FY 2009	9,874,218.49	2,125,191.33			
⊞ FQ1-2009	2,452,437.65	2,452,437.65	2,248,395.44	204,042.21	9.08%
⊟ FQ2-2009	2,457,249.97	2,457,249.97	2,452,437.65	4,812.32	0.20%
⊞ Jun 2008	845,141.60	845,141.60	2,452,437.65	-1,607,296.05	-65.54%
⊞ Jul 2008	890,547.41	1,735,689.01	2,452,437.65	-716,748.64	-29.23%
⊞ Aug 2008	721,560.95	2,457,249.97	2,452,437.65	4,812.32	0.20%
⊞ FQ3-2009	2,839,339.54	2,839,339.54	2,457,249.97	382,089.58	15.55%
⊞ FQ4-2009	2,125,191.33	2,125,191.33	2,839,339.54	-714,148.21	-25.15%
⊞ FY 2010	4,522,150.15				
Total	24,661,807.07				

图 5-13　Sales QTDOPQ %在 2008 年 8 月显示为正数，表示 Sales QTD 大于 FQ1-2008 的 Sales Amount

Sales 表中的度量值

```
Sales PQC :=
IF (
    [ShowValueForDates] && HASONEVALUE ( 'Date'[Fiscal Year Quarter Number] ),
    VAR PreviousFiscalYearQuarter = MAX ( 'Date'[Fiscal Year Quarter Number] ) - 1
    VAR Result =
        CALCULATE (
            [Sales Amount],
            ALLEXCEPT ( 'Date', 'Date'[Working Day], 'Date'[Day of Week] ),
            'Date'[Fiscal Year Quarter Number] = PreviousFiscalYearQuarter
        )
    RETURN
        Result
)
```

Sales 表中的度量值

```
Sales QTDOPQ :=
VAR ValueCurrentPeriod = [Sales QTD]
VAR ValuePreviousPeriod = [Sales PQC]
VAR Result =
    IF (
        NOT ISBLANK ( ValueCurrentPeriod )
            && NOT ISBLANK ( ValuePreviousPeriod ),
        ValueCurrentPeriod - ValuePreviousPeriod
    )
RETURN
    Result
```

Sales 表中的度量值

```
Sales QTDOPQ % :=
DIVIDE (
    [Sales QTDOPQ],
    [Sales PQC]
)
```

5.5.3　月初至今比上个完整月度

“月初至今比上个完整月度”是将月初至今与上个完整月度进行比较。图 5-14 显示，2008

年 4 月的 Sales MTD 超过了 2008 年 3 月的 Sales Amount。Sales MTDOPM % 体现月初至今与上个月度总额的直接比较；当该百分比为正数时，表示增长超过上个月度。在本案例中，从 2008 年 4 月 19 日起实现超过上个月度的增长。

Year	Sales Amount	Sales MTD	Sales PMC	Sales MTDOPM	Sales MTDOPM %
⊞ FY 2008	10,265,438.43	600,080.00			
⊟ FY 2009	9,874,218.49	622,581.14			
⊟ FQ1-2009	2,452,437.65	893,231.96			
⊞ Mar 2008	559,538.52	559,538.52	600,080.00	-40,541.48	-6.76%
⊟ Apr 2008	999,667.17	999,667.17	559,538.52	440,128.65	78.66%
4/1/2008	13,557.28	13,557.28	559,538.52	-545,981.24	-97.58%
4/2/2008	9,065.70	22,622.98	559,538.52	-536,915.54	-95.96%
4/3/2008	31,133.36	53,756.34	559,538.52	-505,782.18	-90.39%
4/4/2008	24,122.38	77,878.72	559,538.52	-481,659.80	-86.08%
4/5/2008	43,296.27	121,174.99	559,538.52	-438,363.53	-78.34%
4/6/2008	47,212.95	168,387.94	559,538.52	-391,150.58	-69.91%
4/7/2008	29,037.93	197,425.87	559,538.52	-362,112.65	-64.72%
4/8/2008	16,857.91	214,283.78	559,538.52	-345,254.74	-61.70%
4/9/2008	1,561.36	215,845.13	559,538.52	-343,693.39	-61.42%
4/10/2008	378.55	216,223.68	559,538.52	-343,314.84	-61.36%
4/11/2008	42,286.96	258,510.64	559,538.52	-301,027.88	-53.80%
4/12/2008	38,560.80	297,071.44	559,538.52	-262,467.08	-46.91%
4/13/2008	6,511.76	303,583.20	559,538.52	-255,955.32	-45.74%
4/14/2008	57,402.73	360,985.93	559,538.52	-198,552.59	-35.49%
4/15/2008	56,015.09	417,001.02	559,538.52	-142,537.50	-25.47%
4/16/2008	35,205.64	452,206.66	559,538.52	-107,331.86	-19.18%
4/17/2008	59,922.32	512,128.98	559,538.52	-47,409.54	-8.47%
4/18/2008	22,947.10	535,076.08	559,538.52	-24,462.44	-4.37%
4/19/2008	61,693.67	596,769.75	559,538.52	37,231.23	6.65%
4/20/2008	75,526.00	672,295.74	559,538.52	112,757.22	20.15%

图 5-14　Sales MTDOPM % 从 2008 年 4 月 19 日起显示为正数，
表示 Sales MTD 开始大于 2008 年 3 月的 Sales Amount

"月初至今比上个月度增长"是通过 Sales MTDOPM % 和 Sales MTDOPM 度量值来计算的；通过 Sales MTD 度量值来计算月初至今的值，通过 Sales PMC 度量值来获得上个完整月度的销售额。

Sales 表中的度量值

```
Sales PMC :=
IF (
    [ShowValueForDates] && HASONEVALUE ( 'Date'[Year Month Number] ),
    VAR PreviousFiscalYearMonth = MAX ( 'Date'[Year Month Number] ) - 1
    VAR Result =
        CALCULATE (
            [Sales Amount],
            ALLEXCEPT ( 'Date', 'Date'[Working Day], 'Date'[Day of Week] ),
            'Date'[Year Month Number] = PreviousFiscalYearMonth
        )
    RETURN
        Result
)
```

Sales 表中的度量值

```
Sales MTDOPM :=
VAR ValueCurrentPeriod = [Sales MTD]
```

```
VAR ValuePreviousPeriod = [Sales PMC]
VAR Result =
    IF (
        NOT ISBLANK ( ValueCurrentPeriod )
            && NOT ISBLANK ( ValuePreviousPeriod ),
        ValueCurrentPeriod - ValuePreviousPeriod
    )
RETURN
    Result
```

Sales 表中的度量值

```
Sales MTDOPM % :=
DIVIDE (
    [Sales MTDOPM],
    [Sales PMC]
)
```

5.6   使用移动年度总计计算

总计几个月数据的一种常用方法是使用移动年度总计（Moving Annual Total，MAT），而不是年初至今。移动年度总计包括过去 12 个月的数据。例如，2008 年 3 月的移动年度总计包括从 2007 年 4 月至 2008 年 3 月的数据。

5.6.1   移动年度总计

Sales MAT 度量值用于计算移动年度总计，如图 5-15 所示。这份报告也显示了 Sales MAT (364)度量值：这是一个类似的度量值，不同之处在于它总计的是过去的 364 天（对应过去的 52 周），而不是一整年。

Year	Sales Amount	Sales MAT	Sales MAT (364)	Sales PYMAT	Sales MATG	Sales MATG %
⊟ FY 2008	**10,265,438.43**	**10,265,438.43**	**10,265,438.43**			
Mar 2007	345,319.01	345,319.01	345,319.01			
Apr 2007	1,128,104.82	1,473,423.82	1,473,423.82			
May 2007	936,192.74	2,409,616.57	2,409,616.57			
Jun 2007	982,304.46	3,391,921.03	3,391,921.03			
Jul 2007	922,542.98	4,314,464.01	4,314,464.01			
Aug 2007	952,834.59	5,267,298.60	5,267,298.60			
Sep 2007	1,009,868.98	6,277,167.58	6,277,167.58			
Oct 2007	914,273.54	7,191,441.12	7,191,441.12			
Nov 2007	825,601.87	8,017,042.99	8,017,042.99			
Dec 2007	991,548.75	9,008,591.74	9,008,591.74			
Jan 2008	656,766.69	9,665,358.44	9,665,358.44			
Feb 2008	600,080.00	10,265,438.43	10,265,438.43			
⊟ FY 2009	**9,874,218.49**	**9,874,218.49**	**9,870,214.20**	**10,265,175.01**	**-390,956.52**	**-3.81%**
Mar 2008	559,538.52	10,479,657.94	10,380,441.35	345,319.01	10,134,338.94	2934.78%
Apr 2008	999,667.17	10,351,220.30	10,333,107.23	1,473,423.82	8,877,796.47	602.53%
May 2008	893,231.96	10,308,259.51	10,282,508.05	2,409,616.57	7,898,642.95	327.80%
Jun 2008	845,141.60	10,171,096.65	10,156,747.85	3,391,921.03	6,779,175.62	199.86%
Jul 2008	890,547.41	10,139,101.08	10,113,997.26	4,314,464.01	5,824,637.07	135.00%
Aug 2008	721,560.95	9,907,827.45	9,823,064.26	5,267,298.60	4,640,528.85	88.10%
Sep 2008	963,437.23	9,861,395.69	9,841,335.70	6,277,167.58	3,584,228.11	57.10%
Oct 2008	719,792.99	9,666,915.14	9,602,561.78	7,191,441.12	2,475,474.02	34.42%
Nov 2008	1,156,109.32	9,997,422.60	9,805,709.73	8,017,042.99	1,980,379.60	24.70%
Dec 2008	921,709.14	9,927,582.99	9,893,708.52	9,008,591.74	918,991.25	10.20%
Jan 2009	580,901.05	9,851,717.35	9,819,091.08	9,665,358.44	186,358.91	1.93%
Feb 2009	622,581.14	9,874,218.49	9,870,214.20	10,265,175.01	-390,956.52	-3.81%
Total	**24,661,807.07**	**4,522,150.15**	**4,508,845.09**	**9,874,218.49**	**-5,352,068.33**	**-54.20%**

图 5-15   2008 年 3 月的 Sales MAT 总计了 2007 年 4 月至 2008 年 3 月的 Sales Amount

Sales MAT 度量值在 Date[Date]列上定义范围,该范围包括从筛选上下文中的最后一个日期算起的整个年度的日期。

Sales 表中的度量值

```
Sales MAT :=
IF (
    [ShowValueForDates],
    VAR LastDayMAT = MAX ( 'Date'[Sequential Day Number] )
    VAR FirstDayMAT = INT ( EDATE ( LastDayMAT + 1, -12 ) )
    VAR Result =
        CALCULATE (
            [Sales Amount],
            ALLEXCEPT ( 'Date', 'Date'[Working Day], 'Date'[Day of Week] ),
            'Date'[Sequential Day Number] >= FirstDayMAT
                && 'Date'[Sequential Day Number] <= LastDayMAT
        )
    RETURN
        Result
)
```

Sales MAT (364)不能对应该年的总计,但因为它始终包含相同的天数和整数周,所以它仍是评估数据随时间变化趋势或在图表中显示趋势的好方法,也因此,结果均匀地囊括了各周的每一天。该度量在 Date[Date]列上定义范围,该范围包括从筛选上下文中的最后一天算起的过去 364 天。

Sales 表中的度量值

```
Sales MAT (364) :=
IF (
    [ShowValueForDates],
    VAR LastDayMAT = MAX ( 'Date'[Sequential Day Number] )
    VAR FirstDayMAT = LastDayMAT - 363
    VAR Result =
        CALCULATE (
            [Sales Amount],
            ALLEXCEPT ( 'Date', 'Date'[Working Day], 'Date'[Day of Week] ),
            'Date'[Sequential Day Number] >= FirstDayMAT
                && 'Date'[Sequential Day Number] <= LastDayMAT
        )
    RETURN
        Result
)
```

5.6.2 移动年度总计增长

移动年度总计增长(Moving Annual Total Growth,MATG)借由 Sales MAT 度量值,通过 Sales PYMAT、Sales MATG 和 Sales MATG %度量值来计算。Sales MAT 度量值提供首次销售后一年的正确值(当一整年的销售数据都可以获得时);但当可获取的数据所覆盖的时间段不足一整年,则是另一种情形。例如,2010 会计年的 Sales PYMAT 为 9,874,218.49,这与 FY 2009 的 Sales Amount 相对应,如图 5-16 所示。将 FY 2010 销售额与整个 2009 会计年销售额进行比较,只能比较不足 6 个月的数据,是因为有效数据截至 2009 年 8 月 15 日。类似地,你可以看到 FY 2009 开始时的 Sales MATG %数值非常高,一年后稳定下来。其设计原理是:移动年度总计通常是以月粒度或日粒度进行计算，以便在图表中显示趋势。

Year	Sales Amount	Sales MAT	Sales PYMAT	Sales MATG	Sales MATG %
⊞ FY 2008	10,265,438.43	10,265,438.43			
⊟ FY 2009	9,874,218.49	9,874,218.49	10,265,175.01	-390,956.52	-3.81%
Mar 2008	559,538.52	10,479,657.94	345,319.01	10,134,338.94	2934.78%
Apr 2008	999,667.17	10,351,220.30	1,473,423.82	8,877,796.47	602.53%
May 2008	893,231.96	10,308,259.51	2,409,616.57	7,898,642.95	327.80%
Jun 2008	845,141.60	10,171,096.65	3,391,921.03	6,779,175.62	199.86%
Jul 2008	890,547.41	10,139,101.08	4,314,464.01	5,824,637.07	135.00%
Aug 2008	721,560.95	9,907,827.45	5,267,298.60	4,640,528.85	88.10%
Sep 2008	963,437.23	9,861,395.69	6,277,167.58	3,584,228.11	57.10%
Oct 2008	719,792.99	9,666,915.14	7,191,441.12	2,475,474.02	34.42%
Nov 2008	1,156,109.32	9,997,422.60	8,017,042.99	1,980,379.60	24.70%
Dec 2008	921,709.14	9,927,582.99	9,008,591.74	918,991.25	10.20%
Jan 2009	580,901.05	9,851,717.35	9,665,358.44	186,358.91	1.93%
Feb 2009	622,581.14	9,874,218.49	10,265,175.01	-390,956.52	-3.81%
⊟ FY 2010	4,522,150.15	4,522,150.15	9,874,218.49	-5,352,068.33	-54.20%
Mar 2009	496,137.87	9,810,817.83	10,479,657.94	-668,840.11	-6.38%
Apr 2009	678,893.22	9,490,043.88	10,351,220.30	-861,176.42	-8.32%
May 2009	1,067,165.23	9,663,977.15	10,308,259.51	-644,282.36	-6.25%
Jun 2009	872,586.20	9,691,421.74	10,171,096.65	-479,674.91	-4.72%
Jul 2009	1,068,396.58	9,869,270.91	10,139,101.08	-269,830.17	-2.66%
Aug 2009	338,971.06	9,486,681.02	9,907,827.45	-421,146.43	-4.25%
Total	24,661,807.07	4,522,150.15	9,874,218.49	-5,352,068.33	-54.20%

图 5-16   Sales MATG %以百分比的形式显示了 Sales MAT 与 Sales PYMAT 之间的增长

度量值的定义方法如下。

Sales 表中的度量值

```
Sales PYMAT :=
IF (
    [ShowValueForDates],
    VAR LastDayAvailable = MAX ( 'Date'[Sequential Day Number] )
    VAR LastDayMAT = INT ( EDATE ( LastDayAvailable, -12 ) )
    VAR FirstDayMAT = INT ( EDATE ( LastDayAvailable + 1, -24 ) )
    VAR Result =
        CALCULATE (
            [Sales Amount],
            ALLEXCEPT ( 'Date', 'Date'[Working Day], 'Date'[Day of Week] ),
            'Date'[Sequential Day Number] >= FirstDayMAT
                && 'Date'[Sequential Day Number] <= LastDayMAT
        )
    RETURN
        Result
)
```

Sales 表中的度量值

```
Sales MATG :=
VAR ValueCurrentPeriod = [Sales MAT]
VAR ValuePreviousPeriod = [Sales PYMAT]
VAR Result =
    IF (
        NOT ISBLANK ( ValueCurrentPeriod )
            && NOT ISBLANK ( ValuePreviousPeriod ),
        ValueCurrentPeriod - ValuePreviousPeriod
```

```
    )
RETURN
    Result
```

Sales 表中的度量值

```
Sales MATG % :=
DIVIDE (
    [Sales MATG],
    [Sales PYMAT]
)
```

用户也可以使用最后 364 天的方法编写 Sales PYMAT 度量值，这类似于 Sales MAT (364)。Sales PYMAT 和 Sales PYMAT (364)之间的不同在于对变量 FirstDayMAT 和 LastDayMAT 的计算。

Sales 表中的度量值

```
Sales PYMAT (364) :=
IF (
    [ShowValueForDates],
    VAR LastDayAvailable = MAX ( 'Date'[Sequential Day Number] )
    VAR LastDayMAT = LastDayAvailable - 364
    VAR FirstDayMAT = LastDayMAT - 363
    VAR Result =
        CALCULATE (
            [Sales Amount],
            ALLEXCEPT ( 'Date', 'Date'[Working Day], 'Date'[Day of Week] ),
            'Date'[Sequential Day Number] >= FirstDayMAT
                && 'Date'[Sequential Day Number] <= LastDayMAT
        )
    RETURN
        Result
)
```

5.7 移动平均

移动平均通常用在折线图中显示趋势。图 5-17 包括 30 天（Sales AVG 30D）、3 个月（Sales AVG 3M）和 1 年（Sales AVG 1Y）的 Sales Amount 的移动平均。

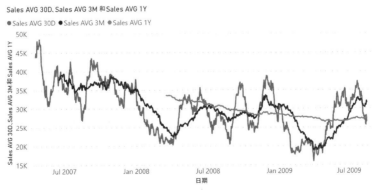

图 5-17　Sales AVG 30D、Sales AVG 3M 和 Sales AVG 1Y 分别显示了 30 天、3 个月和 1 年的移动平均

5.7.1　移动平均 30 天

Sales AVG 30D 度量值通过遍历由变量 Period30D 获得的过去 30 天的日期列表，来计算 30 天的移动平均。具体实现方法是获取过去 30 天中包含的显示的日期，同时忽略没有销售的日期，并考虑 Date 表中应用于筛选器安全列的筛选器。

Sales 表中的度量值

```
Sales AVG 30D :=
IF (
    [ShowValueForDates],
    VAR LastDayMAT =
        MAX ( 'Date'[Sequential Day Number] )
    VAR FirstDayMAT = LastDayMAT - 29
    VAR Period30D =
        CALCULATETABLE (
            VALUES ( 'Date'[Sequential Day Number] ),
            ALLEXCEPT (
                'Date',
                'Date'[Working Day],
                'Date'[Day of Week]
            ),
            'Date'[Sequential Day Number] >= FirstDayMAT
                && 'Date'[Sequential Day Number] <= LastDayMAT,
            'Date'[DateWithSales] = TRUE
        )
    VAR FirstDayWithData =
        CALCULATE (
            INT ( MIN ( Sales[Order Date] ) ),
            REMOVEFILTERS ()
        )
    VAR FirstDayInPeriod =
        MINX (
            Period30D,
            'Date'[Sequential Day Number]
        )
    VAR Result =
        IF (
            FirstDayWithData <= FirstDayInPeriod,
            CALCULATE (
                AVERAGEX ( Period30D, [Sales Amount] ),
                REMOVEFILTERS ( 'Date' )
            )
        )
    RETURN
        Result
)
```

以上公式所展现的模式非常灵活，因为它也适用于非累加度量值。说了这么多，对于常规的累加计算，可以使用另一个更快的公式来实现变量 Result 的计算。

```
VAR Result =
    IF (
        FirstDayWithData <= FirstDayInPeriod,
        CALCULATE (
            DIVIDE (
                [Sales Amount],
```

```
            DISTINCTCOUNT ( Sales[Order Date] )
        ),
        Period30D,
        REMOVEFILTERS ( 'Date' )
    )
)
```

5.7.2 移动平均 3 个月

Sales AVG 3M 度量值计算 3 个月的移动平均。通过获取过去 3 个月中包含的显示的日期，同时忽略没有销售的日期，并考虑 Date 表中应用于筛选器安全列的筛选器，来实现遍历通过变量 Period3M 获得的过去 3 个月的日期列表。

Sales 表中的度量值

```
Sales AVG 3M :=
IF (
    [ShowValueForDates],
    VAR LastDayMAT =
        MAX ( 'Date'[Sequential Day Number] )
    VAR FirstDayMAT =
        INT ( EDATE ( LastDayMAT + 1, -3 ) )
    VAR Period3M =
        CALCULATETABLE (
            VALUES ( 'Date'[Sequential Day Number] ),
            ALLEXCEPT (
                'Date',
                'Date'[Working Day],
                'Date'[Day of Week]
            ),
            'Date'[Sequential Day Number] >= FirstDayMAT
                && 'Date'[Sequential Day Number] <= LastDayMAT,
            'Date'[DateWithSales] = TRUE
        )
    VAR FirstDayWithData =
        CALCULATE (
            INT ( MIN ( Sales[Order Date] ) ),
            REMOVEFILTERS ()
        )
    VAR FirstDayInPeriod =
        MINX (
            Period3M,
            'Date'[Sequential Day Number]
        )
    VAR Result =
        IF (
            FirstDayWithData <= FirstDayInPeriod,
            CALCULATE (
                AVERAGEX ( Period3M, [Sales Amount] ),
                REMOVEFILTERS ( 'Date' )
            )
        )
    RETURN
        Result
)
```

对于简单的累加度量值，在"移动平均 30 天"中介绍的基于 DIVIDE 的模式，也可以用于计算超过 3 个月的移动平均。

5.7.3 移动平均 1 年

  Sales AVG 1Y 度量值通过遍历借由变量 Period1Y 获得的过去一年的日期列表，来计算一年的移动平均。具体实现方法是获取过去一年包含的显示的日期，同时忽略没有销售的日期，并考虑 Date 表中应用于筛选器安全列的筛选器。

Sales 表中的度量值

```
Sales AVG 1Y :=
IF (
    [ShowValueForDates],
    VAR LastDayMAT =
        MAX ( 'Date'[Sequential Day Number] )
    VAR FirstDayMAT =
        INT ( EDATE ( LastDayMAT + 1, 12 ) )
    VAR Period1Y =
        CALCULATETABLE (
            VALUES ( 'Date'[Sequential Day Number] ),
            ALLEXCEPT (
                'Date',
                'Date'[Working Day],
                'Date'[Day of Week]
            ),
            'Date'[Sequential Day Number] >= FirstDayMAT
                && 'Date'[Sequential Day Number] <= LastDayMAT,
            'Date'[DateWithSales] = TRUE
        )
    VAR FirstDayWithData =
        CALCULATE (
            INT ( MIN ( Sales[Order Date] ) ),
            REMOVEFILTERS ()
        )
    VAR FirstDayInPeriod =
        MINX (
            Period1Y,
            'Date'[Sequential Day Number]
        )
    VAR Result =
        IF (
            FirstDayWithData <= FirstDayInPeriod,
            CALCULATE (
                AVERAGEX ( Period1Y, [Sales Amount] ),
                REMOVEFILTERS ( 'Date' )
            )
        )
    RETURN
        Result
)
```

  对于简单的累加度量值，在"移动平均 30 天"中介绍的基于 DIVIDE 的模式，也可以用于计算超过 1 年的移动平均。

## 第 6 章

比较不同区间的值

该模式对比较不同日期区间下的度量值非常有用。比如,可以用它来比较最后一个月的销售额和用户自定义区间的销售额。就像比较一个月和一整年,两个区间的总天数可能不相同,因此,当两个区间的持续时间不同时,需要调整数值进行公平地比较。

模式描述

用户通过两个切片器选择了两个不同的区间(当前区间和对比区间)。在图 6-1 的报告中展示了当前区间和对比区间的销售额。对比区间的销售额必须以区间的天数作为权重因子进行修正。

Date		Comparison Date	
1/1/2009	6/30/2009	1/1/2008	12/31/2008

Brand	Sales Amount	Comparison Sales Amount	Adjusted Comp. Sales Amount
A. Datum	208,121.82	463,721.61	229,326.80
Adventure Works	323,361.68	892,674.52	441,459.26
Contoso	1,139,254.63	2,369,167.68	1,171,637.57
Fabrikam	801,063.81	1,993,123.48	985,670.35
Litware	619,337.99	1,487,846.74	735,793.06
Northwind Traders	80,485.83	469,827.70	232,346.49
Proseware	368,315.93	763,586.23	377,620.51
Southridge Video	170,545.60	294,635.04	145,707.49
Tailspin Toys	73,753.75	97,193.87	48,065.82
The Phone Company	248,293.85	355,629.36	175,871.35
Wide World Importers	285,729.80	740,176.76	366,043.70
Total	**4,318,264.70**	**9,927,582.99**	**4,909,542.41**

图 6-1　报告展示了不同区间以及修正后的对比区间的销售额

为了能够选择两个不同的区间,模型必须包含两个 Date 表:一个用于选择当前区间,另一个用于选择对比区间。如图 6-2 所示,附加的 Comparison Date 表与原始 Date 表采用非活动关系进行连接:这简化了与其他事实表的关系处理。

当度量值对经过 Comparison Date 表筛选后的表达式求值时,这个度量值表达式便激活了 Comparison Date 表和 Date 表之间的关系,并且为了能够使用 Comparison Date 表来对 Sales 表进行筛选，它还对 Date 表执行了 REMOVEFILTERS 操作。这个模型对活动的关系进行一些简单的修改，这样便可对任何现有的度量值计算当前区间或对比区间的值。

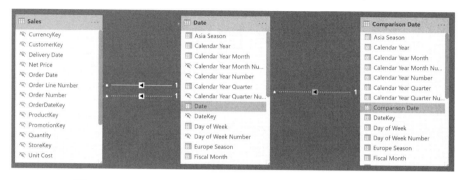

图 6-2　Comparison Date 表通过非活动关系与 Date 表进行连接

下面是 Comparison Sales Amount 度量值的定义。

Sales 表中的度量值

```
Comparison Sales Amount :=
VAR ComparisonPeriod =
    CALCULATETABLE (
        VALUES ( 'Date'[Date] ),
        REMOVEFILTERS ( 'Date' ),
        USERELATIONSHIP ( 'Date'[Date], 'Comparison Date'[Comparison Date] )
    )
VAR Result =
    CALCULATE (
        [Sales Amount],
        ComparisonPeriod
    )
RETURN
    Result
```

为了修正 Comparison Sales Amount 的值，我们需要一个加权修正方法。业务逻辑上可能会规定只有工作日才能被用到修正方法中。这个例子使用这两个不同区间的总天数来作为加权的权重因子。换句话说，采用的修正逻辑因业务需求而异。

在这个例子中的修正逻辑是：如果对比区间比当前区间的天数多，那么根据两个区间天数的比例来减少 Comparison Sales Amount。

Sales 表中的度量值

```
Adjusted Comp. Sales Amount :=
VAR CurrentPeriod =
    VALUES ( 'Date'[Date] )
VAR ComparisonPeriod =
    CALCULATETABLE (
        VALUES ( 'Date'[Date] ),
        REMOVEFILTERS ( 'Date' ),
        USERELATIONSHIP ( 'Date'[Date], 'Comparison Date'[Comparison Date] )
    )
VAR ComparisonSales =
```

```
        CALCULATE ( [Sales Amount], ComparisonPeriod )
VAR DaysInCurrentPeriod =
    COUNTROWS ( CurrentPeriod )
VAR DaysInComparisonPeriod =
    COUNTROWS ( ComparisonPeriod )
VAR DailyComparisonSales =
    DIVIDE (
        ComparisonSales,
        DaysInComparisonPeriod
    )
VAR Result =
    DaysInCurrentPeriod * DailyComparisonSales
RETURN
    Result
```

6

## 第7章

半累加计算

对于任何 BI 开发人员来说，计算一个区间开始或结束时间的报告值都是一个相当大的挑战，DAX 也不例外。计算度量值本身并不难，困难之处在于准确地理解业务需求。我们不像以往计算销售额那样汇总整个区间的值，而是返回选定区间开始或结束时的值来完成计算。这样的计算也称为半加性计算（semi-additive calculation）。它们是半加性的，因为它们确实对特定属性（如客户）进行了汇总，而对其他属性（如日期）不进行汇总，且一直对期初或期末的值进行报告。

例如，使用一个包含银行账户当前余额的模型。对于客户，这个度量值必须是相加的：所有客户的总余额是每个客户余额的总和。然而，当在时间维度下进行聚合时，不能使用 SUM 函数，因为一个季度的余额不是这个季度下各个月份余额的总和，而应该是这个季度的最后一笔余额。

在定义区间的开始或结束时，有许多细节需要处理。这就是为什么此模式包含许多小模式的原因。建议阅读所有这些模式，以便在为特定场景选择正确的模式之前，能更好地理解不同模式之间的细微差别。

7.1 模式介绍

假设有一个包含几个客户账户余额的模型。对于每个日期，报告的数字是该日期的账户余额。不同的客户有不同的报告日期，如图 7-1 所示。

Date	Katie Jordan	Luis Bonifaz	Maurizio Macagno
12/27/2019	2,130.00		
12/31/2019		1,823.00	1,750.00
01/31/2020	1,687.00	1,470.00	1,500.00
02/29/2020	2,812.00	2,450.00	2,500.00
03/31/2020	3,737.00	3,430.00	3,500.00
04/30/2020	2,250.00	1,960.00	2,000.00
05/31/2020	2,025.00	1,764.00	1,800.00
06/30/2020	2,700.00	2,352.00	2,400.00
07/31/2020	3,600.00	3,136.00	3,200.00
08/31/2020	5,062.00	4,410.00	4,500.00
09/30/2020	2,812.00	2,450.00	2,500.00
10/31/2020		1,960.00	2,000.00
11/15/2020		1,813.00	
11/18/2020			1,850.00

图 7-1　源表包含不同日期的客户账户余额

由于数据的性质，不能在时间维度下使用 SUM 函数进行聚合。相反，需要使用期初或期末的日子来计算月份、季度和年级别下的聚合值。在查看代码之前，需要通过回答以下问题来关注一些重要的细节。

1．Katie Jordan 2020 年的期末余额是多少？她最后一个可用余额是在 9 月 30 日，所以是否以此作为 2020 年的期末余额？同样地，Luis Bonifaz 2020 年年底的账户余额是 0 还是 1813.00？

2．2020 年，这 3 个客户的总期末余额是多少？由于 Maurizio Macagno 的余额是 3 个人中的最后一笔，所以总期末余额是只包含 Maurizio Macagno 账户上的金额，还是每个客户在各自日期下最后一笔余额的总和？

3．对于 Luis Bonifaz 来说，2020 年的初始余额应该是 2020 年 1 月 1 日的，还是 2019 年12 月 27 日或 31 日的？

如你所见，每个问题都有多个有效答案，而且没法说哪个更准确。根据你的需求，你可以选择最合适的模式。实际上，所有这些模式都是用来计算期初或期末的余额，唯一与之相关的差异是对期末的定义。

7.2 起始和终止日期

起始和终止日期（first and last date）模式是最简单的，但只适用于少数场景，也就是数据集必须包含每个区间开始和结束时的数据。该公式返回当前筛选上下文中日期表的第一个日期和最后一个日期的余额，而不管给定日期上是否有数据。如果该日期没有余额，则其结果为空。请参考余额 Balance 表中的度量值。

Balance 表中的度量值

```
Balance LastDate :=
CALCULATE (
    SUM ( Balances[Balance] ),
    LASTDATE ( 'Date'[Date] )      -- 也可以用 FIRSTDAT 函数计算起始日期的余额
)
```

计算的结果如图 7-2 所示。

Year	Quarter	Month	Katie Jordan	Luis Bonifaz	Maurizio Macagno
⊞ CY 2019				1,823.00	1,750.00
⊟ CY 2020	⊟ Q1	January	1,687.00	1,470.00	1,500.00
		February	2,812.00	2,450.00	2,500.00
		March	3,737.00	3,430.00	3,500.00
		Total	3,737.00	3,430.00	3,500.00
	⊟ Q2	April	2,250.00	1,960.00	2,000.00
		May	2,025.00	1,764.00	1,800.00
		June	2,700.00	2,352.00	2,400.00
		Total	2,700.00	2,352.00	2,400.00
	⊟ Q3	July	3,600.00	3,136.00	3,200.00
		August	5,062.00	4,410.00	4,500.00
		September	2,812.00	2,450.00	2,500.00
		Total	2,812.00	2,450.00	2,500.00
	⊟ Q4	October		1,960.00	2,000.00
		Total			
		Total			
Total					

图 7-2　报告显示 Date 表中最后一个日期的余额

在月末这一天没有数据的月份，其度量值报告为空。在众多模式中，此模式的速度是最快的，但是只有在每天或者至少在每个区间结束时存储了数据，它才能返回准确的结果。因此，在某些场景下它是首选模式，例如，在每月报告一次数据的金融应用程序中。

7.3 有数据的起始和终止日期

在此模式中，公式会搜索当前筛选上下文中有数据的最后一个日期。因此，不是在 Date 表而是在 Balances 表中搜索最后一个日期，结果如图 7-3 所示。

Year	Quarter	Month	Katie Jordan	Luis Bonifaz	Maurizio Macagno	Total
⊞ **CY 2019**				**1,823.00**	**1,750.00**	**3,573.00**
⊟ CY 2020	⊟ Q1	January	1,687.00	1,470.00	1,500.00	4,657.00
		February	2,812.00	2,450.00	2,500.00	7,762.00
		March	3,737.00	3,430.00	3,500.00	10,667.00
		Total	**3,737.00**	**3,430.00**	**3,500.00**	**10,667.00**
	⊟ Q2	April	2,250.00	1,960.00	2,000.00	6,210.00
		May	2,025.00	1,764.00	1,800.00	5,589.00
		June	2,700.00	2,352.00	2,400.00	7,452.00
		Total	**2,700.00**	**2,352.00**	**2,400.00**	**7,452.00**
	⊟ Q3	July	3,600.00	3,136.00	3,200.00	9,936.00
		August	5,062.00	4,410.00	4,500.00	13,972.00
		September	2,812.00	2,450.00	2,500.00	7,762.00
		Total	**2,812.00**	**2,450.00**	**2,500.00**	**7,762.00**
	⊟ Q4	October		1,960.00	2,000.00	3,960.00
		November			1,850.00	1,850.00
		Total			**1,850.00**	**1,850.00**
	Total				**1,850.00**	**1,850.00**
Total					**1,850.00**	**1,850.00**

图 7-3 显示有数据的最后日期的余额

该公式首先查找模型中有任意数据的最后日期，然后将它作为一个筛选器。

Balance 表中的度量值

```
Balance LastDateWithData :=
VAR MaxBalanceDate =
    CALCULATE (
        MAX ( Balances[Date] ),   -- 也可以用 MIN 函数计算对应的 Balance FirstDateWithData 度量值
        ALLEXCEPT (
            Balances,                -- 从 Balances 扩展表中而非 Date 表移除筛选器
            'Date'
        )
    )
VAR Result =
    CALCULATE (
        SUM ( Balances[Balance] ),
        'Date'[Date] = MaxBalanceDate
    )
RETURN
    Result
```

值得注意的是，在计算变量 MaxBalanceDate 时，必须注意 ALLEXCEPT 函数的存在。每个客户在当前上下文和总计行上获得的最后日期都是不同的，为了避免这种情况，需要使用 ALLEXCEPT 函数来保证所有客户使用同一个最后日期。在你的特定场景中，你可能需要修改该筛选器以适应进一步的需求。

如果不想对所有客户使用相同的日期，而是希望对每个客户使用不同的日期并合计这些值，那么这不是合适的模式，你需要使用**基于客户的起始和终止日期**（**first and last date by customer**）模式。

有数据的基于客户的起始和终止日期的模式还有另一种基于 LASTNONBLANK 的实现方法，但查询效率较低。只有当确定使用某个日期的业务逻辑比仅仅查看 Balances 表中的行更复杂时，才应该使用该方法。例如，下面的实现方法与前面的公式产生结果相同，但执行时间较慢，查询时内存消耗较大。

Balance 表中的度量值

```
Slower Balance LastDateWithData :=
CALCULATE (
    SUM ( Balances[Balance] ),
    LASTNONBLANK (
        'Date'[Date],
        CALCULATE ( SUM ( Balances[Balance] ) )
    )
)
```

7.4 基于客户的起始和终止日期

如果数据集中的每个客户（或更笼统意义上的每个实体）包含不同的日期，则使用的模式是不同的。对于每个客户，必须计算其对应的最后日期，通过将其他非日期属性的相应结果相加来进行合计，结果如图 7-4 所示。

Year	Quarter	Month	Katie Jordan	Luis Bonifaz	Maurizio Macagno	Total
⊞ CY 2019			2,130.00	1,823.00	1,750.00	5,703.00
⊟ CY 2020	Q1	January	1,687.00	1,470.00	1,500.00	4,657.00
		February	2,812.00	2,450.00	2,500.00	7,762.00
		March	3,737.00	3,430.00	3,500.00	10,667.00
		Total	3,737.00	3,430.00	3,500.00	10,667.00
	⊟ Q2	April	2,250.00	1,960.00	2,000.00	6,210.00
		May	2,025.00	1,764.00	1,800.00	5,589.00
		June	2,700.00	2,352.00	2,400.00	7,452.00
		Total	2,700.00	2,352.00	2,400.00	7,452.00
	⊟ Q3	July	3,600.00	3,136.00	3,200.00	9,936.00
		August	5,062.00	4,410.00	4,500.00	13,972.00
		September	2,812.00	2,450.00	2,500.00	7,762.00
		Total	2,812.00	2,450.00	2,500.00	7,762.00
	⊟ Q4	October		1,960.00	2,000.00	3,960.00
		November		1,813.00	1,850.00	3,663.00
		Total		1,813.00	1,850.00	3,663.00
	Total		2,812.00	1,813.00	1,850.00	6,475.00
Total			2,812.00	1,813.00	1,850.00	6,475.00

图 7-4　报告显示了客户有数据的最后日期的余额，总计是各自数据的加和

度量值 Balance LastDateByCustomer 提供了所需的结果。

Balance 表中的度量值

```
Balance LastDateByCustomer :=
VAR MaxBalanceDates =
    ADDCOLUMNS (
        SUMMARIZE (              -- 在 Blance 表中检索客户
            Balances,
            Customers[Name]
        ),
        "@MaxBalanceDate", CALCULATE (        -- 计算每位客户余额出现的最后一天
            MAX ( Balances[Date] )

        )
    )
VAR MaxBalanceDatesWithLineage =
    TREATAS (                        -- 改变 MaxBalanceDates 的数据沿袭，以使其成为客户名和日期的筛选器
        MaxBalanceDates,
        Customers[Name],
        'Date'[Date]
    )
VAR Result =
    CALCULATE (
        SUM ( Balances[Balance] ),
        MaxBalanceDatesWithLineage
    )
RETURN
    Result
```

在计算每个客户余额的最后日期时，可能需要进一步修改筛选器。例如，Katie Jordan 在第 4 季度报告了一个空值，这是因为她的最后一个日期恰好处在当前筛选上下文之外的季度中。如果需要修改这一行为，并将她 9 月的余额数据汇总到年底及未来的年份，则可以通过度量值 Blance LastDateByCustomerEver 来实现。

Balance 表中的度量值

```
Balance LastDateByCustomerEver :=
VAR MaxDate =
    MAX ( 'Date'[Date] )
VAR MaxBalanceDates =
    CALCULATETABLE (
        ADDCOLUMNS (
            SUMMARIZE( Balances,Customers[Name] ),
            "@MaxBalanceDate", CALCULATE ( MAX ( Balances[Date] ) )
        ),
        'Date'[Date] <= MaxDate
    )
VAR MaxBalanceDatesWithLineage =
    TREATAS ( MaxBalanceDates, Customers[Name], 'Date'[Date] )
VAR Result =
    CALCULATE ( SUM ( Balances[Balance] ), MaxBalanceDatesWithLineage )
RETURN
    Result
```

用户可以在图 7-5 中查看度量值 Balance LastDateByCustomerEver 的结果。

Year	Quarter	Month	Katie Jordan	Luis Bonifaz	Maurizio Macagno	Total
⊞ CY 2019			2,130.00	1,823.00	1,750.00	5,703.00
⊟ CY 2020	⊟ Q1	January	1,687.00	1,470.00	1,500.00	4,657.00
		February	2,812.00	2,450.00	2,500.00	7,762.00
		March	3,737.00	3,430.00	3,500.00	10,667.00
		Total	3,737.00	3,430.00	3,500.00	10,667.00
	⊟ Q2	April	2,250.00	1,960.00	2,000.00	6,210.00
		May	2,025.00	1,764.00	1,800.00	5,589.00
		June	2,700.00	2,352.00	2,400.00	7,452.00
		Total	2,700.00	2,352.00	2,400.00	7,452.00
	⊟ Q3	July	3,600.00	3,136.00	3,200.00	9,936.00
		August	5,062.00	4,410.00	4,500.00	13,972.00
		September	2,812.00	2,450.00	2,500.00	7,762.00
		Total	2,812.00	2,450.00	2,500.00	7,762.00
	⊟ Q4	October	2,812.00	1,960.00	2,000.00	6,772.00
		November	2,812.00	1,813.00	1,850.00	6,475.00
		December	2,812.00	1,813.00	1,850.00	6,475.00
		Total	2,812.00	1,813.00	1,850.00	6,475.00
	Total		2,812.00	1,813.00	1,850.00	6,475.00
Total			2,812.00	1,813.00	1,850.00	6,475.00

图 7-5 每位客户有记录的最后余额都延至年底

7.5 期初和期末余额

前面用于计算某一区间最后日期的度量值的方法可用于计算期末余额，根据需求，我们可以选择正确的方法。但是，不能用计算某一区间起始日期的方法来得到期初余额，因为期初余额通常是上一个区间的期末余额。

度量值 Opening 筛选出期间第一天的前一天，而度量值 Closing 则使用 LASTDATE 来获取期间的最后一天。

Balance 表中的度量值

```
Opening :=
VAR PreviousClosingDate =
    DATEADD ( FIRSTDATE ( 'Date'[Date] ), -1, DAY )
VAR Result =
    CALCULATE ( SUM ( Balances[Balance] ), PreviousClosingDate )
RETURN
    Result
```

Balance 表中的度量值

```
Closing :=
CALCULATE (
    SUM ( Balances[Balance] ),
    LASTDATE ( 'Date'[Date] )
)
```

图 7-6 显示，Katie Jordan 的 2020 年期初余额是空的，这是因为假设的 2019 年 12 月 31 日的数据为空。实际上，度量值 Opening 和度量值 Closing 的行为对应于**起始日期和终止日期模式**——只有在每个月的最后一天所有客户都有余额的情况下才有效。

Year	Quarter	Month	Name Katie Jordan Opening	Closing	Luis Bonifaz Opening	Closing	**Total Opening**	Closing
⊞ **CY 2019**						1,823.00		1,823.00
⊟ CY 2020	⊟ Q1	January		1,687.00	1,823.00	1,470.00	**1,823.00**	3,157.00
		February	1,687.00	2,812.00	1,470.00	2,450.00	**3,157.00**	5,262.00
		March	2,812.00	3,737.00	2,450.00	3,430.00	**5,262.00**	7,167.00
		Total		3,737.00	1,823.00	3,430.00	**1,823.00**	7,167.00
	⊟ Q2	April	3,737.00	2,250.00	3,430.00	1,960.00	**7,167.00**	4,210.00
		May	2,250.00	2,025.00	1,960.00	1,764.00	**4,210.00**	3,789.00
		June	2,025.00	2,700.00	1,764.00	2,352.00	**3,789.00**	5,052.00
		Total	3,737.00	2,700.00	3,430.00	2,352.00	**7,167.00**	5,052.00
	⊟ Q3	July	2,700.00	3,600.00	2,352.00	3,136.00	**5,052.00**	6,736.00
		August	3,600.00	5,062.00	3,136.00	4,410.00	**6,736.00**	9,472.00
		September	5,062.00	2,812.00	4,410.00	2,450.00	**9,472.00**	5,262.00
		Total	2,700.00	2,812.00	2,352.00	2,450.00	**5,052.00**	5,262.00
	⊟ Q4	October	2,812.00		2,450.00	1,960.00	**5,262.00**	1,960.00
		November			1,960.00		**1,960.00**	
		Total	2,812.00		2,450.00		**5,262.00**	
	Total				1,823.00		**1,823.00**	
Total								

图 7-6　期初余额和期末余额使用标准的 DAX 函数

针对特定的时间段——月、季度或年，DAX 还提供了时间智能函数实现同样的目的。但是，这些函数的运行速度较慢，并且在度量值中需要更复杂的 DAX 语法。只有当无论选择哪种区间，度量值总是返回特定粒度的期初或期末余额时，才应该考虑它们。例如，一个度量值返回相应年份的期初或期末余额，尽管可能选择的是月或季度作为区间，但度量值仍然返回年份级别的余额。

在示例报告中，我们可以使用 CLOSINGBALANCEMONTH 来代替 CLOSINGBALANCEQUARTER 和 CLOSINGBALANCEYEAR，因为对一个区间的最后一个月它们可提供相同的结果。与之类似，可以使用 OPENINGBALANCEMONTH 来代替 OPENINGBALANCEQUARTER 和 OPENINGBALANCEYEAR，因为它们对一个区间的第一个月提供相同的结果。

度量值 Opening Dax 和度量值 Closing Dax 的定义如下。

Balance 表中的度量值

```
Opening Dax :=
OPENINGBALANCEMONTH (
    SUM ( Balances[Balance] ),
    'Date'[Date]
)
```

Balance 表中的度量值

```
Closing Dax :=
CLOSINGBALANCEMONTH (
    SUM ( Balances[Balance] ),
    'Date'[Date]
)
```

如果希望实现和**基于客户的起始和终止日期**模式一样的效果。那么需要用之前的度量值
Balance LastDateByCustomerEver 来实现 Closing Ever。在相同模式下，做一个小的变化也能够
实现 Opening Ever。

Balance 表中的度量值

```
Opening Ever :=
VAR MinDate =
    MIN ( 'Date'[Date] )
VAR MaxBalanceDates =
    CALCULATETABLE (
        ADDCOLUMNS (
            SUMMARIZE( Balances,Customers[Name] ),
            "@MaxBalanceDate", CALCULATE ( MAX ( Balances[Date] ) )
        ),
        'Date'[Date] < MinDate
    )
VAR MaxBalanceDatesWithLineage =
    TREATAS ( MaxBalanceDates, Customers[Name], 'Date'[Date] )
VAR Result =
    CALCULATE ( SUM ( Balances[Balance] ), MaxBalanceDatesWithLineage )
RETURN
    Result
```

Balance 表中的度量值

```
Closing Ever :=
VAR MaxDate =
    MAX ( 'Date'[Date] )
VAR MaxBalanceDates =
    CALCULATETABLE (
        ADDCOLUMNS (
            SUMMARIZE( Balances,Customers[Name] ),
            "@MaxBalanceDate", CALCULATE ( MAX ( Balances[Date] ) )
        ),
        'Date'[Date] <= MaxDate
    )
VAR MaxBalanceDatesWithLineage =
    TREATAS ( MaxBalanceDates, Customers[Name], 'Date'[Date] )
VAR Result =
    CALCULATE ( SUM ( Balances[Balance] ), MaxBalanceDatesWithLineage )
RETURN
    Result
```

图 7-7 显示 Katie Jordan 2020 年 1 月和 1 季度的期初账户余额与 2019 年期末账户余额
相对应。

Year	Quarter	Name Month	Katie Jordan Opening Ever	Closing Ever	Luis Bonifaz Opening Ever	Closing Ever	Total **Opening Ever**	**Closing Ever**
⊞ **CY 2019**				2,130.00		1,823.00		3,953.00
⊟ CY 2020	⊟ Q1	January	2,130.00	1,687.00	1,823.00	1,470.00	**3,953.00**	**3,157.00**
		February	1,687.00	2,812.00	1,470.00	2,450.00	**3,157.00**	**5,262.00**
		March	2,812.00	3,737.00	2,450.00	3,430.00	**5,262.00**	**7,167.00**
		Total	**2,130.00**	**3,737.00**	**1,823.00**	**3,430.00**	**3,953.00**	**7,167.00**
	⊟ Q2	April	3,737.00	2,250.00	3,430.00	1,960.00	**7,167.00**	**4,210.00**
		May	2,250.00	2,025.00	1,960.00	1,764.00	**4,210.00**	**3,789.00**
		June	2,025.00	2,700.00	1,764.00	2,352.00	**3,789.00**	**5,052.00**
		Total	**3,737.00**	**2,700.00**	**3,430.00**	**2,352.00**	**7,167.00**	**5,052.00**
	⊟ Q3	July	2,700.00	3,600.00	2,352.00	3,136.00	**5,052.00**	**6,736.00**
		August	3,600.00	5,062.00	3,136.00	4,410.00	**6,736.00**	**9,472.00**
		September	5,062.00	2,812.00	4,410.00	2,450.00	**9,472.00**	**5,262.00**
		Total	**2,700.00**	**2,812.00**	**2,352.00**	**2,450.00**	**5,052.00**	**5,262.00**
	⊟ Q4	October	2,812.00	2,812.00	2,450.00	1,960.00	**5,262.00**	**4,772.00**
		November	2,812.00	2,812.00	1,960.00	1,813.00	**4,772.00**	**4,625.00**
		December	2,812.00	2,812.00	1,813.00	1,813.00	**4,625.00**	**4,625.00**
		Total	**2,812.00**	**2,812.00**	**2,450.00**	**1,813.00**	**5,262.00**	**4,625.00**
	Total		**2,130.00**	**2,812.00**	**1,823.00**	**1,813.00**	**3,953.00**	**4,625.00**
Total				2,812.00		1,813.00		4,625.00

图 7-7　使用自定义计算的期初和期末余额

7.6　期间增长

此模式的一个有效应用场景是计算在选定期间内度量值的变化。例如，我们希望计算选定期间的期初余额和期末余额之间的差额，结果如图 7-8 所示。

Year	Quarter	Month	Katie Jordan	Luis Bonifaz	Maurizio Macagno	**Total**
⊟ CY 2020	⊟ Q1	January		-353.00	-250.00	**1,084.00**
		February	1,125.00	980.00	1,000.00	**3,105.00**
		March	925.00	980.00	1,000.00	**2,905.00**
		Total		**1,607.00**	**1,750.00**	**7,094.00**
	⊟ Q2	April	-1,487.00	-1,470.00	-1,500.00	**-4,457.00**
		May	-225.00	-196.00	-200.00	**-621.00**
		June	675.00	588.00	600.00	**1,863.00**
		Total	**-1,037.00**	**-1,078.00**	**-1,100.00**	**-3,215.00**
	⊟ Q3	July	900.00	784.00	800.00	**2,484.00**
		August	1,462.00	1,274.00	1,300.00	**4,036.00**
		September	-2,250.00	-1,960.00	-2,000.00	**-6,210.00**
		Total	**112.00**	**98.00**	**100.00**	**310.00**
	⊟ Q4	October		-490.00	-500.00	**-3,802.00**
		Total				
	Total					
Total						

图 7-8　报告显示了期初和期末余额的差额

度量值 Growth 使用基于**起始和终止日期**模式的度量值 Opening 和 Closing 来进行构造。

Balance 表中的度量值

```
Growth :=
VAR Opening = [Opening]  -- 有必要时使用 Opening Ever 度量值
VAR Closing = [Closing]  -- 有必要时使用 Opening Ever 度量值
VAR Delta =
    IF (
        NOT ISBLANK ( Opening ) && NOT ISBLANK ( Closing ),
        Closing - Opening
    )
VAR Result =
    IF ( Delta <> 0, Delta )
RETURN
    Result
```

正如度量值 Growth 中的注释所建议，可以通过改变对 Opening 和 Closing 变量的赋值，来使用不同的逻辑获得期初余额和期末余额。例如，度量值 Growth Ever 使用了**期初和期末余额**模式中的 Opening Ever 和 Closing Ever 度量值。

Balance 表中的度量值

```
Growth Ever :=
VAR Opening = [Opening Ever]
VAR Closing = [Closing Ever]
VAR Delta =
    IF (
        NOT ISBLANK ( Opening ) && NOT ISBLANK ( Closing ),
        Closing - Opening
    )
VAR Result =
    IF ( Delta <> 0, Delta )
RETURN
    Result
```

度量值 Growth Ever 的结果如图 7-9 所示。

Year	Quarter	Month	Katie Jordan	Luis Bonifaz	Maurizio Macagno	Total
⊟ CY 2020	⊟ Q1	January	-443.00	-353.00	-250.00	**-1,046.00**
		February	1,125.00	980.00	1,000.00	**3,105.00**
		March	925.00	980.00	1,000.00	**2,905.00**
		Total	**1,607.00**	**1,607.00**	**1,750.00**	**4,964.00**
	⊟ Q2	April	-1,487.00	-1,470.00	-1,500.00	**-4,457.00**
		May	-225.00	-196.00	-200.00	**-621.00**
		June	675.00	588.00	600.00	**1,863.00**
		Total	**-1,037.00**	**-1,078.00**	**-1,100.00**	**-3,215.00**
	⊟ Q3	July	900.00	784.00	800.00	**2,484.00**
		August	1,462.00	1,274.00	1,300.00	**4,036.00**
		September	-2,250.00	-1,960.00	-2,000.00	**-6,210.00**
		Total	**112.00**	**98.00**	**100.00**	**310.00**
	⊟ Q4	October		-490.00	-500.00	**-990.00**
		November		-147.00	-150.00	**-297.00**
		Total		**-637.00**	**-650.00**	**-1,287.00**
	Total		**682.00**	**-10.00**	**100.00**	**772.00**
Total						

图 7-9　报告显示了期初余额和期末余额（Ever 版本）之间的差额

## 第 8 章

累计总数

累计总数模式（cumulative total pattern）用于执行诸如累加等计算。用户可以使用它来实现使用原始事务（而不是使用随时间推移而变化的数据快照）的仓库库存和资产负债表计算。

例如，为了创建一个显示每个月每种产品库存的库存表，可以使用原始的进出库表来进行计算，而不需要预处理和合并数据。

累计总数常见的用法是加总某一特定日期之前所有的事务数据。但同样的计算也可以用在对任何可排序列求累加值的场景中。

8.1 基本模式

创建一个度量值来计算某一特定日期前的累计销售额，结果如图 8-1 所示。

Calendar Year	Sales Amount	Sales Amount RT
⊟ CY 2007	**2,269,589.88**	**2,269,589.88**
January	215,754.71	215,754.71
February	257,542.99	473,297.70
March	242,605.59	715,903.28
April	265,692.45	981,595.74
May	207,498.55	1,189,094.28
June	159,126.64	1,348,220.92
July	173,146.57	1,521,367.49
August	126,567.16	1,647,934.65
September	184,964.07	1,832,898.72
October	109,991.38	1,942,890.09
November	173,942.39	2,116,832.48
December	152,757.40	2,269,589.88
⊟ CY 2008	**919,946.50**	**3,189,536.38**
January	57,707.97	2,327,297.85
February	43,405.70	2,370,703.55
March	72,736.13	2,443,439.68

图 8-1　移动总计计算了从开始时间到当前日期的累计值

该公式必须计算小于或等于当前筛选上下文中可见的最后一个日期的所有日期的销售额。代码还得执行额外的检查，以避免显示未来日期的值，即避免最小可见日期大于最后销售日期。

Sales 表中的度量值

```
Sales Amount RT :=
VAR LastVisibleDate =
    MAX ( 'Date'[Date] )
VAR FirstVisibleDate =
```

```
        MIN ( 'Date'[Date] )
VAR LastDateWithSales =
    CALCULATE (
        MAX ( 'Sales'[Order Date] ),
        REMOVEFILTERS ()  -- 如果 REMOVEFILTERS()和 ALL ()不可用，请使用 ALL( Sales )
    )
VAR Result =
    IF (
        FirstVisibleDate <= LastDateWithSales,
        CALCULATE (
            [Sales Amount],
            'Date'[Date] <= LastVisibleDate
        )
    )
RETURN
    Result
```

将 Date 表标记为日期表对公式能够顺利运行很重要。如果不这么做，则有必要在为 Result 变量的计算应用筛选器时，为 Date 表添加 REMOVEFILTERS 以作为 CALCULATE 额外的筛选器。

```
VAR Result =
    IF (
        FirstVisibleDate <= LastDateWithSales,
        CALCULATE (
            [Sales Amount],
            'Date'[Date] <= LastVisibleDate,
            REMOVEFILTERS ( 'Date' )
        )
    )
```

无论哪种方式，Sales Amount RT 度量值的公式都将对 Date 表应用一个可移除当前所有筛选的筛选器，因此，如果想保留 Date 表的某些列中现有的筛选器，则必须再次应用这些筛选器。例如，想要在计算移动总计的同时保持一周中某一天上的筛选器，实现代码如下。

Sales 表中的度量值

```
RT Weekdays :=
VAR LastVisibleDate =
    MAX ( 'Date'[Date] )
VAR FirstVisibleDate =
    MIN ( 'Date'[Date] )
VAR LastDateWithSales =
    CALCULATE (
        MAX ( 'Sales'[Order Date] ),
        REMOVEFILTERS ()
    )
VAR Result =
    IF (
        FirstVisibleDate <= LastDateWithSales,
        CALCULATE (
            [Sales Amount],
            'Date'[Date] <= LastVisibleDate,
            VALUES ( 'Date'[Day of Week] )
        )
    )
RETURN
    Result
```

图 8-2 显示了两个度量值 RT Weekdays 和 Sales Amount RT 计算移动总计（running total）不

同的方式，前者应用了附加的筛选器，而后者则没有。

Day of Week	Calendar Year	Sales Amount	RT Weekdays	Sales Amount RT
☐ Sunday	⊟ **CY 2007**	**61,702.69**	**61,702.69**	**87,874.44**
■ Monday	January	9,211.90	9,211.90	9,480.30
■ Tuesday	February	3,110.90	12,322.80	17,659.46
■ Wednesday	March	8,766.20	21,089.00	26,527.86
■ Thursday	April	2,149.97	23,238.97	28,860.95
■ Friday	May	4,828.72	28,067.68	33,773.00
☐ Saturday	June	3,154.40	31,222.08	36,997.33
	July	194.46	31,416.54	42,425.50

图 8-2　度量值 RT Weekdays 精确地计算了仅包含选定天数的累计值；
度量值 Sales Amount RT 忽略了切片器 Day of Week 所选的值

8.2　可排序列的累计总数

最常见的情况往往是基于日期求累计总数的模式。也就是说，该模式同样适用于任何可排序的列。对列进行排序的选项很重要，因为代码包含了"小于或等于"的逻辑判断条件即可正常工作。

例如，根据销售量对客户进行分类，如图 8-3 所示。

Customer class number	Customer class	Min Sales	Max Sales
1	Silver	0.00	5,000.00
2	Gold	5,000.00	50,000.00
3	Platinum	50,000.00	150,000.00
4	Titanium	150,000.00	30,591,343.98

图 8-3　该配置表用于展示如何根据销售额对客户进行分类

我们想要这样的一个报告，它可以显示每个类别的销售额以及按客户类别分类的移动总计销售额，如图 8-4 所示。

Customer Class	Sales Amount	# Customers	Sales Amount RT Class
Silver	6,903,526.35	18,434	6,903,526.35
Gold	5,037,811.96	282	11,941,338.31
Platinum	9,542,895.77	107	21,484,234.08
Titanium	9,107,109.89	46	30,591,343.98
Total	**30,591,343.98**	**18,869**	**30,591,343.98**

图 8-4　移动总计计算了包括"先前"类别客户的销售额

这要求我们要特别注意按列排序。实际上，因为报告中显示的列是 Customer[Customer Class]，而它的排序是由 Customer[Customer Class Number]实现的，所以即使整个计算仅基于类别号，计算也必须覆盖这两列上的筛选器。

Sales 表中的度量值

```
Sales Amount RT Class :=
VAR LastVisibleClass =
    MAX ( Customer[Customer Class Number] )
```

```
VAR ClassesToSum =
    FILTER (
        ALLSELECTED (
            Customer[CustomerClass],
            Customer[Customer Class Number]
        ),
        Customer[Customer Class Number] <= LastVisibleClass
    )
VAR Result =
    CALCULATE (
        [Sales Amount],
        ClassesToSum
    )
RETURN
    Result
```

用于求 ClassesToSum 变量值的 ALLSELECTED 函数只考虑移动总计计算时在可视化中可见的客户类别。如果没有按列排序，则 ALLSELECTED 函数可以仅包含要筛选的单个列。

8

## 第 9 章

参数表

参数表模式（parameter table pattern）用于在报表中创建参数，以便用户可以与切片器交互并动态地更改报表本身的行为。例如，报表可以按类别显示前 N 个产品，让用户通过切片器来决定显示前 3、5、10 或任何其他数量的产品。参数可用的值必须存储在一个或多个断开连接的表中，这些表与同一模型的任何其他表都没有关系。本章包含了参数表的几个应用示例，但是此模式的应用范围远比这些更广。

在此模式中，我们使用 DAX 代码创建参数表。Power BI Desktop 中的 Parameter 特性使用了和本节类似的方法。实际上，Power BI Desktop 中的参数特性创建了一个切片器，这个切片器与由 GENERATESERIES 函数计算的计算表绑定；它还创建了一个度量值，来返回选择的参数值。这就是该模式所采用的方法。在 DAX 中手动编写计算表的主要优点是它在参数使用方面提供了更大的灵活性。

9.1 改变度量值的比例

用户可能需要选择是否以美元作为货币、以千或百万作为单位来显示 Sales Amount 度量值。这可以通过切片器来实现，如图 9-1 所示。虽然真正的销售额大约是 3,000 万美元，但度量值显示的是它除以切片器选择的 1,000 之后的值。

Scale ∨	Brand	Sales Amount
☐ Units		
■ Thousands	A. Datum	2,096.18
☐ Millions	Adventure Works	4,011.11
	Contoso	7,352.40
	Fabrikam	5,554.02
	Litware	3,255.70
	Northwind Traders	1,040.55
	Proseware	2,546.14
	Southridge Video	1,384.41
	Tailspin Toys	325.04
	The Phone Company	1,123.82
	Wide World Importers	1,901.96
	Total	**30,591.34**

图 9-1 用户使用切片器选择 Sales Amount 度量值的单位

切片器需要一个包含缩放比例列表的 Scale 计算表。该表包括两列：一列用于切片器使用的描述（单位，千，百万），另一列用于存储缩放度量值比例时使用的实际分母（1、1,000、1,000,000）。你可使用 DATATABLE 函数创建 Scale 计算表。

计算表

```
Scale =
DATATABLE (
    "Scale", STRING,
    "Denominator", INTEGER,
    {
        { "Units", 1 },
        { "Thousands", 1000 },
        { "Millions", 1000000 }
    }
)
```

根据按列排序的特性，按 Denominator 列对 Scale 列进行排序是一种最佳实践。

Sales Amount 度量值基于当前在 Scale[Denominator]列中获得的分母来缩小结果。

Sales 表中的度量值

```
Sales Amount :=
VAR RealValue =
    SUMX ( Sales, Sales[Quantity] * Sales[Net Price] )
VAR Denominator =
    SELECTEDVALUE ( Scale[Denominator], 1 )
VAR Result =
    DIVIDE ( RealValue, Denominator )
RETURN
    Result
```

值得注意的是，尽管切片器基于 Scale[Scale]列，但该列也会对 Scale[Denominator]列进行交叉筛选。因此，SELECTEDVALUE 函数可以直接查询 Scale[Denominator]列。

如果有多个度量值必须基于相同的切片器进行缩放，那么定义一个返回分母的度量值可能比较方便，而不是在需要遵循切片器的选择的每个度量值中重复相同的代码片段。

Scale 表中（隐藏）的度量值

```
Scale Denominator :=
SELECTEDVALUE ( Scale[Denominator], 1 )
```

Sales 表中的度量值

```
Gross Sales :=
DIVIDE (
    SUMX ( Sales, Sales[Quantity] * Sales[Unit Price] ),
    [Scale Denominator]
)
```

Sales 表中的度量值

```
Total Cost :=
DIVIDE (
    SUMX ( Sales, Sales[Quantity] * Sales[Unit Cost] ),
    [Scale Denominator]
)
```

9.2   多个独立参数

如果计算依赖多个参数，那么模型中可能有多个参数表——每张表对应一个独立参数。

想象一下订单折扣：当单个订单中的商品总数超过给定的商品数量（最小数量参数）时，Discounted Amount 度量值会将 Discount 参数应用于交易。用户可以使用切片器选择参数进行模拟，以观察不同的选择对历史数据的影响，如图 9-2 所示。

Min Quantity	Discount		Brand	Sales Amount	Discounted Amount
☐ 1	☐ 0.00%		A. Datum	2,096,184.64	1,895,755.90
☐ 2	☐ 5.00%		Adventure Works	4,011,112.28	3,643,093.87
☐ 3	☐ 10.00%		Contoso	7,352,399.03	6,610,611.70
☐ 4	■ 15.00%		Fabrikam	5,554,015.73	4,758,877.76
☐ 5	☐ 20.00%		Litware	3,255,704.03	2,891,437.19
■ 6	☐ 25.00%		Northwind Traders	1,040,552.13	1,013,975.15
☐ 7	☐ 30.00%		Proseware	2,546,144.16	2,190,424.35
☐ 8	☐ 35.00%		Southridge Video	1,384,413.85	1,259,894.49
☐ 9	☐ 40.00%		Tailspin Toys	325,042.42	314,193.94
☐ 10	☐ 45.00%		The Phone Company	1,123,819.07	964,504.75
	☐ 50.00%		Wide World Importers	1,901,956.66	1,636,675.61
			Total	**30,591,343.98**	**27,150,725.80**

图 9-2   Discounted Amount 度量值对包含 6 种以上产品的订单应用 15%的折扣

Discounted Amount 度量值首先在 Orders 变量中准备一个表，该表包括每个订单的数量和金额。其结果是通过在 Orders 中遍历表获得的。如果总数量超过定义的边界，则将折扣应用于每一个订单。

Sales 表中的度量值

```
# Quantity :=
SUM ( Sales[Quantity] )
```

Sales 表中的度量值

```
Discounted Amount :=
VAR MinQty =
    SELECTEDVALUE ( 'Min Quantity'[Min Quantity], 1 )
VAR Disc =
    SELECTEDVALUE ( Discount[Discount], O )
VAR Orders =
    ADDCOLUMNS (
        SUMMARIZE ( Sales, Sales[Order Number] ),
        "@Qty", [# Quantity],
        "@Amt", [Sales Amount]
    )
VAR Result =
    SUMX (
        Orders,
        IF (
            [@Qty] >= MinQty,
            ( 1 - Disc ) * [@Amt],
            [@Amt]
        )
```

```
    )
RETURN
    Result
```

使用多个参数表可让参数彼此独立。换句话说，用户可以选择任意两个参数的组合，在一个参数切片器中进行的选择不会影响其他参数切片器中可用的值。为了对不同切片器可用的参数组合加以限制，需要采用多个依赖参数模式（multiple dependent parameters pattern）。

9.3 多个依赖参数

如果一个计算依赖于有限选项的多个参数，那么要让各参数的每个有效组合都能实现，则要将每个参数作为独立表的唯一列中的行值进行存储。

设想一个包含 Min Quantity 和 Discount 两个参数的"多个依赖参数"模式。一个额外的条件是折扣率不能大于最小数量的 10 倍。换句话说，如果用户选择 3 作为 Min Quantity，则可获得的最大 Discount 是 30%。

当用户在 Min Quantity 切片器中进行选择时，Discount 切片器只显示根据选择的最小数量允许的百分比值。图 9-3 显示了这个场景的一个示例。

Min Quantity	Discount	Brand	Sales Amount	Discounted Amount
☐ 1	☐ 5.00%	A. Datum	2,096,184.64	1,935,508.73
☐ 2	■ 10.00%	Adventure Works	4,011,112.28	3,714,832.14
■ 3	☐ 15.00%	Contoso	7,352,399.03	6,775,724.69
☐ 4	☐ 20.00%	Fabrikam	5,554,015.73	5,012,971.26
☐ 5	☐ 25.00%	Litware	3,255,704.03	2,984,935.85
☐ 6	☐ 30.00%	Northwind Traders	1,040,552.13	996,140.80
☐ 7		Proseware	2,546,144.16	2,302,708.91
☐ 8		Southridge Video	1,384,413.85	1,281,609.66
☐ 9		Tailspin Toys	325,042.42	309,494.86
☐ 10		The Phone Company	1,123,819.07	1,015,232.44
		Wide World Importers	1,901,956.66	1,718,789.28
		Total	**30,591,343.98**	**27,962,812.99**

图 9-3　由于 Min Quantity 切片器选择的是 3，因此 Discount 切片器最多显示 30%的选项

Discounted Amount 度量值与 9.2 节的用于多个独立参数示例的度量值相同，这些示例在 Orders 变量中准备了包含每个订单的数量和金额的表，然后通过在 Orders 中迭代表来执行适当的计算。

Sales 表中的度量值

```
# Quantity :=
SUM ( Sales[Quantity] )
```

Sales 表中的度量值

```
Discounted Amount :=
VAR MinQty =
    SELECTEDVALUE ( Discount[Min Quantity], 1 )
VAR Disc =
    SELECTEDVALUE ( Discount[Discount], 0 )
VAR Orders =
    ADDCOLUMNS (
```

```
            SUMMARIZE ( Sales, Sales[Order Number] ),
            "@Qty", [# Quantity],
            "@Amt", [Sales Amount]
    )
VAR Result =
    SUMX (
        Orders,
        IF (
            [@Qty] >= MinQty,
            ( 1 - Disc ) * [@Amt],
            [@Amt]
        )
    )
RETURN
    Result
```

Discount 表包含 Discount[Min Quantity]和 Discount[Discount]两列中的参数。Discount 表必须只包含 Min Quantity 和 Discount 有效组合对应的行。以下 Discount 表的定义只生成 Discount 百分比小于或等于 Min Quantity10 倍的组合。

计算表

```
Discount =
VAR Discounts =
    SELECTCOLUMNS ( GENERATESERIES ( 0, 19, 1 ), "Discount", [Value] / 20 )
VAR Quantities =
    SELECTCOLUMNS ( GENERATESERIES ( 1, 10, 1 ), "Min Quantity", [Value] )
RETURN
    GENERATE (
        Quantities,
        FILTER (
            Discounts,
            [Discount] <= [Min Quantity] / 10
        )
    )
```

Discount 表不包含 Min Quantity 和 Discount 两个切片器等于诸如 3 和 50%的组合。因此，当 Min Quantity 切片器选择 3 时，Discount 切片器只显示小于等于 30%的值。在 Discount 表中可以隐式地找到两个或多个参数之间的关系，并通过交叉筛选直接影响切片器。

9.4 动态选择前 *N* 名产品

想象一下，我们需要一个图 9-4 所示的报告，其中每列筛选出了销售量较高的几种产品。每列仅显示前 *N* 个产品的 Sales Amount 结果，其中 *N* 由列标题确定。在这种情况下，TopN 参数的每个可见名称都对应了不同的数字，这些数字被当作参数值用于 Top Sales 度量值。

在 Power BI 中这种视图很难获得，因为前 *N* 个视图级别的筛选器只能在一个视图中应用一次。在本例中，每一列都有一个不同的参数用于 Top Sales 度量值中的 TOPN 函数。

参数表需要两列：一列（TopN Product）是对参数进行描述的可见名称；另一列（TopN）是数字，该数字对应参数选择的结果和 TopN Products 值的排列顺序。

Brand	All	Top 1	Top 5	Top 10	Top 20	Top 50
A. Datum	2,096,184.64	725,840.28	918,468.15	1,065,860.16	1,300,034.83	1,688,048.37
Adventure Works	4,011,112.28	1,303,983.46	1,641,157.00	1,946,192.26	2,335,535.74	3,100,295.06
Contoso	7,352,399.03	683,779.95	1,409,240.22	1,900,164.22	2,559,985.29	3,902,806.38
Fabrikam	5,554,015.73	165,594.00	627,603.03	1,015,757.63	1,660,752.83	2,974,789.16
Litware	3,255,704.03	135,039.58	543,539.45	842,969.79	1,261,450.86	2,063,044.45
Northwind Traders	1,040,552.13	151,427.53	502,260.88	744,659.27	996,878.41	1,040,552.13
Proseware	2,546,144.16	160,627.05	609,220.50	850,920.80	1,160,439.55	1,603,259.55
Southridge Video	1,384,413.85	364,714.41	517,333.22	646,492.28	820,429.82	1,149,493.53
Tailspin Toys	325,042.42	10,013.76	46,122.95	77,508.46	125,778.53	217,247.30
The Phone Company	1,123,819.07	32,400.89	136,030.59	229,547.51	389,322.20	734,545.85
Wide World Importers	1,901,956.66	77,615.25	283,817.11	479,833.63	802,336.37	1,384,934.35
Total	**30,591,343.98**	**1,303,983.46**	**3,335,472.85**	**4,146,480.95**	**5,406,168.25**	**7,903,110.28**

图 9-4 分配给报表列的 TopN Products 参数给出了计算销售额时考虑的产品数量

TopN Filter 计算表可以用以下代码定义。

计算表

```
TopN Filter =
ADDCOLUMNS (
    SELECTCOLUMNS (
        { 0, 1, 5, 10, 20, 50 },
        "TopN", [Value]
    ),
    "TopN Products", IF (
        [TopN] = 0,
        "All",
        "Top " & [TopN]
    )
)
```

Top Sales 度量值使用 SELECTEDVALUE 函数筛选在 Sales Amount 度量值中用于计算的前 N 个产品数量。

Sales 表中的度量值

```
Top Sales :=
VAR TopNvalue =
    SELECTEDVALUE ( 'TopN Filter'[TopN], 0 )
VAR TopProducts =
    TOPN (
        TopNvalue,
        'Product',
        [Sales Amount]
    )
VAR AllSales = [Sales Amount]
VAR TopSales =
    CALCULATE (
        [Sales Amount],
        KEEPFILTERS ( TopProducts )
    )
VAR Result =
    IF (
        TopNvalue = 0,
        AllSales,
        TopSales
    )
RETURN
    Result
```

第10章 静态分组

静态分组模式将数值划分为不同的区间。一个典型的例子是按价格区间来分析销售额。一般来说，你不会按单个价格对数据进行切分；相反，你会按区间对价格进行分组来简化分析。价格区间存储在配置表中，该模式要求模型完全由数据驱动。换句话说，当配置表更新时，模型会自动更新，而无须更改 DAX 代码。

根据数据模型大小的不同，此模式有不同的设计方案。在小型模型（最多几百万行）中，最佳选择是使用计算列和/或计算关系。在具有数亿行的较大模型中，计算列可能会增加模型的处理时间。因此，对于大型模型，最优选择是建立一个可扩展出所有价格的计算表，从而将较大表中的计算列数减少到最小。

10.1 基本模式

你需要把销售额按价格区间切分后进行分析。为了实现此目标，你可以构建一个配置表来存储价格区间；价格应大于或等于区间的最低价格（Min Price）且小于（或等于）最高价格（Max Price），如图 10-1 所示。

然后，你要按价格区间分析销售额，得到图 10-2 所示的报告。

PriceRangeKey	Price Range	Min Price	Max Price
1	VERY LOW	0.00	100.00
2	LOW	100.00	300.00
3	MEDIUM	300.00	600.00
4	HIGH	600.00	1,500.00
5	VERY HIGH	1,500.00	999,999,999.00

图 10-1　配置表定义了价格区间

Price Range	Sales Amount
VERY LOW	1,932,694.35
LOW	7,210,498.15
MEDIUM	9,037,106.68
HIGH	8,000,280.26
VERY HIGH	4,410,764.54
Total	**30,591,343.98**

图 10-2　按价格区间划分的销售额

在图 10-2 所示的报告中，VERY LOW 行包含净价格在 0 到 100 之间的销售额。

为了获得所需结果，你需要在配置表（Price Ranges）和 Sales 表之间建立关系。在该示例中，我们使用 Sales[Net Price]代替 Sales[Unit Price]来确定销售价格，因此要考虑可能的折扣。实际上，由于折扣的存在，Sales[Net Price]可能与 Sales[Unit Price]不同。所需关系的连接需要使用"介于"条件，而 Tabular 引擎本身不支持该条件。不过，在 Sales 表中，我们可以使用以下代码添加一个计算列，该列存储每个特定行所在的价格区间的键。

Sales 表中的计算列

```
PriceRangeKey =
VAR CurrentPrice = Sales[Net Price]
VAR FilterSegment =
    FILTER (
        'Price Ranges',
        AND (
            'Price Ranges'[Min Price] < CurrentPrice,
            'Price Ranges'[Max Price] >= CurrentPrice
        )
    )
VAR Result =
    CALCULATE(
        DISTINCT ( 'Price Ranges'[PriceRangeKey] ),
        FilterSegment
    )
RETURN
    Result
```

构建计算列时，需要注意不要使用可能引入空白行的函数，例如 ALL 和 VALUES。这就是我们使用 DISTINCT 而不是 VALUES 检索价格区间键的原因。

接下来，使用新创建的计算列在 Sales 和 Price Ranges 之间建立关系，如图 10-3 所示。

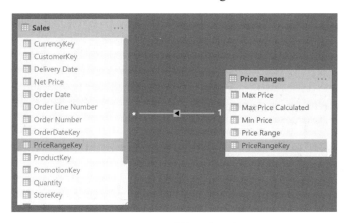

图 10-3　基于计算列建立关系

关系建立后，你可以使用'Price Ranges'[Price Range]对销售额进行切分。

你需要确保正确地设计了配置表，以便每个价格仅归属于一个价格区间。配置表中重叠段的存在导致 Sales 表的 PriceRangeKey 计算列的数值报错。如果要确保配置表中没有错误（例如重叠区间），则可以使用计算列来生成 Max Price 列，该列将检索下一个分组区间的 Min Price 值。实现代码如下。

Price Ranges 表中的计算列

```
Max Price Calculated =
VAR CurrentMinPrice = 'Price Ranges'[Min Price]
VAR NextMinPrice =
    CALCULATE (
```

```
            MIN ( 'Price Ranges'[Min Price] ),
            REMOVEFILTERS ( 'Price Ranges' ),
            'Price Ranges'[Min Price] > CurrentMinPrice
        )
VAR MaxPrice =
    IF ( ISBLANK ( NextMinPrice ), 999999999, NextMinPrice )
RETURN
    MaxPrice
```

你还可以编写一个更安全的计算列版本。当一个价格同时对应多个价格区间时，程序会返回一个空白或生成错误提示，如下所示。

Sales 表中的计算列

```
PriceRangeKey =
VAR CurrentPrice = Sales[Net Price]
VAR FilterSegment =
    FILTER (
        'Price Ranges',
        AND (
            'Price Ranges'[Min Price] < CurrentPrice,
            'Price Ranges'[Max Price] >= CurrentPrice
        )
    )
VAR FilteredPriceRangeKey =
    CALCULATETABLE (
        DISTINCT ( 'Price Ranges'[PriceRangeKey] ),
        FilterSegment
    )
VAR Result =
    IF (
        COUNTROWS ( FilteredPriceRangeKey ) = 1,
        FilteredPriceRangeKey,
        -- 下一行代码会在计算列中显示具体的错误信息
        -- 也可以用 BLANK() 替换 ERROR 来忽略价格
        -- 匹配多个价格区间，请记住这么做
        -- 你将在报告中隐藏可能的错误
        ERROR ( "Overlapping ranges in Price Ranges table" )
    )
RETURN
    Result
```

为了避免产生循环依赖，此模式中的代码必须满足在关系中使用计算列的要求（见 SQLBI 官网中的文章“Avoiding Circular Dependency Errors in DAX”）。

10.2　按类别划分的价格区间

静态分组模式的一种变体是，要检查的条件更复杂而不再是一个简单的区间范围。例如，这种条件可能是对不同的产品类别使用不同的价格区间：游戏和玩具的 LOW 价格区间必须与家用电器的 LOW 价格区间不同。

在这种情况下，配置表包含了一个附加列，该列指明每个价格区间必须应用的类别。不同类别的价格区间可能会有所不同，如图 10-4 所示。

PriceRangeKey	Price Range Order	Category	Price Range	Min Price	Max Price
21	1	Cameras and camcorders	VERY LOW	0.00	200.00
22	2	Cameras and camcorders	LOW	200.00	400.00
23	3	Cameras and camcorders	MEDIUM	400.00	800.00
24	4	Cameras and camcorders	HIGH	800.00	1,500.00
25	5	Cameras and camcorders	VERY HIGH	1,500.00	999,999,999.00
31	1	Cell phones	VERY LOW	0.00	100.00
32	2	Cell phones	LOW	100.00	200.00
33	3	Cell phones	MEDIUM	200.00	600.00
34	4	Cell phones	HIGH	600.00	1,000.00
35	5	Cell phones	VERY HIGH	1,000.00	999,999,999.00

图 10-4 配置表包含类别

这里的模式与基本模式非常相似，唯一比较显著的变化是用于找到正确价格区间键所使用的条件。实际上，必须将查找限制在通过 Price Ranges 表中销售产品所在的类别以及净价所在区间确定的行。

Sales 表中的计算列

```
PriceRangeKey =
VAR CurrentPrice = Sales[Net Price]
VAR CurrentCategory = RELATED ( 'Product'[Category] )
VAR FilterSegment =
    FILTER (
        'Price Ranges',
        'Price Ranges'[Category] = CurrentCategory
            && 'Price Ranges'[Min Price] < CurrentPrice
            && 'Price Ranges'[Max Price] >= CurrentPrice
    )
VAR FilteredPriceRangeKey =
    CALCULATETABLE (
        DISTINCT ( 'Price Ranges'[PriceRangeKey] ),
        FilterSegment
    )
VAR Result =
    IF (
        COUNTROWS ( FilteredPriceRangeKey ) = 1,
        FilteredPriceRangeKey,
        ERROR ( "Overlapping ranges in Price Ranges table" )
    )
RETURN
    Result
```

同样，如果可以保证在配置表中仅保留一行可见，则可以使用任何其他条件。为了确保配置表不包含重叠区间，你可以使用类似于基本模式中使用的计算列来生成 Max Price 列。重要的区别是这儿使用的是 ALLEXCEPT 函数，而不是 REMOVEFILTERS 函数，以便将来自上下文转换的对 'Price Ranges'[Category]列的筛选保留在筛选上下文中。

Price Ranges 表中的计算列

```
Max Price Calculated =
VAR CurrentMinPrice = 'Price Ranges'[Min Price]
VAR NextMinPrice =
    CALCULATE (
```

```
        MIN ( 'Price Ranges'[Min Price] ),
        -- 需要使用 ALLEXCEPT 筛选同一类别的其他价格区间
        ALLEXCEPT ( 'Price Ranges', 'Price Ranges'[Category] ),
        'Price Ranges'[Min Price] > CurrentMinPrice
    )
VAR MaxPrice =
    IF ( ISBLANK ( NextMinPrice ), 999999999, NextMinPrice )
RETURN
    MaxPrice
```

10.3   大型表格上的价格区间

静态分组模式要求在 Sales 表中创建一个计算列。列所占的内存很小，因为它包含的值基本相同。但是，在非常大的表上，列的大小可能开始增大，并且你会面临另一个问题：每当数据刷新时，该列都要被重新计算。在可能要进行分区的数十亿行的表中，每刷新一个分区，该列在整个表中都要重算。这会减慢每次刷新操作的速度。

在这种情况下，可以使用静态分组的变体，该模式无须在 Sales 表中添加任何列即可使用。该模式不通过新的计算列建立关系，而是使用 Sales [Net Price] 列作为键与新的计算表建立关系。实际上，由于 Price Ranges 表缺少合适的列，因此无法在 Sales 和 Price Ranges 表之间创建关系。但是，可以通过增加配置表中的行数来创建这样的列。

Sales [Net Price] 的每个值在要生成的表中都是单独一行，并带有相应的价格区间，如图 10-5 所示。

Net Price	Min Price	Max Price	Price Range
98.99	0.00	100.00	VERY LOW
99.00	0.00	100.00	VERY LOW
99.75	0.00	100.00	VERY LOW
99.99	0.00	100.00	VERY LOW
101.37	100.00	300.00	LOW
101.52	100.00	300.00	LOW
101.99	100.00	300.00	LOW

图 10-5   Net Price 中每个值在扩展的配置表中都是单独一行

我们将原始配置表重命名为 Price Ranges Configuration。你可以使用以下代码将 Price Ranges 表创建为计算表。

计算表

```
Price Ranges =
GENERATE (
    'Price Ranges Configuration',
    FILTER (
        ALLNOBLANKROW ( Sales[Net Price] ),
        AND (
            Sales[Net Price] > 'Price Ranges Configuration'[Min Price],
            Sales[Net Price] <= 'Price Ranges Configuration'[Max Price]
        )
    )
)
```

新表中的每一行均对应 Sales [Net Price]列中的一个唯一值。因此，可以基于 Net Price 列在 Sales 和新的 Price Ranges 计算表之间建立关系，如图 10-6 所示。

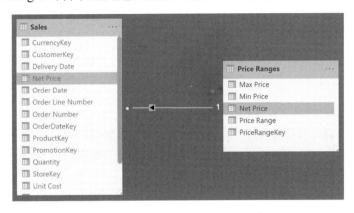

图 10-6　该关系基于 Net Price 列

通过此优化，我们无须在 Sales 中创建新列，因为该模型可以使用现有的 Sales [Net Price] 列来建立关系。因此，在数据刷新期间，不必重新计算 Sales 中的计算列。原始 Price Ranges Configuration 表应隐藏在模型中，以避免对最终用户造成混淆。

在较小的模型中，创建计算列很简单。因此，我们首选不涉及建立新表的基本解决方案。在较大的模型中，上述方法减少了处理时间。

## 第 11 章

动态分组

动态分组模式可使用度量值对实体进行分类。一个典型的应用是根据客户的消费金额对其进行聚类。聚类是动态的，因此分类过程会将报告中的筛选器视为动态筛选。实际上，客户可能在不同的日期属于不同的类别（集群）。

11.1 基本模式

你需要根据消费金额对客户进行分类。你可以使用图 11-1 所示的配置表定义集群。

每个细分等级基于客户一年的 Sales Amount 来确定其分类。你希望使用此配置表分析一段时间内每个等级的客户数量。同一个客户可能在一年中是 Silver 等级，而在另一年中是 Platinum 等级。

在图 11-2 所示的报告中，第一行显示 2007 年 SILVER 等级中有 2,142 个客户。通过在此报告中添加 Category 切片器，我们可以根据客户在所选类别中的购买金额对其进行细分，结果如图 11-3 所示。

Segment	Min Sales	Max Sales
SILVER	0.00	100.00
GOLD	100.00	500.00
PLATINUM	500.00	2,000.00
DIAMOND	2,000.00	999,999,999.00

图 11-1　配置表定义了每个分类等级的边界

Segment	CY 2007	CY 2008	CY 2009
SILVER	2,142	1,996	1,929
GOLD	2,126	661	354
PLATINUM	3,031	537	207
DIAMOND	700	300	245
Total	7,999	3,494	2,735

图 11-2　每年各分类等级中的客户数量

Category
- ☐ Audio
- ☐ Cameras and camcorders
- ☐ Cell phones
- ☐ Computers
- ☐ Games and Toys
- ■ Home Appliances
- ☐ Music, Movies and Audio Books
- ☐ TV and Video

Segment	CY 2007	CY 2008	CY 2009
SILVER	86		
GOLD	277	26	29
PLATINUM	465	390	90
DIAMOND	210	242	187
Total	1,038	658	306

图 11-3　仅根据所选类别的销售情况确定的每个细分等级中的客户数量

该模式通过度量值实现其动态性。度量值首先找到属于所选集群的客户子集表。然后，它将此表用作 CALCULATE 的筛选器，以将计算限定在找到的客户子集中。最后需要使用 KEEPFILTERS 将客户列表与找到的客户子集取交集。

Sales 表中的度量值

```
# Seg. Customers :=
IF (
    HASONEVALUE ( 'Date'[Calendar Year] ),        -- 只在所选的年份内进行分类
    VAR CustomersInSegment =                       -- 在当前分类中获取客户列表
        FILTER (
            ALLSELECTED ( Customer ),
            VAR SalesOfCustomer = [Sales Amount]   -- 计算单一客户的销售额
            VAR SegmentForCustomer =               -- 获得每个客户所属的分类
                FILTER (
                    'Customer Segments',
                    NOT ISBLANK ( SalesOfCustomer )
                        && 'Customer Segments'[Min Sales] < SalesOfCustomer
                        && 'Customer Segments'[Max Sales] >= SalesOfCustomer
                )
            VAR IsCustomerInSegments = NOT ISEMPTY ( SegmentForCustomer )
            RETURN IsCustomerInSegments
        )
    VAR Result =
        CALCULATE (
            COUNTROWS ( Customer ),                -- 需要计算的表达式
            KEEPFILTERS ( CustomersInSegment )     -- 对分类的客户应用筛选
        )
    RETURN Result
)
```

该度量值必须遍历每一位客户的分类等级，以确保无论选择何种分类等级其总和是正确的，如图 11-4 所示。

Segment		CY 2007	CY 2008	CY 2009
■ SILVER	SILVER	2,142	1,996	1,929
□ GOLD	DIAMOND	700	300	245
□ PLATINUM	**Total**	**2,842**	**2,296**	**2,174**
■ DIAMOND				

图 11-4 对选定的分类等级汇总后，每年的总计值都是准确的

从本质上讲，以上的计算是非累加的。之前的实现过程仅在年度级别上运算，这是计算客户数量的一个好方法。这样，同一位客户就不会被重复求和。但是，对于其他度量值，分类的结果需要做累加。例如，假设一个度量值显示了分类客户各个年份的 Sales Amount，同时也应显示各年的总计。以下度量值实现了多年累加的计算。

Sales 表中的度量值

```
Sales Seg. Customers :=
SUMX (
    VALUES ( 'Date'[Calendar Year] ),             -- 在每个所选年份上重复计算分类
    VAR CustomersInSegment =                       -- 获取当前分类下的客户
        FILTER (
            ALLSELECTED ( Customer ),
            VAR SalesOfCustomer = [Sales Amount]   -- 计算单个客户的销售额
            VAR SegmentForCustomer =               -- 获得客户所属分类
                FILTER (
                    'Customer Segments',
                    NOT ISBLANK ( SalesOfCustomer )
                        && 'Customer Segments'[Min Sales] < SalesOfCustomer
```

```
                      && 'Customer Segments'[Max Sales] >= SalesOfCustomer
            )
        VAR IsCustomerInSegments = NOT ISEMPTY ( SegmentForCustomer )
        RETURN IsCustomerInSegments
    )
VAR Result =
    CALCULATE (
        [Sales Amount],                    -- 需要计算的表达式
        KEEPFILTERS ( CustomersInSegment ) -- 对分类的客户应用筛选
    )
RETURN Result
)
```

图 11-5 中的每一行都进行了总计，汇总了每年计算出的值。

Segment	CY 2007	CY 2008	CY 2009	**Total**
SILVER	97,088.05	62,909.45	55,474.67	**215,472.18**
DIAMOND	7,652,919.70	9,065,771.51	9,025,545.30	**25,744,236.51**
Total	**7,750,007.76**	**9,128,680.96**	**9,081,019.97**	**25,959,708.69**

Segment
■ SILVER
□ GOLD
□ PLATINUM
■ DIAMOND

图 11-5　Sales Seg. Customers 度量值将每年的结果累加

你需要确保正确地设计了配置表，以便 Sales Amount 的每个值仅归属于一个细分等级。如果配置表中等级之间的边界存在重叠，变量 CustomersInSegment 的计算则会出现错误。如果要确保配置表中没有错误（例如重叠区间），则可以使用计算列来生成 Max Sales 列，该列将检索下一个等级区间的 Min Sales 值。示例代码如下所示。

Customer Segments 表中的计算列

```
Max Sales Calculated =
VAR CurrentMinSales = 'Customer Segments'[Min Sales]
VAR MaxEverSales = CALCULATE ( [Sales Amount], REMOVEFILTERS( ) )
VAR NextMinSales =
    CALCULATE (
        MIN ( 'Customer Segments'[Min Sales] ),
        REMOVEFILTERS ( 'Customer Segments' ),
        'Customer Segments'[Min Sales] > CurrentMinSales
    )
VAR MaxSales =
    IF ( ISBLANK ( NextMinSales ), MaxEverSales, NextMinSales )
RETURN
    MaxSales
```

11.2　按产品增长聚类

动态分组模式非常灵活，因为它允许你基于动态计算对实体进行分类。而且，一个实体可能属于不同的集群。下面的例子很好地展现了其灵活性：你想根据产品的年销售增长对其进行分类。

在样本模型中，如果产品的同比增长率在 ±20% 的范围内，则认为是稳定的；如果增长率低于 −20%，则呈下降趋势；如果超过 20%，则呈增长趋势。如图 11-6 中标注的，同一产品可能在 2008 年下降并在 2009 年保持稳定。

你首先要建立分类表，如图 11-7 所示。

Segment	CY 2008	CY 2009
⊟ **DROP**	2	3
WWI 1GB Digital Voice Recorder Pen E100 Black		1
WWI 1GBPulse Smart pen E50 Black	1	
WWI 2GB Pulse Smart pen M100 Silver	1	
WWI 2GB Pulse Smart pen M100 White		1
WWI 4GB Video Recording Pen X200 Pink		1
⊟ **STABLE**		1
WWI 2GB Pulse Smart pen M100 Black		1
⊟ **GROW**	1	4
WWI 1GBPulse Smart pen E50 Black		1
WWI 2GB Pulse Smart pen M100 Blue		1
WWI 2GB Pulse Smart pen M100 Silver		1
WWI 2GB Pulse Smart pen M100 White	1	
WWI 4GB Video Recording Pen X200 Yellow		1
Total	4	7

Category
■ Audio

Subcategory
☐ Bluetooth Headphones
☐ MP4&MP3
■ Recording Pen

Segment	Min Growth	Max Growth
DROP	-100,000.00%	-20.00%
STABLE	-20.00%	20.00%
GROW	20.00%	100,000.00%

图 11-6 同一产品在不同年份属于不同的集群　　图 11-7 配置表定义了每个分类的边界

将配置表导入模型后，代码在基本模式的基础上进行微调。这一次，不是根据消费金额确定客户群体的细分，而是根据销售额增长率来确定产品的细分。度量值的唯一区别是引入了度量值 Growth %。

Sales 表中的度量

```
Growth % :=
VAR SalesCY = [Sales Amount]
VAR SalesPY =
    CALCULATE (
        [Sales Amount],
        SAMEPERIODLASTYEAR ( 'Date'[Date] )
    )
VAR Result =
    IF (
        NOT ISBLANK ( SalesCY ) && NOT ISBLANK ( SalesPY ),
        DIVIDE ( SalesCY - SalesPY, SalesPY )
    )
RETURN
    Result
```

Sales 表中的度量

```
# Seg. Products :=
IF (
    HASONEVALUE ( 'Date'[Calendar Year] ),
    VAR ProductsInSegment =                     -- 在当前分类中获取产品列表
        FILTER (
            ALLSELECTED ( 'Product' ),
            VAR GrowthPerc = [Growth %]          -- 计算单一产品的销售增长率
            VAR SegmentForProduct =              -- 获得每个产品所属的分类
                FILTER (
                    'Growth segments',
                    NOT ISBLANK ( GrowthPerc )
                        && 'Growth segments'[Min Growth] < GrowthPerc
                        && 'Growth segments'[Max Growth] >= GrowthPerc
                )
            VAR IsProductInSegments = NOT ISEMPTY ( SegmentForProduct )
```

11

```
                RETURN IsProductInSegments
        )
    VAR Result =
        CALCULATE (
            COUNTROWS ( 'Product' ),              -- 需要计算的表达式
            KEEPFILTERS ( ProductsInSegment )     -- 对被分类的产品应用筛选
        )
    RETURN Result
)
```

11.3   按最优状态聚类

　　动态分组模式还可以根据销售额对客户进行聚类，根据每个客户在一段时间内的最高销售额，将其准确地分配到一个集群中。

　　如果对每个客户的集群分配是静态的，那么最好通过静态分组模式实现。但是，如果分配必须是动态的，但是你不希望客户随着时间的推移属于不同的集群，那么动态分组模式就是最佳选择。

　　从图 11-8 所示的配置表开始，我们根据客户的最高年销售额将其分配到一个集群。因此，如果客户一年之内花费的金额超过 500.00 美元，那么该客户就是 PLATINUM。如果该客户被确定为白金（platinum）等级，则其所有年度的销售额都将被归集在 PLATINUM 等级下。

　　在图 11-9 所示的报告中，PLATINUM 等级下的销售是所选年份中达到白金水平的所有客户的销售。如果他们的销售在 PLATINUM 等级中，则不会在其他集群中再次计算。

Segment	Min Sales	Max Sales
SILVER	0.00	100.00
GOLD	100.00	500.00
PLATINUM	500.00	2,000.00
DIAMOND	2,000.00	999,999,999.00

Segment	CY 2007	CY 2008	CY 2009	Total
SILVER	85,663.91	40,887.42	34,780.18	161,331.51
GOLD	537,202.76	123,184.28	64,863.37	725,250.41
PLATINUM	2,967,476.36	644,754.32	208,023.71	3,820,254.40
DIAMOND	7,719,603.09	9,118,756.97	9,046,147.60	25,884,507.66
Total	11,309,946.12	9,927,582.99	9,353,814.87	30,591,343.98

图 11-8　配置表定义了每个等级的边界　　图 11-9　销售额按一年中达到的最佳细分状态进行切分

　　该报告中的度量值是动态分组模式的一个变体。这次没有必要逐年迭代计算。CustomersIn Segment 变量使用 Max Yearly Sales 度量值计算报表中各年份的最高销售额，该度量值忽略了 Date 表上除年份之外的任何其他筛选器。其结果作为筛选器计算 Sales Amount 度量值。

Sales 表中的度量

```
Max Yearly Sales :=
MAXX (
    ALLSELECTED ( 'Date'[Calendar Year] ),    -- 迭代所选年份
    CALCULATE (
        [Sales Amount],                        -- 计算当前迭代年份的销售额
        ALLEXCEPT (                            -- 除了上下文转换形成的筛选，忽略外部对日期表形成的筛选
            'Date',
            'Date'[Calendar Year]
        )
    )
)
```

Sales 表中的度量

```
Sales Seg. Customers :=
VAR CustomersInSegment =                            -- 在当前分类中获取客户列表
    FILTER (
        ALLSELECTED ( Customer ),
        VAR SalesOfCustomer = [Max Yearly Sales]    -- 计算单一客户的销售额
        VAR SegmentForCustomer =                    -- 获得每个客户所属的分类
            FILTER (
                'Customer segments',
                NOT ISBLANK ( SalesOfCustomer )
                    && 'Customer segments'[Min Sales] < SalesOfCustomer
                    && 'Customer segments'[Max Sales] >= SalesOfCustomer
            )
        VAR IsCustomerInSegments = NOT ISEMPTY ( SegmentForCustomer )
        RETURN IsCustomerInSegments
    )
VAR Result =
    CALCULATE (
        [Sales Amount],                             -- 需要计算的表达式
        KEEPFILTERS ( CustomersInSegment )          -- 对被分类的客户应用筛选
    )
RETURN
    Result
```

11

第 12 章　ABC 分类

ABC 分类模式根据数值对实体进行分类，将占总数一定百分比的实体组合在一起。ABC 分类的典型应用是根据销售额（数值）对产品（实体）进行分组。占总销售额 70% 的畅销产品属于 A 组，占 20% 销售额的产品属于 B 组，而占最后 10% 销售额的产品属于 C 组。因此，该模式以 3 个组（ABC）命名。

你可以使用此模式来确定公司的核心业务，通常是确定最好的产品或最佳客户。你可以在维基百科的 ABC analysis（ABC 分析）页面找到更多关于 ABC 分类的详细信息。

ABC 分类既可以是静态的，也可以是动态的。静态 ABC 分类会静态地为每个产品分配一个类别，产品的类别不会根据报告应用的筛选器而改变。动态 ABC 分类则根据报告中的筛选器动态地计算每个产品的类别。因此，在动态 ABC 分类中，产品的类别需要依据度量值确定，这使得算法比较灵活，但效率较低。

对于这种类型的聚类，还有第三种模式，介于静态版本和动态版本之间：快照 ABC。例如，如果需要每年为产品更新其 ABC 分类，则可以通过创建一个包含每个产品每年的 ABC 分类的快照表来实现。

12.1　静态 ABC 分类

在本例中，我们根据销售额对产品进行分类。每个产品都被静态地分配在一个类别下，该类别可以在报告的行和列上使用。图 12-1 的报告显示，A 类产品有 493 种，销售额超过 2100 万，而 C 类产品有 1455 种，销售额只有 300 万。

ABC Class	#Products	Sales Amount
A	493	21,406,089.17
B	569	6,125,052.03
C	1,455	3,060,202.77
Total	**2,517**	**30,591,343.98**

图 12-1　ABC 分类可用于将产品筛选到给定的类别中

静态 ABC 分类基于计算列得出。你需要 4 个新的计算列，如图 12-2 所示。

Product Name	Product Sales	Cumulated Sales	Cumulated Pct	ABC Class
Adventure Works 26" 720p LCD HDTV M140 Silver	1,303,983.46	1,303,983.46	4.26%	A
A. Datum SLR Camera X137 Grey	725,840.28	2,029,823.74	6.64%	A
Contoso Telephoto Conversion Lens X400 Silver	683,779.95	2,713,603.69	8.87%	A
SV 16xDVD M360 Black	364,714.41	3,078,318.10	10.06%	A
Contoso Projector 1080p X980 White	257,154.75	3,335,472.85	10.90%	A
Contoso Washer & Dryer 21in E210 Pink	182,094.12	3,517,566.97	11.50%	A
Fabrikam Independent filmmaker 1/3'' 8.5mm X200 White	165,594.00	3,683,160.97	12.04%	A
Proseware Projector 1080p LCD86 Silver	160,627.05	3,843,788.02	12.56%	A

图 12-2　静态 ABC 模式需要 4 个计算列

4 个计算列如下。

❑ **Product Sales**：某产品的总销售额（当前行）。

❑ **Cumulated Sales**：按照产品销售额由大到小排列的累计销售额。

❑ **Cumulated Pct**：累计销售额占总销售额的百分比。

❑ **ABC Class**：产品分类，可以是 A、B 或 C 类。

你可以使用以下 DAX 公式定义计算列。

Product 表中的计算列

```
Product Sales =
[Sales Amount]
```

Product 表中的计算列

```
Cumulated Sales =
VAR CurrentProductSales = 'Product'[Product Sales]
VAR BetterProducts =
    FILTER (
        'Product',
        'Product'[Product Sales] >= CurrentProductSales
    )
VAR Result =
    SUMX (
        BetterProducts,
        'Product'[Product Sales]
    )
RETURN
    Result
```

Product 表中的计算列

```
Cumulated Pct =
DIVIDE (
    'Product'[Cumulated Sales],
    SUM ( 'Product'[Product Sales] )
)
```

Product 表中的计算列

```
ABC Class =
SWITCH (
    TRUE,
    'Product'[Cumulated Pct] <= 0.7, "A",
    'Product'[Cumulated Pct] <= 0.9, "B",
    "C"
)
```

产品分类由 Cumulated Pct 的值确定。如图 12-3 所示，当数值低于 70% 时，产品分类仍为 A；当数值超过 70% 时，产品分类变为 B。

Product Name	Product Sales	Cumulated Sales	Cumulated Pct	ABC Class
Adventure Works Coffee Maker Auto 10C M100 Black	16,486.38	21,373,280.97	69.87%	A
A. Datum Point Shoot Digital Camera M500 Black	16,434.00	21,389,714.97	69.92%	A
WWI LCD19 E107 Black	16,374.20	21,406,089.17	69.97%	A
A. Datum Rangefinder Digital Camera X200 Orange	16,370.00	21,422,459.17	70.03%	B
Litware Home Theater System 5.1 Channel M512 Brown	16,356.60	21,438,815.77	70.08%	B
Fabrikam SLR Camera 35" M358 Orange	16,350.80	21,455,166.57	70.13%	B

图 12-3 累计值超过 70%阈值的产品属于 B 类

这 4 列可以用一个包含完整逻辑、使用多个变量的计算列替换。

Product 表中的计算列

```
ABC Class Optimized =
VAR SalesByProduct = ADDCOLUMNS ( 'Product', "@ProdSales", [Sales Amount] )
VAR CurrentSales = [Sales Amount]
VAR BetterProducts = FILTER ( SalesByProduct, [@ProdSales] >= CurrentSales )
VAR CumulatedSales = SUMX ( BetterProducts, [@ProdSales] )
VAR AllSales = CALCULATE ( [Sales Amount], ALL ( 'Product' ) )
VAR CumulatedPct = DIVIDE ( CumulatedSales, AllSales )
VAR AbcClass =
SWITCH (
    TRUE,
    CumulatedPct <= 0.7, "A",
    CumulatedPct <= 0.9, "B",
    "C"
)
RETURN
    AbcClass
```

使用此版本的代码可以减少模型的大小，因为它只使用了一个列，而不是在前期版本中需要的 4 个列。然而，当数据库中的产品数量巨大时，列的计算可能会占用过多的内存。

12.2 快照 ABC 分类

你可能每年都需要为每种产品进行 ABC 分类，以便相同的产品在不同的年份可以归入不同的 ABC 分类。在这种情况下，你应该构建快照表解决该问题。该快照表包含每种产品在每个年份的正确 ABC 分类。其目标是生成图 12-4 所示的报告来显示每年属于 A、B 或 C 类产品的数量。

Calendar Year	CY 2007		CY 2008		CY 2009	
ABC Class	# Products	ABC Sales Amount	# Products	ABC Sales Amount	# Products	ABC Sales Amount
A	167	7,904,463.00	342	6,946,534.50	430	6,544,508.84
B	280	2,272,418.98	367	1,988,074.60	394	1,873,490.44
C	811	1,133,064.14	769	992,973.88	689	935,815.59
Total	1,258	11,309,946.12	1,478	9,927,582.99	1,513	9,353,814.87

图 12-4 ABC 分类法每年对产品分类进行评估

该模型需要一个附加表来存储每个产品每年的 ABC 分类。ABC by Year 表与模型中的其他表没有关系，它包含产品键、年份和已分配的类别，如图 12-5 所示。

ProductKey	Calendar Year	ABC Class
7	CY 2008	C
7	CY 2009	C
8	CY 2007	A
8	CY 2009	B
9	CY 2009	C

图 12-5　计算 ABC 分类的计算表中的每个产品每年都占用单独一行

计算表的代码如下。

计算表

```
ABC by Year =
VAR ProductsByYear =
    SUMMARIZE (
        Sales,
        'Product'[ProductKey],
        'Date'[Calendar Year]
    )
VAR SaleByYearProduct =
    ADDCOLUMNS (
        ProductsByYear,
        "@ProdSales", [Sales Amount],
        "@YearlySales", CALCULATE (
            [Sales Amount],
            ALL ( 'Product' )
        )
    )
VAR CumulatedSalesByYearProduct =
    ADDCOLUMNS (
        SaleByYearProduct,
        "@CumulatedSales",
        VAR CurrentSales = [@ProdSales]
        VAR CurrentYear = 'Date'[Calendar Year]
        VAR CumulatedSalesWithinYear =
            FILTER (
                SaleByYearProduct,
                AND (
                    'Date'[Calendar Year] = CurrentYear,
                    [@ProdSales] >= CurrentSales
                )
            )
        RETURN
            SUMX (
                CumulatedSalesWithinYear,
                [@ProdSales]
            )
    )
VAR CumulatedPctByYearProduct =
    ADDCOLUMNS (
        CumulatedSalesByYearProduct,
        "@CumulatedPct", DIVIDE (
            [@CumulatedSales],
            [@YearlySales]
        )
    )
VAR ClassByYearProduct =
    ADDCOLUMNS (
        CumulatedPctByYearProduct,
```

```
            "@AbcClass", SWITCH (
                TRUE,
                [@CumulatedPct] <= 0.7, "A",
                [@CumulatedPct] <= 0.9, "B",
                "C"
            )
        )
VAR Result =
    SELECTCOLUMNS (
        ClassByYearProduct,
        "ProductKey", 'Product'[ProductKey],
        "Calendar Year", 'Date'[Calendar Year],
        "ABC Class", [@AbcClass]
    )
RETURN
    Result
```

此代码运行的结果就是最终结果，如图 12-5 所示。它有助于将 ClassByYearProduct 变量的内容可视化，该变量通过几个步骤就可显示中间计算过程中添加的列。你可以在图 12-6 中看到这一点。

ProductKey	Calendar Year	@ProdSales	@YearlySales	@CumulatedSales	@CumulatedPct	@AbcClass
153	CY 2007	1,289,602.38	11,309,946.12	1,289,602.38	11.40%	A
1052	CY 2007	716,435.28	11,309,946.12	2,006,037.66	17.74%	A
1293	CY 2007	675,449.95	11,309,946.12	2,681,487.61	23.71%	A
176	CY 2007	362,430.21	11,309,946.12	3,043,917.82	26.91%	A
587	CY 2007	169,256.25	11,309,946.12	3,213,174.07	28.41%	A
1939	CY 2008	135,039.58	9,927,582.99	135,039.58	1.36%	A
1895	CY 2007	124,562.10	11,309,946.12	3,337,736.17	29.51%	A
1897	CY 2009	109,759.66	9,353,814.87	109,759.66	1.17%	A
552	CY 2007	102,459.00	11,309,946.12	3,440,195.17	30.42%	A

图 12-6   ClassByYearProduct 变量中的中间计算环节

一旦将表加载到模型中，你就可以将表 ABC by Year 作为筛选器，将 ProductKey 和 Calendar Year 的数据沿袭并重新映射到 Product 和 Date 表中的相应列。例如，本节开头的报告使用了这两个度量值。

Sales 表中的度量值

```
# Products :=
VAR RemapFilterAbc =
    TREATAS (
        'ABC by Year',              -- 重新映射 ABC by Year 表中的列
        'Product'[ProductKey],      -- 以确保筛选上下文中包含特定产品和年份的组合
        'Date'[Calendar Year],
        'ABC by Year'[ABC Class]
    )
VAR Result =
    CALCULATE (
        DISTINCTCOUNT ( Sales[ProductKey] ),
        KEEPFILTERS ( RemapFilterAbc )
    )
RETURN
    Result
```

Sales 表中的度量值

```
ABC Sales Amount :=
VAR RemapFilterAbc =
```

```
    TREATAS (
        'ABC by Year',              -- 重新映射 ABC by Year 表中的列
        'Product'[ProductKey],      -- 以确保筛选上下文中包含特定的产品和年份的组合
        'Date'[Calendar Year],
        'ABC by Year'[ABC Class]
    )
VAR Result =
    CALCULATE (
        [Sales Amount],
        KEEPFILTERS ( RemapFilterAbc )
    )
RETURN
    Result
```

通过使用 TREATAS，这两个度量值都将筛选器从快照表移至 Product 和 Date 表，从而获得所需的结果。在同一个筛选器中应用 ProductKey 和 Calendar Year 是很重要的，否则度量值可能包括未包含在所选的 ABC 分类中的产品和年份的组合。

在处理具有大量产品的模型时，还有一种更为有效解决方案，就是使用扩展表。如图 12-7 所示，这需要一个中间表 Years，该表与 Date 表建立双向筛选关系（因此在 Excel Power Pivot 示例中不可用）。

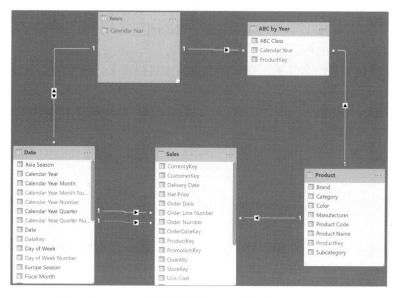

图 12-7　Years 表使得关系从 Date 传递到 ABC by Year

Years 表很容易通过 DISTINCT 函数得到。

```
Years = DISTINCT ( 'Date'[Calendar Year] )
```

度量值更简单——但却更难理解——因为它们依赖于扩展表。

Sales 表中的度量值

```
# Products Opt :=
CALCULATE (
```

```
    DISTINCTCOUNT ( Sales[ProductKey] ),
    'ABC by Year'
)
```

Sales 表中的度量值

```
ABC Sales Amount Opt :=
CALCULATE (
    [Sales Amount],
    'ABC by Year'
)
```

快照 ABC 分类法比静态分类法更具动态性。计算表需要一些计算工作。然而，它是在数据刷新时计算的，并且在查询时非常快。因此，快照 ABC 分类法在速度和灵活性之间做了很好的折中。如果灵活性是主要目标，则更适合使用较慢的动态 ABC 分类模式。

12.3　动态 ABC 分类

动态 ABC 模式是本章所介绍的 3 种模式中最灵活的，但是也最慢且最消耗内存。它的目标是动态地计算产品数量、销售额或任何其他度量值，以确定在报告上下文中属于给定 ABC 分类的产品集。例如，在图 12-8 中，分类只是按照 Cell phones 类别确定的；当用户选择不同类别时，整个报告将在新的筛选条件下重新计算。

该模式的整个逻辑是动态性的，在一个度量值中进行定义，该度量值检索需要进行 ABC 分类的产品列表，然后将该列表作为计算所需的筛选器。此外，从模型的角度来看，还需要创建一个附加的 ABC 分类表。该表包含 3 个分类及其边界，如图 12-9 所示。

Category	ABC Class	#Products	ABC Sales Amount
☐ Audio	A	79	1,117,427.86
☐ Cameras and camcorders	B	59	325,513.87
■ Cell phones	C	147	161,668.53
☐ Computers	**Total**	**285**	**1,604,610.26**
☐ Games and Toys			
☐ Home Appliances			
☐ Music, Movies and Audio Books			
☐ TV and Video			

ABC Class	Lower Boundary	Upper Boundary
A	0.00%	70.00%
B	70.00%	90.00%
C	90.00%	100.00%

图 12-8　ABC 分类根据当前选项对
产品进行动态细分

图 12-9　ABC Classes 表对每个分类的
边界进行了定义

计算 ABC Sales Amount 度量值的代码如下。

Sales 表中的度量值

```
ABC Sales Amount :=
VAR SalesByProduct =
    ADDCOLUMNS (
        ALLSELECTED ( 'Product' ),
        "@ProdSales", [Sales Amount]
    )
VAR AllSales =
    CALCULATE (
        [Sales Amount],
        ALLSELECTED ( 'Product' )
```

```
    )
VAR CumulatedPctByProduct =
    ADDCOLUMNS (
        SalesByProduct,
        "@CumulatedPct",
        VAR CurrentSalesAmt = [@ProdSales]
        VAR CumulatedSales =
            FILTER (
                SalesByProduct,
                [@ProdSales] >= CurrentSalesAmt
            )
        VAR CumulatedSalesAmount =
            SUMX (
                CumulatedSales,
                [@ProdSales]
            )
        RETURN
            DIVIDE (
                CumulatedSalesAmount,
                AllSales
            )
    )
VAR ProductsInClass =
    FILTER (
        CROSSJOIN (
            CumulatedPctByProduct,
            'ABC Classes'
        ),
        AND (
            [@CumulatedPct] > 'ABC Classes'[Lower Boundary],
            [@CumulatedPct] <= 'ABC Classes'[Upper Boundary]
        )
    )
VAR Result =
    CALCULATE (                   -- 这个模式对于所有的度量值都可用
        [Sales Amount],           -- 要把该基础度量值替换成其他度量值
        KEEPFILTERS ( ProductsInClass )
    )
RETURN
    Result
```

公式的复杂度主要取决于产品的数量——产品数量越多，速度就会越慢且会占用更多的内存。当产品数量超过 1 万时，代码很可能会开始变得过慢以致于无法生成交互式报告。这违背了获取动态报告的初衷。

12.4　寻找 ABC 分类

此模式描述了如何动态查找产品的 ABC 分类，并在度量值中生成结果，而不是使用某一列对现有项目进行分类。其他 ABC 分类模式旨在将产品分为不同的类别并计算一个值，如销售额或产品的数量。当你需要动态显示某个产品的 ABC 分类并生成图 12-10 所示的报告时，此模式非常有用：该报告显示了 Computers 类别下每个产品在 2008 年的 ABC 分类。

计算 ABC 分类度量值是动态 ABC 分类的变体。这一次，度量值不需要计算所有产品的 ABC 分类——计算所选产品的 ABC 分类就足够了。因此，一旦得到所有产品及其销售额的列表，该度量值将使用这些信息来计算当前产品的正确值。

Category		Product Name	Sales Amount	ABC Class
☐ Audio				
☐ Cameras and camcorders		Adventure Works CRT15 E101 Black	1,458.00	C
☐ Cell phones		Adventure Works CRT15 E101 White	1,350.00	C
■ Computers		Adventure Works CRT19 E10 White	607.20	C
☐ Games and Toys		Adventure Works Desktop PC1.60 ED160 Brown	5,641.96	B
☐ Home Appliances		Adventure Works Desktop PC1.60 ED160 Silver	11,229.92	C
☐ Music, Movies and Audio Books		Adventure Works Desktop PC1.80 ED180 Black	6,642.00	B
☐ TV and Video		Adventure Works Desktop PC1.80 ED180 Brown	10,332.00	A
		Adventure Works Desktop PC1.80 ED180 White	17,878.05	A
Calendar Year		Adventure Works Desktop PC1.80 ED182 Black	9,998.00	A
☐ CY 2007		Adventure Works Desktop PC2.30 MD230 Black	34,400.57	A
■ CY 2008		Adventure Works Desktop PC2.30 MD230 Brown	17,817.03	A
☐ CY 2009		Adventure Works Desktop PC2.30 MD230 Silver	17,371.00	A
		Adventure Works Desktop PC3.0 MC300 Black	12,020.20	A
		Total	**2,066,341.75**	

图 12-10　ABC 分类法根据当前选择对产品进行动态细分

Sales 表中的度量值

```
ABC Class :=
IF (
    HASONEVALUE ( 'Product'[ProductKey] ),
    VAR SalesByProduct =
        ADDCOLUMNS (
            ALLSELECTED ( 'Product' ),
            "@ProdSales", [Sales Amount]
        )
    VAR AllSales =
        CALCULATE (
            [Sales Amount],
            ALLSELECTED ( 'Product' )
        )
    VAR CurrentSalesAmt = [Sales Amount]
    VAR CumulatedSales =
        FILTER (
            SalesByProduct,
            [@ProdSales] >= CurrentSalesAmt
        )
    VAR CumulatedSalesAmount =
        SUMX (
            CumulatedSales,
            [@ProdSales]
        )
    VAR CurrentCumulatedPct =
        DIVIDE (
            CumulatedSalesAmount,
            AllSales
        )
    VAR Result =
        SWITCH (
            TRUE,
            ISBLANK ( CurrentCumulatedPct ), BLANK (),
            CurrentCumulatedPct <= 0.7, "A",
            CurrentCumulatedPct <= 0.9, "B",
            "C"
        )
    RETURN
        Result
)
```

## 第 13 章

新客户和回头客户 *13*

新客户和回头客户模式有助于了解一个时期内有多少新客户、回头客户、流失客户或复活客户。此模式有几种变体，每种变体都有不同的性能和结果，具体取决于使用者的需求。此外，这是一种非常灵活的模式，可以识别新客户和回头客户，也可以计算这些客户的购买金额（也称为销售额）。

在使用此模式之前，你需要清晰地定义新客户和回头客户的含义，以及客户何时流失或复活。事实上，根据你对这些概念的定义，这些公式在书写方式和（最重要的）性能方面都有很大的不同。即使你可以使用最灵活的公式来计算任何变化，但我们还是建议你花一些时间进行实验，以便找到最适合你需求的版本。从计算的角度来看，最灵活的公式非常昂贵（耗时），即使在较小的数据集上，它也可能很慢。

13.1 介绍

在一个给定的时间段内，你要计算以下内容。

❑ **Customers**：在该时间段内进行购买的客户数量。

❑ **New customers**：在该时间段内首次购买的客户数量。

❑ **Returning customers**：过去曾购买过商品并在该时间段内再次购买的客户数量。

❑ **Lost customers**：最后一次购买至少发生在当期期初前 2 个月的客户数量。

❑ **Recovered customers**：在上一个时间段被视为流失，然后在当前时间段进行购买的客户数量。

该报告如图 13-1 所示。

Calendar Year	# Customers	# New Customers	# Returning Customers	# Lost Customers
⊟ **CY 2007**	**7,999**	**7,999**		**4,425**
January	1,375	1,375		
February	1,153	1,037	116	
March	1,038	900	138	603
April	1,197	960	237	447
May	1,049	774	275	479
June	643	436	207	555
July	823	592	231	609
August	630	423	207	340
September	675	436	239	411
October	489	268	221	295
November	693	397	296	427
December	689	401	288	259
⊟ **CY 2008**	**3,494**	**1,762**	**1,732**	**3,489**
January	327	136	191	391

图 13-1　该报告显示了这种模式的主要计算

如该报告所示，2007 年 1 月所有客户都是新客户；2 月有 116 位是回头客户，1,037 位新客户，共计 1,153 位客户；3 月有 603 位流失客户。

虽然计算客户数量和新客户数量的方法很容易描述，但是计算流失客户数量的方法就比较复杂了。在该示例中，让我们看一位最后一次购买后两个月没有再买的客户。因此，报告的数字 603 由 1 月进行最后一次购买的客户组成。换句话说，在 2007 年 1 月的 1,375 位客户中，有 603 位在 2 月、3 月及随后的几个月没有购买任何产品；因此，我们认为它们在 3 月底流失了。

流失客户的定义在你的业务中可能会有所不同。例如，如果客户在两个月前进行了最后一次购买，你可能会将其定义为流失，尽管你已经知道他们将在下个月进行另一次购买。想象一下，一位顾客在 1 月和 4 月购买了商品，那他们在 3 月底算不算流失呢？答案不同，使用的公式也不相同。实际上，我们认为该客户在 3 月底暂时流失了，因为我们知道这个客户稍后会复活。图 13-2 的报告统计了暂时流失的客户（他们两个月内没有购买任何东西，但随后又进行了购买）。

Calendar Year	# Customers	# Temporarily Lost Customers	# Recovered Customers
⊟ CY 2007	7,999		
January	1,375		
February	1,153		
March	1,038	1,195	
April	1,197	993	68
May	1,049	900	120
June	643	1,042	110
July	823	984	180
August	630	599	152
September	675	739	163
October	489	560	157
November	693	611	218
December	689	419	236
⊟ CY 2008	3,494	963	1,334
January	327	638	148

图 13-2　报表中显示了暂时流失客户和复活客户的数量

暂时流失客户的数量高于之前显示的流失客户数量。其原因是，许多暂时流失客户会在未来几个月内购买商品。在这种情况下，报告会在他们进行重新购买的当月将他们算作复活客户。

在选择正确的模式时，需要考虑的另一个重要因素是你希望如何查看报告上的筛选器。如果用户选择了一个产品类别，这个筛选器将如何影响计算？假设你筛选了 Cell Phones 类别。你是否认为首次购买手机的客户是新客户？如果是这样，依据筛选条件，单个客户将多次被视为新客户。否则，如果你希望一个客户只能成为一次新客户，计算新客户数量时则需要忽略筛选器。同样，所有其余度量值可能会也可能不会受到筛选器的影响。

让我们用另一个例子来阐明这个概念。图 13-3 显示了只有 3 个客户的简化版的 Contoso 的原始数据。

考虑图 13-3 中的数据，如果用户添加 Games and Toys 作为筛选项，你能否确定 Lal Dale 什么时候是新客户吗？他在 4 月首次购买了玩具，尽管他已经是 Cameras and Camcorders 产品的顾客了。现在关注一下 Tammy Metha：她在 2 月购买了游戏，两个月后会被认为是流失客户吗？她没有购买任何其他游戏产品，即使她购买了其他类别的产品。回答这些问题对于帮助你选择最适合你特定业务需求的模式至关重要。

Name	1/3/2007	1/9/2007	2/3/2007	3/14/2007	3/25/2007	4/23/2007	5/15/2007	5/26/2007	6/24/2007	11/12/2007
Lal, Dale										
Cameras and camcorders	977.60							1,222.00		
Games and Toys						8.26				8.88
Mehta, Tammy										
Games and Toys		18.23								
Home Appliances				239.48						
Music, Movies and Audio Books										7.99
TV and Video			259.47							
Suri, Gerald										
TV and Video					343.20			537.18		

图 13-3　报告显示了 3 个客户及其购买历史记录

此外，计算客户的数量很有用，但有时你感兴趣的是新客户、回头客户和复活客户的购买金额。或者你可能希望在图 13-4 所示的报告中估算客户流失造成的损失额。在该报告中，我们使用了流失客户过去 12 个月的平均购买金额，作为估算的销售损失。

Calendar Year	Sales New Customers	Sales Returning Customers	Sales Recovered Customers	Sales Lost Customers (12M)
CY 2007	**11,309,946.12**			**4,881,363.31**
January	794,248.24			
February	597,699.70	293,436.22		
March	629,295.38	331,993.85		323,602.56
April	650,481.98	477,622.84	60,265.31	379,751.65
May	504,193.23	431,999.51	41,742.72	248,449.35
June	289,031.78	693,272.69	56,006.45	650,953.02
July	415,112.90	507,430.09	60,699.83	508,546.32
August	419,571.13	533,263.45	94,574.46	618,548.73
September	422,136.46	587,732.53	83,103.47	402,645.69
October	225,968.21	688,305.33	109,447.98	473,988.16
November	227,973.12	597,628.75	98,989.41	773,615.50
December	395,243.11	596,305.64	117,619.51	501,262.33
CY 2008	**7,577,453.30**	**2,350,129.69**	**1,221,855.59**	**6,633,367.25**
January	80,274.19	576,492.50	190,621.39	1,166,756.91

图 13-4　报告显示了新客户、回头客户、复活客户和流失客户的购买额

另一个重要的注意事项是考虑公式如何计算每个时间段内不同状态的客户数量。例如，如果你考虑一整年，则同一客户可能既是新客户，又是暂时流失客户、回头客户，最后成为永久流失客户。在具体的某一天，客户的状态能够很好地定义。但是，在更长的时间区间内，同一位客户可能处于不同的状态。我们设计的公式要考虑客户的所有状态。图 13-5 的示例报告只筛选并显示了一位客户：Lal Dale 的数据。

Month	Calendar Year	# Customers	# New Customers	# Lost Customers	# Returning Customers
■ January	**CY 2007**	**1**	**1**	**1**	
■ February	January	1	1		
■ March	February				
■ April	March				
■ May	April	1			1
■ June	May	1			1
■ July	June	1			
■ August	July				
■ September	August			1	
■ October	September				
■ November	October				
■ December	November				
	December				
	Total	**1**	**1**	**1**	

图 13-5　客户 Lal Dale 在 2007 年既是新客户又是流失客户

该客户在同一年既是新客户，又是流失客户。Lal Dale 在好几个月中都是回头客户，但在年度级别他不是回头客户，因为他在这一年是新客户。在图 13-6 中，同一份报告筛选掉 1 月，显示该客户在这段期间内有 3 次回购，且未被显示为新客户。

Month	Calendar Year	# Customers	# New Customers	# Lost Customers	# Returning Customers
☐ January	⊟ CY 2007	1		1	1
■ February	February				
■ March	March				
■ April	April	1			1
■ May	May	1			1
■ June	June				
■ July	July				
■ August	August			1	
■ September	September				
■ October	October				
■ November	November				
■ December	December				
	Total	1		1	1

图 13-6　筛选掉 1 月（即 Lal Dale 成为新客户的月份）后，该客户现在显示为 2007 年的回头客户

如果我们要描述这个模式中所有可能的度量值组合，那工作量非常大，仅这些内容就需要一本书的篇幅。相反地，我们将通过展示一些常见的模式，以使读者可以在他们的场景与本章描述的模式有出入时，自行调整模式中的公式。

新客户和回头客户模式需要进行大量计算。为此，我们同时提供了公式的动态版本和快照版本。

13.2　模式描述

此模式基于以下两种类型的公式。

❏ 内部公式：目标是计算给定客户的相关日期。

❏ 外部公式：报告中使用的公式，通过调用内部公式来计算客户数量、销售额或任何其他度量值。

例如，为了计算新客户的数量，内部公式会计算每个客户的首次购买日期。然后，外部公式计算首次购买日期恰好在当前筛选时间段内的客户数量。

下面的示例有助于更好地理解这一技术。请看图 13-7，该图以简化的数据集来解释不同公式。

Name	1/3/2007	1/9/2007	2/3/2007	3/14/2007	3/25/2007	4/23/2007	5/15/2007	5/26/2007	6/24/2007	11/12/2007
⊟ **Lal, Dale**										
Cameras and camcorders	977.60							1,222.00		
Games and Toys					8.26					8.88
⊟ **Mehta, Tammy**										
Games and Toys		18.23								
Home Appliances					239.48					
Music, Movies and Audio Books										7.99
TV and Video			259.47							
⊟ **Suri, Gerald**										
TV and Video				343.20			537.18			

图 13-7　报告显示了部分客户及其购买历史

下面以该数据为例，考虑如何计算 3 月的新客户数量。新客户外部度量值检查有多少客户在 3 月进行了首次购买。为了获得它的结果，外部公式查询每个客户通过内部公式计算的首次购买日期。内部公式返回 3 月 14 日是 Gerald Suri 的首次购买日期，而其他客户的首次购买日期在这之前。因此，外部公式返回 1 作为新客户的数量。

其他度量值的表现形式相同，尽管每一个都值得更完整的描述。

对于首个示例代码，请看内部公式计算出的必须将客户视为新客户的日期。请注意，每个示例都有不同的公式，我们将在后面的内容中提供有关该代码的更多详细信息。此处展示的第一个 DAX 示例仅作为引子。

Sales 表中（隐藏）的度量值

```
Date New Customer :=
CALCULATE (
    MIN ( Sales[Order Date] ),
    ALLEXCEPT (
        Sales,
        Sales[CustomerKey],
        Customer
    )
)
```

然后，外部公式调用内部公式，计算给定期间内的新客户数量。

Sales 表中的度量值

```
# New Customers :=
VAR CustomersWithNewDate =
    CALCULATETABLE (                        -- 准备一个包含每一个客户首次购买日期的表格
        ADDCOLUMNS (
            VALUES ( Sales[CustomerKey] ),
            "@NewCustomerDate", [Date New Customer]
        ),
        ALLSELECTED ( Customer ),           -- 忽略当前对客户和日期的筛选
        ALLSELECTED ( 'Date' )
    )
VAR CustomersWithLineage =                  -- 此处更改了 CustomersWithNewDate 变量的数据沿袭
    TREATAS (                               -- 使得能够筛选不同表中的 Customer Key 列和日期列
        CustomersWithNewDate,
        Sales[CustomerKey],
        'Date'[Date]
    )
VAR Result =
    CALCULATE (
        DISTINCTCOUNT ( Sales[CustomerKey] ), -- 计算只包括在@NewCustomerDate 变量中的客户数量
        KEEPFILTERS ( CustomersWithLineage )
    )
RETURN
    Result
```

通过这种方法，模式变得更加灵活。实际上，如果你需要更改何时将客户视为新客户、流失客户或暂时流失客户的逻辑，你只需要更新内部公式即可，无须改动外部公式。尽管如此，我们仍然需要给读者一个重要提醒：此模式中的公式在处理筛选上下文的方式上非常复杂和微

妙。你当然需要更改它们以满足你的需求，但只有在彻底了解它们的行为之后才能这样做。事实上，该模式中的每一行 DAX 都经过了数小时的构思和不计其数的测试，因为我们必须系统地确保这是编写它的正确方式。换句话说，准备好在这种模式下如履薄冰吧；我们当然必须这么做！

我们将模式分为两类：动态模式和快照模式。动态模式会考虑报告中所有的筛选器，以动态方式计算度量值。快照模式会在计算表中预先计算内部度量值，以加快外部度量值的计算。因此，快照模式尽管速度有所提高，但灵活性相对较差。

我们还提供了 3 种不同的实现方式，具体选择取决于度量值如何应用报告中活动的筛选器。

❑ 相对：客户第一次购买报告中所选产品时即被视为新客户。

❑ 绝对：客户第一次购买产品时即被视为新客户，忽略报告中当前所有的筛选器。

❑ 按类别：客户第一次购买报告中的任何产品类别时，即被视为新客户。如果他们购买两个相同类别的产品，那么他们只会被视为新客户一次；而如果他们购买两个不同类别的产品，那么他们将被视为新客户两次。

你可以在每个模式的相应部分中找到对各种计算的更完整解释。我们建议先完整通读本章后再到你的模型中尝试应用。最好在继续下一步之前充分了解你的需求，而不是到最后才发现你选择了错误的模式。

最后，此模式的演示文件包括两个版本：完整版本包括完整的数据库，而基本版本仅包含 3 个客户。基本版本对于更好地理解模式很有用，因为由于模型中的行数有限，你可以轻松检查数据。完整版对于评估不同计算的性能更为有用。

13.2.1　内部度量值

下面有 3 种内部度量值。

❑ Date New Customer：返回该客户被视为新客户的日期。

❑ Date Lost Customer：返回客户被认为是永久流失的日期，检查在接下来的时间段内有没有购买行为。

❑ Date Temporary Lost Customer：返回客户可能流失的日期，不检查客户在接下来的时间内是否复活。

这些度量值并不准备在报告中使用，它们只是用于外部度量值。对于每个模式，内部度量值的代码是不同的。

13.2.2　外部度量值

每种模式都定义了一些度量值来计算不同客户状态下的客户数量和销售额。

❑ # New Customers：计算新客户的数量。

❑ # Returning Customers：计算在上一时间区间是新客户并在所考虑区间内重新进行了购买的客户数量。

❑ # Lost Customers：计算永久流失的客户数量。

❑ # Temporarily Lost Customers：计算仅在我们查看的当前时间段内流失的客户数量，即使这些客户可能在以后的时间段内回头。

❏ # Recovered Customers：计算暂时流失，然后在考虑的时间段内重新购买的客户数量。

❏ Sales New Customers：筛选新客户，计算他们的销售额。

❏ Sales Returning Customers：筛选上一区间是新客户并在所考虑的区间内重新进行了购买的客户，计算他们的销售额。

❏ Sales Lost Customers (12M)：筛选选定时间段内永久流失的客户，计算他们在选定时间段开始时的前 12 个月的销售额。

❏ Sales Recovered Customers：筛选暂时流失，然后在考虑的时间内重新购买的客户，计算他们的销售额。

外部度量值的代码在所有模式中都非常相似。某些场景会有一些细微的变化，这在下文介绍具体模式时会着重强调。

13.2.3 如何使用模式度量值

在模式中显示的公式可以分为两类。以 # 前缀开头的度量值通过应用某个筛选器来计算特定客户的数量。通常，这些度量值按原样使用，并为此目的进行了优化。例如，以下度量值返回新客户的数量。

Sales 表中的度量值

```
# New Customers :=
VAR CustomersWithNewDate =
    CALCULATETABLE (                              -- 准备一个包含每一个客户首次购买日期的表格
        ADDCOLUMNS (
            VALUES ( Sales[CustomerKey] ),
            "@NewCustomerDate", [Date New Customer]
        ),
        ALLSELECTED ( Customer ),                 -- 忽略当前对客户和日期的筛选
        ALLSELECTED ( 'Date' )
    )
VAR CustomersWithLineage =                        -- 此处更改了 CustomersWithNewDate 变量的数据沿袭
    TREATAS (                                     -- 使得能够筛选不同表中的 Customer Key 列和日期列
        CustomersWithNewDate,
        Sales[CustomerKey],
        'Date'[Date]
    )
VAR Result =
    CALCULATE (
        DISTINCTCOUNT ( Sales[CustomerKey] ), -- 计算只包括在@NewCustomerDate 变量中的客户数量
        KEEPFILTERS ( CustomersWithLineage )
    )
RETURN
    Result
```

不以 # 前缀开头的度量值会创建一个应用于其他度量值的客户筛选器。例如，带有 Sales 前缀的度量值将客户筛选器应用于 Sales Amount 度量值。你只需更改最后一个 CALCULATE 函数中的 Sales Amount 度量值，就可以将以下度量重新用于计算其他度量值。

Sales 表中的度量值

```
Sales New Customers :=
VAR CustomersWithFirstSale =
    CALCULATETABLE (                         -- 准备一个包含每一个客户首次购买日期的表格
        ADDCOLUMNS (
            VALUES ( Sales[CustomerKey] ),
            "@NewCustomerDate", [Date New Customer]
        ),
        ALLSELECTED ( Customer ),            -- 忽略当前对客户和日期的筛选
        ALLSELECTED ( 'Date' )
    )
VAR NewCustomers =
    FILTER (
        CustomersWithFirstSale,              -- 筛选首次购买日期在当前期间的客户
        [@NewCustomerDate]
            IN VALUES ( 'Date'[Date] )
    )
VAR Result =
    CALCULATE (
        [Sales Amount],                      -- 应用 NewCustomers 筛选器计算 Sales Amount
        KEEPFILTERS ( NewCustomers )
    )
RETURN
    Result
```

在每种模式中，当度量值结构存在差异时，即使只是为了性能优化，我们也会展示这两种度量值（带有 # 和 Sales 前缀）。如果两个度量值仅因最后一个 CALCULATE 函数中的计算而有所不同，则我们仅包含带有 # 前缀符的度量值。

13.3   动态相对模式

动态相对模式在计算时会考虑报告中的所有筛选器。因此，如果报告筛选了一个类别（例如 Audio），则客户首次购买 Audio 类别的产品时会被认为是新客户。同样，客户在最后一次购买 Audio 类别产品后的特定天数内会被认为是流失客户。图 13-8 有助于我们更好地理解此模式的行为。

Name	# Customers	# New Customers	# Returning Customers	# Temporarily Lost Customers	# Lost Customers
⊟ **Lal, Dale**	**1**	**1**			**1**
⊟ **Cameras and camcorders**	**1**	**1**			**1**
January	1	1			
February					
March				1	
April					
May	1		1		
June					
July				1	1
August					
⊟ **Games and Toys**	**1**	**1**			**1**
February					
March					
April	1	1			
May					
June	1		1		
July					
August				1	1
Total	**1**	**1**			**1**

图 13-8　对于不同类别，唯一可见的客户（Lal Dale）多次被视为新客户

这份报告只考虑了一个客户：Lal Dale。当选择 Cameras and camcorders 类别时，他是 1 月的新客户；在选择 Games and Toys 类别时，他在 4 月也被视为新客户。考虑到计值时筛选器的不同，所有其他度量值也有类似行为。

13.3.1 内部度量值

内部度量值如下。

Sales 表中（隐藏）的度量值

```
Date New Customer :=
CALCULATE (
    MIN ( Sales[Order Date] ),     -- 首次销售日期是过去任何时间段内最早的订单日期
    REMOVEFILTERS ( 'Date' )
)
```

Sales 表中（隐藏）的度量值

```
Date Lost Customer :=
CALCULATE (                           -- 流失日期发生在最后一笔交易（月末）两个月后的任何时候
    EOMONTH ( MAX ( Sales[Order Date] ), 2 ),
    REMOVEFILTERS ( 'Date' )
)
```

Sales 表中（隐藏）的度量值

```
Date Temporary Lost Customer :=
VAR MaxDate =
    MAX ( Sales[Order Date] )         -- 最后销售日期是当前区间内的最大订单日期
VAR Result =
    IF (
        NOT ISBLANK ( MaxDate ),
        EOMONTH ( MaxDate, 2 )    -- 2 个月后（月末）
    )
RETURN
    Result
```

13.3.2 新客户

计算新客户数量的度量值如下。

Sales 表中的度量值

```
# New Customers :=
VAR CustomersWithNewDate =
    CALCULATETABLE (                        -- 准备一个包含每一个客户首次购买日期的表格
        ADDCOLUMNS (
            VALUES ( Sales[CustomerKey] ),
            "@NewCustomerDate", [Date New Customer]
        ),
        ALLSELECTED ( Customer ),           -- 忽略当前对客户和日期的筛选
        ALLSELECTED ( 'Date' )
    )
```

```
VAR CustomersWithLineage =                    -- 此处更改了 CustomersWithNewDate 变量的数据沿袭
    TREATAS (                                 -- 使得能够筛选不同表中的 Customer Key 列和日期列
        CustomersWithNewDate,
        Sales[CustomerKey],
        'Date'[Date]
    )
VAR Result =
    CALCULATE (                               -- 计算只包括在@NewCustomerDate 变量中的客户数量
        DISTINCTCOUNT ( Sales[CustomerKey] ),
        KEEPFILTERS ( CustomersWithLineage )
    )
RETURN
    Result
```

该代码计算了每个客户成为新客户的日期。ALLSELECTED 用于优化目的：它使得引擎在同一表达式中多次重用 CustomersWithNewDate 变量的值。

然后，在 CustomersWithLineage 中，公式更新了 CustomersWithNewDate 的数据沿袭，使得变量可以筛选 Sales[CustomerKey]和 Date[Date]。当用作筛选器时，CustomersWithLineage 使客户仅在作为新客户的日期内可见。最终的 CALCULATE 应用 CustomersWithLineage 筛选器，并使用 KEEPFILTERS 来与当前筛选上下文取交集。这样，新的筛选上下文会忽略所考虑的日期范围内的老客户。

为了将新客户作为筛选器用于其他度量值（例如销售金额），我们需要一个略微不同的方法，如以下 Sales New Customers 度量值所示。

Sales 表中的度量值

```
Sales New Customers :=
VAR CustomersWithFirstSale =
    CALCULATETABLE (                          -- 准备一个包含每一个客户首次购买日期的表格
        ADDCOLUMNS (
            VALUES ( Sales[CustomerKey] ),
            "@NewCustomerDate", [Date New Customer]
        ),
        ALLSELECTED ( Customer ),             -- 忽略当前对客户和日期的筛选
        ALLSELECTED ( 'Date' )
    )
VAR NewCustomers =
    FILTER (
        CustomersWithFirstSale,               -- 筛选首次购买日期在当前区间的客户
        [@NewCustomerDate]
            IN VALUES ( 'Date'[Date] )
    )
VAR Result =
    CALCULATE (
        [Sales Amount],                       -- 应用 NewCustomers 筛选器计算 Sales Amount
        KEEPFILTERS ( NewCustomers )
    )
RETURN
    Result
```

变量 NewCustomers 保留了 Sales[CustomerKey]中属于新客户的值列表，该列表是通过检查@NewCustomerDate 是否处在当前筛选上下文中而获得的。然后将通过这种方式获得的 NewCustomers 变量作为筛选器计算 Sales Amount 度量值。即使变量包含两个列 Sales[CustomerKey]和@ New-CustomerDate，但唯一对模型进行筛选的列只有 Sales[CustomerKey]，因为新添加的列不具有模

型其他列中的数据沿袭。

13.3.3 流失客户

计算流失客户数量的度量值需要计算不属于当前筛选上下文的客户。事实上，在 3 月我们可能会失去在 1 月进行购买的客户。因此，在筛选 3 月时，流失客户是不可见的。公式必须回溯到 1 月才能找到该客户。这就是以下代码的结构不同于# New Customers 度量值的原因。

Sales 表中的度量值

```
# Lost Customers :=
VAR LastDateLost =
    CALCULATE (
        MAX ( 'Date'[Date] ),
        ALLSELECTED ( 'Date' )
    )
VAR CustomersWithLostDate =
    CALCULATETABLE (                        -- 准备一张包含了定义每一个客户流失日期的表
        ADDCOLUMNS (
            VALUES ( Sales[CustomerKey] ),
            "@LostCustomerDate", [Date Lost Customer]
        ),
        ALLSELECTED ( Customer ),           -- 忽略当前对客户和日期的筛选
        'Date'[Date] <= LastDateLost
    )
VAR LostCustomers =
    FILTER (
        CustomersWithLostDate,              -- 筛选流失日期在当前区间的客户
        [@LostCustomerDate]
            IN VALUES ( 'Date'[Date] )
    )
VAR Result =
    COUNTROWS ( LostCustomers )             -- 对流失客户的计数并未使用 Sales 表（该期间内并无销售）
RETURN
    Result
```

变量 CustomersWithLostDate 计算每个客户的流失日期。LostCustomers 过滤流失日期不在当前时间段的客户。最后，#Lost Customers 该度量值通过计算 LostCustomers 中流失日期在当前筛选上下文中可见时段内的客户行数来计算剩余的客户数量。

13.3.4 暂时流失客户

计算暂时流失客户数量的度量值是计算流失客户度量值的主要变体。该度量值必须检查在当前上下文中存在流失可能的客户在可能流失的日期之前有没有进行购买。以下是实现此计算的代码。

Sales 表中的度量值

```
# Temporarily Lost Customers :=
VAR MinDate = MIN ( 'Date'[Date] )
VAR CustomersWithLostDateComplete  =
    CALCULATETABLE (
        ADDCOLUMNS (
```

```
                    VALUES ( Sales[CustomerKey] ),      -- 准备一张包含了定义每一个客户暂时流失日期的表
                    "@TemporarilyLostCustomerDate", CALCULATE (
                        [Date Temporary Lost Customer],
                        'Date'[Date] < MinDate
                    )
                ),
                ALLSELECTED ( Customer ),              -- 忽略当前对客户和日期的筛选
                ALLSELECTED ( 'Date' )
        )
    VAR CustomersWithLostDate =
        FILTER (                                        -- 删除没有暂时流失日期的客户
            CustomersWithLostDateComplete,
            NOT ISBLANK ( [@TemporarilyLostCustomerDate] )
        )
    VAR PotentialTemporarilyLostCustomers =
        FILTER (
            CustomersWithLostDate,                      -- 筛选暂时流失日期在当前区间的客户
            [@TemporarilyLostCustomerDate]
                IN VALUES ( 'Date'[Date] )
        )
    VAR ActiveCustomers =
        ADDCOLUMNS (                                    -- 找到每个客户当前区间的首次购买日期
            VALUES ( Sales[CustomerKey] ),
            "@MinOrderDate", CALCULATE ( MIN ( Sales[Order Date] ) )
        )
    VAR TemporarilyLostCustomers =
        FILTER (                                        -- 通过关联潜在流失客户和活跃客户，再比较日期，筛选出暂时流失客户
            NATURALLEFTOUTERJOIN (
                PotentialTemporarilyLostCustomers,
                ActiveCustomers
            ),
            OR (
                ISBLANK ( [@MinOrderDate] ),
                [@MinOrderDate] > [@TemporarilyLostCustomerDate]
            )
        )
    VAR Result =
        COUNTROWS ( TemporarilyLostCustomers )
    RETURN
        Result
```

度量值首先计算每个客户的潜在流失日期；它对日期进行筛选，以便只考虑在当前时间段开始之前进行的交易。然后，检查哪些客户的流失日期属于当前时间段。

结果表 PotentialTemporarilyLostCustomers 包含可能在当前时间段流失的客户。返回结果之前，我们需要进行最终检查：这些顾客必须在当前时间段内且在被判定为流失的日期之前没有购买任何东西。这种验证是通过计算 TemporarilyLostCustomers 来进行的，它检查每个客户是否在当前时间段内和被定为是流失的日期之前有销售。

13.3.5　复活客户

复活客户的数量是指在当前时间段进行购买之前暂时流失的客户数量。它是通过以下方法计算的。

Sales 表中的度量值

```
# Recovered Customers :=
VAR MinDate =
```

```
        MIN ( 'Date'[Date] )
    VAR CustomersWithLostDateComplete =
        CALCULATETABLE (                        -- 准备一张包含定义了每一位客户暂时流失日期的表
            ADDCOLUMNS (
                VALUES ( Sales[CustomerKey] ),
                "@TemporarilyLostCustomerDate", CALCULATE (
                    [Date Temporary Lost Customer],
                    'Date'[Date] < MinDate
                )
            ),
            ALLSELECTED ( Customer ),           -- 忽略当前对客户和日期的筛选
            ALLSELECTED ( 'Date' )
        )
    VAR CustomersWithLostDate =
        FILTER (                                -- 删除没有暂时流失日期的客户
            CustomersWithLostDateComplete,
            NOT ISBLANK ( [@TemporarilyLostCustomerDate] )
        )
    VAR ActiveCustomers =
        ADDCOLUMNS (                            -- 找到每位客户当前区间的首次购买日期
            VALUES ( Sales[CustomerKey] ),
            "@MinOrderDate", CALCULATE ( MIN ( Sales[Order Date] ) )
        )
    VAR RecoveredCustomers =
        FILTER (
            NATURALINNERJOIN (                  -- 通过关联活跃客户和暂时流失客户，再比较日期，从而筛选出复活客户
                ActiveCustomers,
                CustomersWithLostDate
            ),
            [@MinOrderDate] > [@TemporarilyLostCustomerDate]
        )
    VAR Result =
        COUNTROWS ( RecoveredCustomers )
    RETURN
        Result
```

CustomersWithLostDateComplete 变量计算客户暂时流失的日期。在此列表之外，Customers-WithLostDate 变量从该列表中删除没有暂时流失日期的客户。ActiveCustomers 变量检索客户在当前筛选上下文中的首次购买日期。RecoveredCustomers 变量筛选同时在 ActiveCustomers 和 CustomersWithLostDate 列表中，且交易日期大于暂时流失日期的客户。

最后，Result 变量计算复活客户的数量。

13.3.6 回头客户

最后一个计数类的度量值是# Returning Customers。

Sales 表中的度量值

```
# Returning Customers :=
VAR MinDate = MIN ( 'Date'[Date] )
VAR CustomersWithNewDate =
    CALCULATETABLE (                            -- 准备一张包含了每一位客户首次购买日期的表
        ADDCOLUMNS (
            VALUES ( Sales[CustomerKey] ),
            "@NewCustomerDate", [Date New Customer]
        ),
```

```
        ALLSELECTED ( Customer ),          -- 忽略当前对客户和日期的筛选
        ALLSELECTED ( 'Date' )
    )
VAR ExistingCustomers =          -- 找到存在的客户，筛选全部客户并且检查他们的首次购买时间是否早于本时间段开始时间
    FILTER (
        CustomersWithNewDate,
        [@NewCustomerDate] < MinDate
    )
VAR ReturningCustomers =               -- 获取回头客户，即当前活跃客户和现有客户的交集
    INTERSECT (
        VALUES ( Sales[CustomerKey] ),
        SELECTCOLUMNS (
            ExistingCustomers,
            "CustomerKey", Sales[CustomerKey]
        )
    )
VAR Result =
    COUNTROWS ( ReturningCustomers )
RETURN
    Result
```

度量值首先在 CustomersWithNewDate 中准备一个表，其中包含每位客户的首次购买日期。
ExistingCustomers 变量过滤掉首次购买日期不早于当前所选时间段开始日期的所有客户。Existing-
Customers 中剩下的是在当前时间段开始之前已经购买产品的一组客户。因此，如果这些客户在当
前时间段内也进行了购买，那么他们就是回头客户。最后一个条件是通过将 ExistingCustomers 与在
选定时间段内的活跃客户取交集而获得的。ReturningCustomers 变量的结果可以用来计算回头客户
的数量（就像在这个度量值中一样），或者在另外的计算中把回头客户筛选出来。

13.4　动态绝对模式

动态绝对模式在计算客户的相关日期时，会忽略报表上的筛选器。它是动态相对模式的变
体，它使用一组不同的 CALCULATE 修改器来显式地忽略筛选器。

该模式的结果是对客户状态的绝对分配，而不考虑筛选器的影响，如图 13-9 所示：当用户
选择了 Games and Toys 时，Lal Dale 在 1 月份被视为新用户，尽管他购买了相机而没有购买游戏。

Name	# Customers	# New Customers	# Returning Customers	# Temporarily Lost Customers	# Lost Customers
⊟ **Lal, Dale**	1	1			1
⊟ **Cameras and camcorders**	1	1			1
January	1	1			
February					
March				1	
April			1		
May	1		1		
June			1		
July					
August				1	1
⊟ **Games and Toys**	1	1			1
January		1			
February					
March				1	
April			1		
May			1		
June			1		
July					
August				1	1
Total	1	1			1

图 13-9　Lal Dale 被认为是新客户、回头客户、流失客户，而不管可视化报告中使用的是什么类别

唯一根据类别变化而改变的度量值是# Customers，它显示了 Lal Dale 购买产品的时间。所有其他度量值都忽略了产品的筛选：客户仅在首次购买时才是新客户，不管报告筛选器是什么。

13.4.1 内部度量值

内部度量值的代码如下。

Sales 表中（隐藏）的度量值

```
Date New Customer :=
CALCULATE (
    MIN ( Sales[Order Date] ),      -- 首次购买日期是最小订单日期
    ALLEXCEPT (
        Sales,
        Sales[CustomerKey],         -- 忽略客户外的所有筛选器
        Customer
    )
)
```

Sales 表中（隐藏）的度量值

```
Date Lost Customer :=
VAR MaxDate =
    CALCULATE (
        MAX ( Sales[Order Date] ),    -- 最后销售日期是当前区间（根据度量值调用）的最大订单日期
        ALLEXCEPT (
            Sales,
            Sales[CustomerKey],       -- 忽略客户外的所有筛选器
            Customer
        )
    )
VAR Result =
    IF (
        NOT ISBLANK ( MaxDate ),
        EOMONTH ( MaxDate, 2 )        -- 2 个月后（月末）
    )
RETURN
    Result
```

Sales 表中（隐藏）的度量值

```
Date Temporary Lost Customer :=
VAR MaxDate =
    CALCULATE (
        MAX ( Sales[Order Date] ),    -- 最后销售日期是当前区间（根据度量值调用）的最大订单日期
        ALLEXCEPT (
            Sales,
            'Date',
            Sales[CustomerKey],       -- 忽略日期和客户外的所有筛选器
            Customer
        )
    )
VAR Result =
    IF (
        NOT ISBLANK ( MaxDate ),
        EOMONTH ( MaxDate, 2 )        -- 2 个月后（月末）
    )
RETURN
    Result
```

13

如前面的代码所示，内部度量值在设计上忽略了 Customer 表之外的所有筛选器。有一个明显的特例是 Date Temporary Lost Customer，它还需要考虑来自 Date 表的筛选器。

请注意，内部度量值在设计上能非常恰当地满足外部度量值的调用需求。这就是 ALLEXCEPT 函数以一种不同寻常的方式显式地保留 Sales[CustomerKey]筛选器的原因。如果在包含该列的迭代中调用，则内部度量值不会移除筛选器，从而遵守了外部度量值的要求。

13.4.2   新客户

计算新客户的方法如下。

Sales 表中的度量值

```
# New Customers :=
VAR CustomersWithNewDate =                        -- 准备一张包含每位客户首次购买日期的表
    CALCULATETABLE (
        ADDCOLUMNS (
            VALUES ( Sales[CustomerKey] ),
            "@NewCustomerDate", [Date New Customer]
        ),
        ALLEXCEPT ( Sales, Customer )
    )
VAR NewCustomers =
    FILTER (
        CustomersWithNewDate,                     -- 筛选出在当前区间内成为新客户的客户
        [@NewCustomerDate]
            IN VALUES ( 'Date'[Date] )
    )
VAR Result =
    COUNTROWS ( NewCustomers )                    -- 对新客户计数不需要使用 Sales 表
RETURN
    Result
```

这个度量值有两点需要注意。首先，计算 CustomersWithNewDate 时，筛选器使用 ALLEXCEPT 函数移除了 Customer 表之外的任何筛选。其次，为了检查客户是否为新客户，该度量值对 Customers-WithNewDate 进行筛选，然后计算 NewCustomers 变量中的行数，而不像动态相对模式中的对应度量值那样使用 TREATAS。事实证明，该技术比动态相对模式中用法要慢。但它仍然是必需的，因为即使是在当前筛选上下文中不可见的客户，也需要对其进行计算。

13.4.3   流失客户

计算流失客户数量的方法如下。

Sales 表中的度量值

```
# Lost Customers :=
VAR LastDateLost =
    CALCULATE (
        MAX ( 'Date'[Date] ),
        ALLSELECTED ( 'Date' )
    )
VAR CustomersWithLostDate =
    CALCULATETABLE (
```

```
        ADDCOLUMNS (
            VALUES ( Sales[CustomerKey] ),        -- 准备一张包含了每一个客户流失日期的表
            "@LostCustomerDate", [Date Lost Customer]
        ),
        ALLEXCEPT ( Sales, Customer ),
        'Date'[Date] <= LastDateLost
    )
VAR LostCustomers =
    FILTER (
        CustomersWithLostDate,
        [@LostCustomerDate]
            IN VALUES ( 'Date'[Date] )           -- 筛选出流失客户日期处在当前区间内的客户
    )
VAR Result =
    COUNTROWS ( LostCustomers )                  -- 对流失客户计数不需要使用 Sales 表（这期间内没有销售记录）
RETURN
    Result
```

它的结构类似于 New Customer 度量值，主要区别在于对变量 CustomersWithLostDate 的计算上。

13.4.4 暂时流失客户

计算暂时流失客户数量的度量值是计算流失客户数量度量值的变体。

Sales 表中的度量值

```
# Temporarily Lost Customers :=
VAR MinDate = MIN ( 'Date'[Date] )
VAR CustomersWithLostDateComplete =             -- 准备一张包含了每一个客户暂时流失日期的表
    CALCULATETABLE (
        ADDCOLUMNS (
            VALUES ( Sales[CustomerKey] ),
            "@TemporarilyLostCustomerDate", CALCULATE (
                [Date Temporary Lost Customer],
                'Date'[Date] < MinDate
            )
        ),
        ALLEXCEPT ( Sales, Customer )            -- 忽略客户外的所有筛选器
    )
VAR CustomersWithLostDate =
    FILTER (
        CustomersWithLostDateComplete,          -- 删除没有暂时流失日期的客户
        NOT ISBLANK ( [@TemporarilyLostCustomerDate] )
    )
VAR PotentialTemporarilyLostCustomers =
    FILTER (
        CustomersWithLostDate,                   -- 筛选暂时流失日期在当前区间的客户
        [@TemporarilyLostCustomerDate]
            IN VALUES ( 'Date'[Date] )
    )
VAR ActiveCustomers =
    CALCULATETABLE (                             -- 找到每位客户在当前区间的首次购买日期
        ADDCOLUMNS (
            VALUES ( Sales[CustomerKey] ),
            "@MinOrderDate", CALCULATE ( MIN ( Sales[Order Date] ) )
        ),
        ALLEXCEPT ( Sales, Customer, 'Date' )
    )
```

13

```
VAR TemporarilyLostCustomers =              -- 通过关联潜在流失客户和活跃客户，再比较日期，以筛选出暂时流失客户
    FILTER (
        NATURALLEFTOUTERJOIN (
            PotentialTemporarilyLostCustomers,
            ActiveCustomers
        ),
        OR (
            ISBLANK ( [@MinOrderDate] ),
            [@MinOrderDate] > [@TemporarilyLostCustomerDate]
        )
    )
VAR Result =
    COUNTROWS ( TemporarilyLostCustomers )
RETURN
    Result
```

它的行为与动态相对模式中对应的度量值非常相似。其主要的区别是使用 ALLEXCEPT 函数计算变量 CustomerWithLostDateComplete 和 ActiveCustomers。在 CustomersWithLostDateComplete 中，Customer 之外的所有筛选器都被移除，而在 ActiveCustomers 中，筛选器不会从 Date 和 Customer 中移除。

13.4.5 复活客户

复活客户的数量是在当前时间段购买前暂时流失的客户数量。它是通过以下方法计算的。

Sales 表中的度量值

```
# Recovered Customers :=
VAR MinDate = MIN ( 'Date'[Date] )
VAR CustomersWithLostDateComplete  =          -- 准备一张包含了每一位客户暂时流失日期的表
    CALCULATETABLE (
        ADDCOLUMNS (
            VALUES ( Sales[CustomerKey] ),
            "@TemporarilyLostCustomerDate", CALCULATE (
                [Date Temporary Lost Customer],
                'Date'[Date] < MinDate
            )
        ),
        ALLEXCEPT ( Sales, Customer )              -- 忽略客户外的所有筛选器
    )
VAR CustomersWithLostDate =                    -- 删除没有暂时流失日期的客户
    FILTER (
        CustomersWithLostDateComplete,
        NOT ISBLANK ( [@TemporarilyLostCustomerDate] )
    )
VAR ActiveCustomers =
    CALCULATETABLE (                           -- 找到每位客户在当前时间段间的首次购买日期
        ADDCOLUMNS (
            VALUES ( Sales[CustomerKey] ),
            "@MinOrderDate", CALCULATE ( MIN ( Sales[Order Date] ) )
        ),
        ALLEXCEPT ( Sales, Customer, 'Date' )
    )
VAR RecoveredCustomers =
    FILTER (
        NATURALINNERJOIN (
            ActiveCustomers,
```

```
            CustomersWithLostDate
        ),                                -- 通过关联活跃客户和暂时流失客户，再比较日期，以筛选出复活客户
        [@MinOrderDate] > [@TemporarilyLostCustomerDate]
    )
VAR Result =
    COUNTROWS ( RecoveredCustomers )
RETURN
    Result
```

它的行为与动态相对模式中对应的度量值非常相似。其主要区别是在计算变量 Customers-WithLostDateComplete 和 ActiveCustomers 时，使用 ALLEXCEPT 函数来正确设置所需的筛选器。

13.4.6 回头客户

最后一个计数类的度量值是# Returning Customers。

Sales 表中的度量值

```
# Returning Customers :=
VAR MinDate = MIN ( 'Date'[Date] )
VAR CustomersWithNewDate =                -- 准备一张包含了每一位客户首次购买日期的表
    CALCULATETABLE (
        ADDCOLUMNS (
            VALUES ( Sales[CustomerKey] ),
            "@NewCustomerDate", [Date New Customer]
        ),
        ALLEXCEPT ( Sales, Customer )     -- 忽略客户外的所有筛选器
    )
VAR ExistingCustomers =        -- 要计算存在的客户，需筛选全部客户并且检查他们的首次购买时间是否早于当前时间段
    FILTER (
        CustomersWithNewDate,
        [@NewCustomerDate] < MinDate
    )
VAR ActiveCustomers =
    CALCULATETABLE (
        VALUES ( Sales[CustomerKey] ),        -- 获得活跃客户
        ALLEXCEPT ( Sales, Customer, 'Date' )
    )
VAR ReturningCustomers =
    INTERSECT (
        ActiveCustomers,
        SELECTCOLUMNS (
            ExistingCustomers,                -- 对当前活跃客户和现有客户进行交集得到回头客
            "CustomerKey", Sales[CustomerKey]
        )
    )
VAR Result =
    COUNTROWS ( ReturningCustomers )
RETURN
    Result
```

它的行为与动态相对模式中对应的度量值非常相似。其主要区别是在计算变量 CustomersWith-NewDate 和 ActiveCustomers 时使用 ALLEXCEPT 函数，以准确设置所需的筛选器。

13.5 通用动态模式（按类别动态）

通用动态模式介于动态绝对模式和动态相对模式之间。该模式在报表中忽略了由业务逻辑

确定的属性之外的所有筛选器。在本节介绍的示例中，度量值是每个产品类别的本地度量。结果对于产品类别是动态的，对于数据模型中的所有其他属性是绝对的。例如，一个客户在同一个月内可以是某个产品类别的新客户，而同时也是另一个产品类别的回头客户。如果同一位客户随时间的推移购买了不同类别的产品，则可能会多次被视为新客户。换句话说，对新客户和回头客户的分析是按产品类别进行的。你可以用一个或多个其他属性替换产品类别，从而定制该模式，使其符合你的业务逻辑。

在编写这种模式的代码时，我们有意避免了过度优化：这组度量值的主要目标是使它们更易于更新。如果你计划修改模式以适合你的需求，那么这组度量值应该是一个很好的起点。

此模式的规则如下。

❑ 同一客户可能多次被视为新客户，每次对应一个动态属性组合（示例中的产品类别）。

❑ 如果客户在选定的时间段内已经购买了相同的动态属性组合（示例中的产品类别），则将其视为回头客。

❑ 如果客户两个月没有购买动态属性组合（示例中的产品类别），即使他们在同一时间购买了其他的动态属性组合（示例中的产品类别），也将其视为暂时流失客户。

❑ 如果客户重新购买的产品恰好是将他们视为暂时流失客户的动态属性组合（示例中的产品类别），那么他们就被认为是复活客户。

有很重要的一点需留意：该模式检测的是客户，而不是动态属性和客户的组合，如示例中的客户和产品类别。因此，带有 # 前缀的度量值始终返回特定客户的数量，而带有 Sales 前缀的度量值始终针对 Sales Amount 度量值做计算，而不考虑将客户判定为新客户/流失客户/复活客户的动态属性组合（示例中的产品类别）。这种不同通过筛选两种或多种动态属性组合，可以看到差异。例如，通过筛选两个产品类别，新客户和回头客的 Sales 度量值总和可能超过 Sales Amount 的值。实际上，考虑到同一客户在不同类别中处于不同的状态，他们可能同时既是新客户又是回头客，因此相同的金额会重复相加。

你的需求可能与本例中所假设的不同。在这种情况下，正如我们在引言中所述，进行任何更改之前，你需要非常仔细地理解所有度量值发生的筛选情况。这些度量值相当复杂，很容易被微小的改动打破计算逻辑。

13.5.1　内部度量值

内部度量值如下。

Sales 表中（隐藏）的度量值

```
Date New Customer :=
CALCULATE (
    MIN ( Sales[Order Date] ),       -- 首次购买日期是最小订单日期
    ALLEXCEPT (
        Sales,                        -- 忽略客户和产品类别外的所有筛选器
        Sales[CustomerKey],
        Customer,
        'Product'[Category]
    )
)
```

Sales 表中（隐藏）的度量值

```
Date Lost Customer :=
VAR MaxDate =
    CALCULATE (                          -- 最后销售日期是当前区间（根据度量值调用）的最大订单日期
        MAX ( Sales[Order Date] ),
        ALLEXCEPT (
            Sales,                       -- 忽略客户和产品类别外的所有筛选器
            Sales[CustomerKey],
            Customer,
            'Product'[Category]
        )
    )
VAR Result =
    IF (
        NOT ISBLANK ( MaxDate ),
        EOMONTH ( MaxDate, 2 )           -- 2个月后（月末）
    )
RETURN
    Result
```

Sales 表中（隐藏）的度量值

```
Date Temporary Lost Customer :=
VAR MaxDate =
    CALCULATE (                          -- 最后销售日期是当前区间（根据度量值调用）的最大订单日期
        MAX ( Sales[Order Date] ),
        ALLEXCEPT (
            Sales,                       -- 忽略日期、客户和产品类别外的所有筛选器
            'Date',
            Sales[CustomerKey],
            Customer,
            'Product'[Category]
        )
    )
VAR Result =
    IF (
        NOT ISBLANK ( MaxDate ),
        EOMONTH ( MaxDate, 2 )           -- 2个月后（月末）
    )
RETURN
    Result
```

如上段代码所示，内部度量值忽略了 Customer 和 Product[Category]之外的其他筛选器。

13.5.2 新客户

计算新客户的方法如下。

Sales 表中的度量值

```
# New Customers :=
VAR FilterCategories =
    CALCULATETABLE (
        VALUES ( 'Product'[Category] ),
        ALLSELECTED ( 'Product' )
    )
VAR CustomersWithNewDate =
```

```
        CALCULATETABLE (                      -- 准备一张包含每个客户、类别和首次购买日期的表
            ADDCOLUMNS (
                SUMMARIZE (
                    Sales,
                    Sales[CustomerKey],
                    'Product'[Category]
                ),
                "@NewCustomerDate", [Date New Customer]
            ),
            ALLSELECTED ( Customer ),    -- 用 ALLSELECTED 筛选产品类别
            FilterCategories,
            ALLEXCEPT (
                Sales,
                Sales[CustomerKey],
                Customer            -- 删除 ALLSELECTED 检索到的客户以外的所有筛选器以使不同单元格内的结果保持一致
            )
        )
VAR CustomersCategoryNewDate =
    TREATAS (
        CustomersWithNewDate,    -- 更改数据沿袭，以便 NewCustomerDate 列映射到 Date[Date]列，并可用于连接或
                                 -- 筛选模型中的同一列
        Sales[CustomerKey],
        'Product'[Category],
        'Date'[Date]
    )
VAR ActiveCustomersCategories =
    CALCULATETABLE (
        SUMMARIZE (             -- 检索当前选择下活跃的客户、类别和日期的组合
            Sales,
            Sales[CustomerKey],
            'Product'[Category],
            'Date'[Date]
        ),
        ALLEXCEPT (             -- 删除 ALLSELECTED 检索到的日期和客户以外的所有筛选器以使不同单元格内的结果
                               -- 保持一致
            Sales,
            'Date',
            Sales[CustomerKey],
            Customer
        ),
        VALUES ( 'Product'[Category] )   -- 保留相关产品类别的筛选器
    )
VAR ActiveNewCustomers =
    NATURALINNERJOIN (                  -- 在当前选择下连接日期和类别筛选客户
        CustomersCategoryNewDate,
        ActiveCustomersCategories
    )
VAR NewCustomers =
    DISTINCT (                   -- 获得新客户唯一值的列表
        SELECTCOLUMNS (
            ActiveNewCustomers,
            "CustomerKey", Sales[CustomerKey]
        )
    )
VAR Result =
    COUNTROWS ( NewCustomers )
RETURN
    Result
```

在此版本的度量值中，CustomersWithNewDate 变量可能会为每个产品类别计算一个不同的日期。实际上，SUMMARIZE 函数使用 Product[Category]列作为分组条件。因此，TREATAS

为 CustomersWithNewDate 中的三列指定数据沿袭，以便稍后可以使用@NewCustomerDate 列筛选或关联 Date[Date]列。

出于性能方面的原因，变量 CustomersWithNewDate 和 CustomersCategoryNewDate 不随报表中单元格的筛选上下文变化而改变，因此对于单个视图，它们的结果只计算一次。为了获得实际的新客户，有必要在计算# New Customers 的筛选上下文中筛选那些不可见的组合。这是由变量 ActiveNewCustomers 中的 NATURALINNERJOIN 函数实现的，它将筛选上下文中可见的客户、日期和类别的组合 ActiveCustomersCategories 变量与 CustomersCategoryNewDate 变量中的组合连接起来。

变量 NewCustomers 删除了重复的客户，这些客户可能是同一时期不同类别的新客户。这样，可以将 NewCustomers 用作接下来度量值计算中的筛选器，或者可以计算新客户的数量，如#New Customers 度量值。

度量值 Sales NewCustomers 和# NewCustomers 类似，唯一的区别是变量 Result 使用变量 NewCustomersCat 作为 CALCULATE 中的筛选器，而不只是计算变量 NewCustomers 的行数。因此，我们在这里只显示代码的最后一部分，未修改的部分省略掉了。

Sales 表中的度量值

```
Sales New Customers :=
...
VAR NewCustomersCat =
    SELECTCOLUMNS (                              -- 选取新客户/类别数据、移除日期
        ActiveNewCustomers,
        "CustomerKey", Sales[CustomerKey],
        "Category", 'Product'[Category]
    )
VAR Result =
    CALCULATE (
        [Sales Amount],                          -- 计算新客户数（或销售额总和）
        KEEPFILTERS ( NewCustomersCat )          -- 对新客户应用筛选器
    )
RETURN
    Result
```

13.5.3　流失客户

计算流失客户数量的方法如下。

Sales 表中的度量值

```
# Lost Customers :=
VAR LastDateLost =
    CALCULATE (
        MAX ( 'Date'[Date] ),
        ALLSELECTED ( 'Date' )
    )
VAR CustomersWithLostDate =
    CALCULATETABLE (
        ADDCOLUMNS (
            SUMMARIZE (                          -- 准备一张包含每个客户、类别和相应流失日期的表
                Sales,
```

```
                Sales[CustomerKey],
                'Product'[Category]
            ),
            "@LostCustomerDate", [Date Lost Customer]
        ),
        'Date'[Date] <= LastDateLost,
        ALLSELECTED ( Customer ),
        VALUES ( 'Product'[Category] ), -- 删除 ALLSELECTED 检索到的客户以外的所有筛选器以使不同单元格内结果保持一致
        ALLEXCEPT (
            Sales,
            Sales[CustomerKey],
            Customer
        )
    )
VAR LostCustomersCategories =
    FILTER (                               -- 筛选出流失日期在当前期间的客户
        CustomersWithLostDate,
        [@LostCustomerDate]
            IN VALUES ( 'Date'[Date] )
    )
VAR LostCustomers =
    DISTINCT (
        SELECTCOLUMNS (                    -- 获得流失客户唯一值的列表
            LostCustomersCategories,
            "CustomerKey", Sales[CustomerKey]
        )
    )
VAR Result =
    COUNTROWS ( LostCustomers )
RETURN
    Result
```

在此版本的度量值中，CustomersWithLostDate 变量可能会为每个产品类别计算一个不同的日期。其原因是 SUMMARIZE 函数使用 Product[Category]列作为分组条件，并且客户可能对每个类别有不同的流失日期。

变量 LostCustomersCategories 仅筛选在选定时间段内包含流失日期的客户和类别的组合。与 NewCustomers 度量值类似，变量 LostCustomers 将删除重复的客户，这样它既可以用作筛选器，也可以计算流失的客户数量。

13.5.4　暂时流失客户

计算暂时流失客户数量的度量值是计算流失客户数量的度量值的变体。

Sales 表中的度量值

```
# Temporarily Lost Customers :=
VAR LastDateLost =
    CALCULATE (
        MAX ( 'Date'[Date] ),
        ALLSELECTED ( 'Date' )
    )
VAR MinDate = MIN ( 'Date'[Date] )
VAR FilterCategories =
    CALCULATETABLE (
        VALUES ( 'Product'[Category] ),
        ALLSELECTED ( 'Product' )
```

```
        )
    VAR CustomersWithLostDateComplete =
        CALCULATETABLE (                               -- 准备一张包含每个客户、类别和相应流失日期的表
            ADDCOLUMNS (
                SUMMARIZE (
                    Sales,
                    Sales[CustomerKey],
                    'Product'[Category]
                ),
                "@TemporarilyLostCustomerDate", CALCULATE (
                    [Date Temporary Lost Customer],
                    'Date'[Date] < MinDate
                )
            ),
            ALLSELECTED ( Customer ),
            FilterCategories,              -- 用 ALLSELECTED 筛选产品类别
            ALLEXCEPT (
                Sales,
                Sales[CustomerKey],
                Customer           -- 删除 ALLSELECTED 检索到的客户以外的所有筛选器使不同单元格内的结果保持一致
            )
        )
    VAR CustomersWithLostDate =
        FILTER (
            CustomersWithLostDateComplete,   -- 过滤没有暂时流失日期的客户
            NOT ISBLANK ( [@TemporarilyLostCustomerDate] )
        )
    VAR PotentialTemporarilyLostCustomers =
        FILTER (
            CustomersWithLostDate,
            [@TemporarilyLostCustomerDate]
                IN VALUES ( 'Date'[Date] )    -- 筛选出流失日期在当前区间的客户
        )
    VAR ActiveCustomersCategories =
        CALCULATETABLE (
            ADDCOLUMNS (
                SUMMARIZE (
                    Sales,
                    Sales[CustomerKey],
                    'Product'[Category]       -- 获取当前区间每个客户和类别组合的首次订单日期
                ),
                "@MinOrderDate", CALCULATE ( MIN ( Sales[Order Date] ) )
            ),
            ALLEXCEPT (
                Sales,                        -- 删除客户和日期之外所有筛选器
                Sales[CustomerKey],
                Customer,
                'Date'
            ),
            VALUES ( 'Product'[Category] )    -- 保留相关的产品类别筛选器
        )
    VAR TemporarilyLostCustomersCategories =
        FILTER (
            NATURALLEFTOUTERJOIN (
                PotentialTemporarilyLostCustomers,
                ActiveCustomersCategories
            ),                                -- 通过关联潜在流失客户和活跃客户，再比较日期，以筛选出暂时流失客户
            OR (
                ISBLANK ( [@MinOrderDate] ),
                [@MinOrderDate] > [@TemporarilyLostCustomerDate]
            )
        )
```

13

```
VAR TemporarilyLostCustomers =
    DISTINCT (
        SELECTCOLUMNS (                              -- 获取暂时流失客户列表
            TemporarilyLostCustomersCategories,
            "CustomerKey", Sales[CustomerKey]
        )
    )
VAR Result =
    COUNTROWS ( TemporarilyLostCustomers )
RETURN
    Result
```

CustomersWithLostDateComplete 变量需要使用 VALUES 函数在 Product[Category]列上强制进行筛选，尽管可能不会对该列进行直接筛选，而是通过筛选其他列对 Product[Category]列进行交叉筛选。

同样，ActiveCustomersCategories 变量创建了一个包含 Sales[CustomerKey]和 Product[Category]组合的表，以及每个客户和产品类别组合的首次购买日期。然后，将该表与变量 Potential TemporarilyLostCustomers 关联，该变量包含在当前筛选条件下可见的 CustomerWithLostDate 的内容。连接结果筛选了日期超过暂时流失日期的部分，并在 TemporarilyLostCustomersCategories 变量中返回。

最后，为了避免对同一客户进行多次计数，度量值在最终计算暂时流失客户数量之前提取了客户键。

13.5.5 复活客户

复活客户数量是在当前时间段内进行购买之前暂时流失的客户数量，计算代码如下。

Sales 表中的度量值

```
# Recovered Customers :=
VAR LastDateLost =
    CALCULATE (
        MAX ( 'Date'[Date] ),
        ALLSELECTED ( 'Date' )
    )
VAR MinDate = MIN ( 'Date'[Date] )
VAR FilterCategories =
    CALCULATETABLE (
        VALUES ( 'Product'[Category] ),
        ALLSELECTED ( 'Product' )
    )
VAR CustomersWithLostDateComplete =
    CALCULATETABLE (
        ADDCOLUMNS (
            SUMMARIZE (                              -- 准备一张包含每个客户、类别和相应流失日期的表
                Sales,
                Sales[CustomerKey],
                'Product'[Category]
            ),
            "@TemporarilyLostCustomerDate", CALCULATE (
                [Date Temporary Lost Customer],
                'Date'[Date] < MinDate
            )
        ),
```

```
            ALLSELECTED ( Customer ),
            FilterCategories,          -- 用 ALLSELECTED 筛选产品类别
            ALLEXCEPT (
                Sales,
                Sales[CustomerKey],
                Customer          -- 删除 ALLSELECTED 检索到的客户以外的所有筛选器以使不同单元格内结果保持一致
            )
        )
    VAR CustomersWithLostDate =
        FILTER (
            CustomersWithLostDateComplete,  -- 过滤没有暂时流失日期的客户
            NOT ISBLANK ( [@TemporarilyLostCustomerDate] )
        )
    VAR ActiveCustomersCategories =
        CALCULATETABLE (
            ADDCOLUMNS (
                SUMMARIZE (
                    Sales,
                    Sales[CustomerKey],
                    'Product'[Category]    -- 获取当前区间每个客户和类别组合的首次订单日期
                ),
                "@MinOrderDate", CALCULATE ( MIN ( Sales[Order Date] ) )
            ),
            ALLEXCEPT (
                Sales,                  -- 删除客户和日期之外所有其他的筛选器
                Sales[CustomerKey],
                Customer,
                'Date'
            ),
            VALUES ( 'Product'[Category] )  -- 保留相关的产品类别筛选器
        )
    VAR RecoveredCustomersCategories =
        FILTER (
            NATURALINNERJOIN (
                ActiveCustomersCategories,
                CustomersWithLostDate    -- 通过关联活跃客户和暂时流失客户，再比较日期，以筛选出复活客户
            ),
            [@MinOrderDate] > [@TemporarilyLostCustomerDate]
        )
    VAR RecoveredCustomers =
        DISTINCT (
            SELECTCOLUMNS (          -- 获取复活客户列表
                RecoveredCustomersCategories,
                "CustomerKey", Sales[CustomerKey]
            )
        )
    VAR Result =
        COUNTROWS ( RecoveredCustomers )
    RETURN
        Result
```

度量值首先确定在当前日期之前暂时流失的客户，同样是按照 Product[Category]进行汇总的。因为 Sales[CustomerKey]和 Product[Category]列是存储在 CustomerWithLostDateComplete 和 ActiveCustomers 变量中的表的一部分，因此在变量 RecoveredCustomersCategories 中进行的连接将返回一个包含这两列的表。这确保了在给定类别中之前被认为是流失的客户，仅在购买了相同类别产品的情况下，才可以变为复活的客户。某个客户可能在此表中多次出现，因此变量 RecoveredCustomersCategories 删除了重复的客户，来对唯一的已复活客户进行统计或筛选。Sales Recovered Customers 度量值类似于# Recovered Customers；唯一的区别是

Result 变量在 CALCULATE 中使用 RecoveredCustomersCat 变量作为筛选器,而不是仅仅计算 # RecoveredCustomers 度量值中相应的 RecoveredCustomersCategories 变量的行。因此,这里我们只展示了代码的最后一部分,相同的部分使用省略号。

Sales 表中的度量值

```
Sales Recovered Customers :=
...
VAR RecoveredCustomersCat =
    DISTINCT (
        SELECTCOLUMNS (                          -- 获得复活客户的唯一值和类别的列表
            RecoveredCustomersCategories,
            "CustomerKey", Sales[CustomerKey],
            "Category", 'Product'[Category]
        )
    )
VAR Result =
    CALCULATE (
        [Sales Amount],
        KEEPFILTERS ( RecoveredCustomersCat )
    )
RETURN
    Result
```

13.5.6 回头客户

计数类度量值的最后一个是# Returning Customers。

Sales 表中的度量值

```
# Returning Customers :=
VAR MinDate = MIN ( 'Date'[Date] )
VAR FilterCategories =
    CALCULATETABLE (
        VALUES ( 'Product'[Category] ),
        ALLSELECTED ( 'Product' )
    )
VAR CustomersWithNewDate =
    CALCULATETABLE (
        ADDCOLUMNS (
            SUMMARIZE (                -- 准备一张包含了每一个客户和类别组合的首次购买日期的表
                Sales,
                Sales[CustomerKey],
                'Product'[Category]
            ),
            "@NewCustomerDate", [Date New Customer]
        ),
            ALLSELECTED ( Customer ),
        FilterCategories,          -- 用 ALLSELECTED 筛选产品类别
        ALLEXCEPT (
            Sales,
            Sales[CustomerKey],
            Customer               -- 删除 ALLSELECTED 检索到的客户以外的所有筛选器使不同单元格内结果保持一致
        )
    )
VAR ExistingCustomers =           -- 要计算存在的客户
    FILTER (
```

```
                CustomersWithNewDate,
                [@NewCustomerDate] < MinDate    -- 需筛选全部客户并且检查他们的首次购买时间是否要早于当期
            )
    VAR ActiveCustomersCategories =
        CALCULATETABLE (
            SUMMARIZE (
                Sales,
                Sales[CustomerKey],             -- 检索当前所选的活跃客户、类别和日期的组合
                'Product'[Category],
                'Date'[Date]
            ),
            ALLEXCEPT (
                Sales,
                'Date',
                Sales[CustomerKey],             -- 删除 ALLSELECTED 检索到的日期和客户以外的所有筛选器使不同单元格内的结果
                                                -- 保持一致
                Customer
            ),
            VALUES ( 'Product'[Category] )      -- 保留相关产品类别的筛选器
        )
    VAR ReturningCustomersCategories =
        NATURALINNERJOIN (
            ActiveCustomersCategories,
            ExistingCustomers               -- 关联活跃客户和现有客户
        )
    VAR ReturningCustomers =
        DISTINCT (
            SELECTCOLUMNS (                 -- 获得复活客户唯一值的列表
                ReturningCustomersCategories,
                "CustomerKey", Sales[CustomerKey]
            )
        )
    VAR Result =
        COUNTROWS ( ReturningCustomers )
    RETURN
        Result
```

#ReturningCustomers 度量值创建了一个 CustomersWithNewDate 变量，该变量获取客户和产品类别组合的首次销售日期。此结果与当前筛选上下文中的客户和产品类别的组合相关联。其结果是 Returning Customers 变量中的回头客户集，该变量在#ReturningCustomers 度量值中计数。Sales Returning Customers 度量值使用 ReturningCustomersCat 变量作为筛选器来取代 ReturningCustomers 变量。这里我们只写出它的最后几行代码，其余的代码与前面的相同。

Sales 表中的度量值

```
Sales Returning Customers :=
...
VAR ReturningCustomersCat =
    SELECTCOLUMNS (                         -- 选择新客户/类别和移除日期
        ReturningCustomersCategories,
        "CustomerKey", Sales[CustomerKey],
        "Category", 'Product'[Category]
    )
VAR Result =
    CALCULATE (
        [Sales Amount],
```

```
      KEEPFILTERS ( ReturningCustomersCat )  -- 计算存在于变量 ReturningCustomersCat 的客户的销售额
  )
RETURN
  Result
```

13.6　快照绝对模式

动态计算新客户和回头客户是一个非常昂贵的操作。因此，快照绝对模式通常使用预计算表（快照）以所需粒度存储最相关的日期来实现。

尽管灵活性有所降低，但通过使用预计算表，我们可以获得更快的解决方案。在预先计算的绝对模式中，新客户和回头客户的状态不取决于应用在报表上的筛选器。利用该模式得到的结果与动态绝对模式的结果一致。

该模式使用快照表，其中包含每个客户的相关状态（新的、流失的、暂时流失的和复活的），如图 13-10 所示。

新增和流失状态对于每个客户都是唯一的，而暂时流失和复活状态可能会随着时间的推移在每个客户中多次出现。

CustomerKey	Date	Event
1325	01/03/2007	New
1325	03/31/2007	Temporarily lost
1325	04/23/2007	Recovered
1325	08/31/2007	Lost
1325	08/31/2007	Temporarily lost
1817	01/09/2007	New
1817	01/31/2008	Lost
1817	01/31/2008	Temporarily lost
1817	05/31/2007	Temporarily lost
1817	11/12/2007	Recovered
2618	03/14/2007	New
2618	07/31/2007	Temporarily lost
2618	07/31/2007	Lost

图 13-10　快照表包含每个客户
的完整历史记录

生成的表通过常规关系连接到 Customer 和 Date 表。生成的模型如图 13-11 所示。

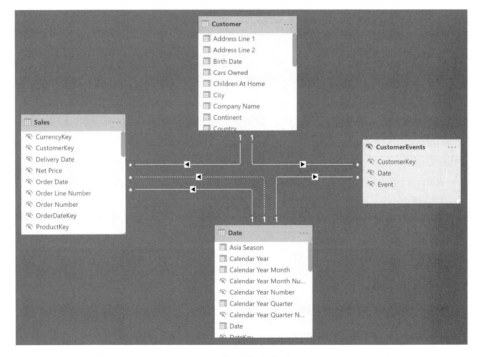

图 13-11　CustomerEvents 快照表连接到 Customer 和 Date 表

构建 CustomerEvents 表是关键的一步。通过在 DAX 中使用计算表创建这个表来作为派生快照，对于新增和流失状态来说是相对有效的，而对于暂时流失和复活状态来说则是非常昂贵的。请记住，计算复活状态需要借助于暂时流失状态。在拥有数十万客户或上亿条销售记录的模型中，你应该考虑在数据模型之外准备这个表，并将它作为一个简单的表导入。

一旦建立了该模型，DAX 的度量值就会变得简单而有效。实际上，对于此模型，无须创建外部和内部度量值——外部度量值已经足够简单。CustomerEvents 表已经定义了客户状态的完整逻辑。这就是最终的 DAX 代码要简单得多的原因。

唯一需要注意的是# Returning Customers 度量值，因为它动态计算客户数量，而忽略 Date 和 Customer 表之外的任何筛选器。Returning Customers 的计算要减去通过查询 CustomerEvents 快照表获得的新客户数量。

Sales 表中的度量值

```
# New Customers :=
CALCULATE (
    COUNTROWS ( CustomerEvents ),
    KEEPFILTERS ( CustomerEvents[Event] = "New" )
)
```

Sales 表中的度量值

```
# Lost Customers :=
CALCULATE (
    COUNTROWS ( CustomerEvents ),
    KEEPFILTERS ( CustomerEvents[Event] = "Lost" )
)
```

Sales 表中的度量值

```
# Temporarily Lost Customers :=
CALCULATE (
    DISTINCTCOUNT ( CustomerEvents[CustomerKey] ),
    KEEPFILTERS ( CustomerEvents[Event] = "Temporarily lost" )
)
```

Sales 表中的度量值

```
# Recovered Customers :=
CALCULATE (
    DISTINCTCOUNT ( CustomerEvents[CustomerKey] ),
    KEEPFILTERS ( CustomerEvents[Event] = "Recovered" )
)
```

Sales 表中的度量值

```
# Returning Customers :=
VAR NewCustomers = [# New Customers]
VAR NumberOfCustomers =
    CALCULATE (
        [# Customers],
        ALLEXCEPT ( Sales, 'Date', Customer )
    )
VAR ReturningCustomers =
```

```
    NumberOfCustomers - NewCustomers
VAR Result =
    IF ( ReturningCustomers <> 0, ReturningCustomers )
RETURN
    Result
```

计算新客户和回头客户销售额的度量值利用了 CustomerEvents 快照表和 Customer 表之间的物理关系，从而减少 DAX 代码量并且提高了效率。

Sales 表中的度量值

```
Sales New Customers :=
CALCULATE (
    [Sales Amount],
    KEEPFILTERS ( CustomerEvents[Event] = "New" ),
    CROSSFILTER (
        CustomerEvents[CustomerKey],
        Customer[CustomerKey],
        BOTH
    )
)
```

Sales 表中的度量值

```
Sales Recovered Customers :=
CALCULATE (
    [Sales Amount],
    KEEPFILTERS ( CustomerEvents[Event] = "Recovered" ),
    CROSSFILTER (
        CustomerEvents[CustomerKey],
        Customer[CustomerKey],
        BOTH
    )
)
```

Sales 表中的度量值

```
Sales Returning Customers :=
VAR SalesAmount = [Sales Amount]
VAR SalesNewCustomers = [Sales New Customers]
VAR SalesReturningCustomers = SalesAmount - [Sales New Customers]
VAR Result =
    IF (
        SalesReturningCustomers <> 0,
        SalesReturningCustomers
    )
RETURN
    Result
```

在 DAX 中创建派生的快照表

我们建议在数据模型之外创建 CustomerEvents 快照表。实际上，在 DAX 中创建它是一个昂贵的操作，需要大量的内存和处理能力来刷新数据模型。本节中描述的 DAX 实现在拥有几千个客户和几百万个销售记录的模型上运行良好。如果你的模型更大，则可以使用其他工具或语言实现类似的业务逻辑，这些工具或语言在数据准备方面做了更多优化。

该计算的复杂部分是检索客户暂时流失然后可能复活的日期。每个客户可能会多次触发这些事件。因此，对于每笔交易，我们在 Sales 表的两个计算列中计算两个日期，具体如下。

❑ TemporarilyLostDate：当 Sales 中的当前行与日期之间没有其他交易时，通过 Date Temporary Lost Customer 度量值获得的日期。如果同一位客户在同一日期进行了多笔交易，则所有这些交易在 TemporarilyLostDate 列中都将具有相同的值。

❑ RecoveredDate：这是同一客户在 TemporarilyLostDate 之后首次购买商品的日期。如果在 TemporarilyLostDate 之后没有销售事件，则此列为空。

这些计算列的代码如下。

Sales 表中的计算列

```
TemporarilyLostDate =
VAR TemporarilyLostDate =
    CALCULATE (
        [Date Temporary Lost Customer],
        ALLEXCEPT ( Sales, Sales[Order Date], Sales[CustomerKey] )
    )
VAR CurrentCustomerKey = Sales[CustomerKey]
VAR CurrentDate = Sales[Order Date]
VAR CheckTemporarilyLost =
    ISEMPTY (
        CALCULATETABLE (
            Sales,
            REMOVEFILTERS ( Sales ),
            Sales[CustomerKey] = CurrentCustomerKey,
            Sales[Order Date] > CurrentDate
                && Sales[Order Date] <= TemporarilyLostDate
        )
    )
VAR Result =
    IF ( CheckTemporarilyLost, TemporarilyLostDate )
RETURN
    Result
```

Sales 表中的计算列

```
RecoveredDate =
VAR TemporarilyLostDate = Sales[TemporarilyLostDate]
VAR Result =
    IF (
        NOT ISBLANK ( TemporarilyLostDate ),
        CALCULATE (
            MIN ( Sales[Order Date] ),
            ALLEXCEPT ( Sales, Sales[CustomerKey] ),
            DATESBETWEEN ( 'Date'[Date], TemporarilyLostDate+1, BLANK() )
        )
    )
RETURN
    Result
```

然后，我们使用这些计算列获取两个计算表，以作为计算 CustomerEvents 快照表的中间步骤。如果希望利用外部工具仅计算暂时流失和复活的事件，则应考虑从数据源导入这两个表，并使用专用的数据准备工具来准备它们的内容。这两个表如图 13-12 和图 13-13 所示。

CustomerKey	TemporarilyLostDate	Event
1325	03/31/2007	Temporarily lost
1325	08/31/2007	Temporarily lost
1817	01/31/2008	Temporarily lost
1817	05/31/2007	Temporarily lost
2618	07/31/2007	Temporarily lost

CustomerKey	RecoveredDate	Event
1325	04/23/2007	Recovered
1817	11/12/2007	Recovered

图 13-12　TempLostDates 表只包含暂时流失事件　　　图 13-13　RecoveredDates 表只包含复活事件

使用这些中间表，并通过对 4 个状态进行合并，得到 CustomerEvents 计算表。

计算表

```
CustomerEvents =
VAR CustomerGranularity =
    ALLNOBLANKROW ( Sales[CustomerKey] )
VAR NewDates =
    ADDCOLUMNS (
        CustomerGranularity,
        "Date", [Date New Customer],
        "Event", "New"
    )
VAR LostDates =
    ADDCOLUMNS (
        CustomerGranularity,
        "Date", [Date Lost Customer],
        "Event", "Lost"
    )
VAR Result =
    UNION (
        NewDates,
        LostDates,
        TempLostDates,
        RecoveredDates
    )
RETURN
    Result
```

将计算分解为更小的步骤对于教学目的很有用，并且可以为你在数据模型之外实现的部分计算提供指导。但是，如果你完全在 DAX 中实现计算，则可以跳过中间的 TempLostDates 和 RecoveredDates 计算表。在这种情况下，你必须注意 CALCULATE 函数，并通过迭代 ALLNOBLANKROW 的结果而获得显式筛选器来避免循环依赖。这就要对 CustomerEvents 表进行更详细的定义，此处建议使用 CustomerEventsSingleTable 名称。

计算表

```
CustomerEventsSingleTable =
VAR CustomerGranularity =
    ALLNOBLANKROW ( Sales[CustomerKey] )
VAR LostDates =
    ADDCOLUMNS (
        CustomerGranularity,
        "Date", [Date New Customer],
        "Event", "New"
    )
VAR NewDates =
    ADDCOLUMNS (
```

```
            CustomerGranularity,
            "Date", [Date Lost Customer],
            "Event", "Lost"
        )
VAR _TempLostDates =
    CALCULATETABLE (
        SUMMARIZE (
            Sales,
            Sales[CustomerKey],
            Sales[TemporarilyLostDate],
            "Event", "Temporarily lost"
        ),
        FILTER (
            ALLNOBLANKROW ( Sales[TemporarilyLostDate] ),
            NOT ISBLANK ( Sales[TemporarilyLostDate] )
        )
    )
VAR _RecoveredDates =
    CALCULATETABLE (
        SUMMARIZE (
            Sales,
            Sales[CustomerKey],
            Sales[RecoveredDate],
            "Event", "Recovered"
        ),
        FILTER (
            ALLNOBLANKROW ( Sales[RecoveredDate] ),
            NOT ISBLANK ( Sales[RecoveredDate] )
        )
    )
VAR Result =
    UNION (
        NewDates,
        LostDates,
        _TempLostDates,
        _RecoveredDates
    )
RETURN
    Result
```

13

尽管示例文件包含 CustomerEventsSingleTable 的定义，但报告中的度量值没有使用该表。
如果你想使用这种方法，可以将 CustomerEvents 的定义替换为 CustomerEventsSingleTable 中的表达
式，并从模型中删除前一个表达式，还可以删除不再使用的 TempLostDates 和 RecoveredDates 计
算表。

## 第 14 章

关联性的非重复计数

当你有一个或多个与某一维度相关联的事实表，并且需要对维度表中的列值进行非重复计数，而列值仅考虑事实表中产生相关交易的项时，关联性的非重复计数模式就非常有用。出于演示目的，我们在一个有两个事实表 Sales 和 Receipts 的模型中对产品名称进行非重复计数。

因为产品名称不是唯一的（我们通过删除产品名称中的颜色描述人为地引入了重复的名称），所以在 Sales 或 Receipts 表中对 product key 进行简单的非重复计数是不起作用的。我们还将介绍如何对出现在两个表中和出现在至少其中一个表中的产品名称进行非重复计数。

模式描述

Product[Product Name]列在 Product 表中不是唯一的，我们需要对产生相关销售交易的产品名称进行非重复计数。该模型包含两个与产品交易相关的表：Sales 和 Receipts。数据模型如图 14-1 所示。

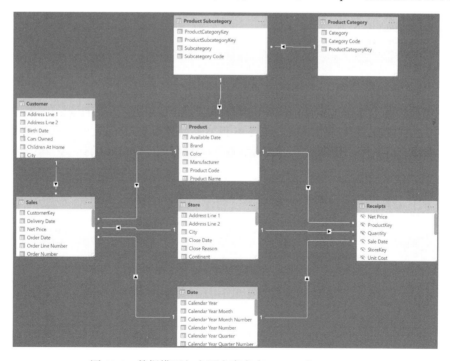

图 14-1　数据模型包含两个事实表：Sales 和 Receipts

基于此模型，我们要对以下情况的产品名称进行非重复计数。

☐ 在 Sales 表中。

☐ 在 Receipts 表中。

☐ 同时在 Sales 和 Receipts 表中。

☐ 至少在 Sales 和 Receipts 其中一个表中。

报告如图 14-2 所示。

Calendar Year	# Prods from Sales	# Prods from Receipts	# Prods from Both	# Prods from Any
⊟ CY 2007	589	679	588	680
January	149	479	141	487
February	148	501	143	506
March	172	526	161	537
April	169	561	162	568
May	174	591	169	596
June	156	579	146	589
July	145	575	140	580
August	160	585	152	593
September	173	605	165	613
October	178	605	169	614
November	160	609	157	612
December	184	628	172	640
⊟ CY 2008	689	785	689	785
January	150	606	144	612
Total	848	880	848	880

图 14-2　报告显示了模式中演示的 4 个度量值

前两个度量值的代码如下。

Sales 表中的度量值

```
# Prods from Sales :=
VAR ProdsFromSales =
    SUMMARIZE ( Sales, 'Product'[Product Name] )
VAR Result =
    SUMX ( ProdsFromSales, 1 )      -- 对 COUNTROWS ( ProdsFromSales )度量值写法的优化
RETURN
    Result
```

Receipts 表中的度量值

```
# Prods from Receipts :=
VAR ProdsFromReceipts =
    SUMMARIZE ( Receipts, 'Product'[Product Name] )
VAR Result =
    SUMX ( ProdsFromReceipts, 1 )    -- 对 COUNTROWS ( ProdsFromReceipts )度量值写法的优化
RETURN
    Result
```

度量值# Prods from Sales 和# Prods from Receipts 使用 SUMMARIZE 函数检索相关表中涉及的非重复产品名称。SUMX 函数只是计算这些产品的数量，使用它而不使用 COUNTROWS 函数或 DISTINCTCOUNT 函数只是出于性能的考虑，更多细节请参见 SQLBI 官网中的文章 "Analyzing the performance of DISTINCTCOUNT in DAX"。

尽管代码长度比使用 DISTINCTCOUNT 函数和双向交叉筛选的方法要长，但在常见的情况下（产品数量明显小于交易数量），此版本代码的运行速度更快。

注意：在度量值# Prods from Sales和# Prods from Receipts中计算Result变量的自然语法应该是使用COUNTROWS函数。在简单的度量值中使用SUMX函数只是出于性能原因。此模式接下来的度量值中将使用COUNTROWS函数，因为在更复杂的表达式中使用SUMX函数没有任何优势。

使用 SUMMARIZE 函数和 COUNTROWS 函数的公式非常容易扩展，以满足接下来的用于生成产品名称的交集（# Prods from Both）或并集（# Prods from Any）的公式。

Receipts 表中的度量值

```
# Prods from Both :=
VAR ProdsFromSales =
    SUMMARIZE ( Sales, 'Product'[Product Name] )
VAR ProdsFromReceipts =
    SUMMARIZE ( Receipts, 'Product'[Product Name] )
VAR ProdsFromBoth =
    INTERSECT ( ProdsFromSales, ProdsFromReceipts )
VAR Result =
    COUNTROWS ( ProdsFromBoth )
RETURN
    Result
```

Receipts 表中的度量值

```
# Prods from Any :=
VAR ProdsFromSales =
    SUMMARIZE ( Sales, 'Product'[Product Name] )
VAR ProdsFromReceipts =
    SUMMARIZE ( Receipts, 'Product'[Product Name] )
VAR ProdsFromOne =
    DISTINCT ( UNION ( ProdsFromSales, ProdsFromReceipts ) )
VAR Result =
    COUNTROWS ( ProdsFromOne )
RETURN
    Result
```

上面介绍了 INTERSECT 和 UNION 函数的示例。但是这种模式可以轻松调整以执行更复杂的计算。再举一个例子，度量值# Prods in Sales and not in Receipts 通过使用集合函数 EXCEPT，而不是之前度量值中使用的INTERSECT 或 UNION 函数来计算存在于 Sales 表中而不是 Receipts 表中的产品名称的数量。

Sales 表中的度量值

```
# Prods in Sales and not in Receipts :=
VAR ProdsFromSales =
    SUMMARIZE ( Sales, 'Product'[Product Name] )
VAR ProdsFromReceipts =
    SUMMARIZE ( Receipts, 'Product'[Product Name] )
VAR ProdsFromSalesAndNotReceipts =
    EXCEPT ( ProdsFromSales, ProdsFromReceipts )
```

```
VAR Result =
    COUNTROWS ( ProdsFromSalesAndNotReceipts )
RETURN
    Result
```

图 14-3 显示了度量值# Prods in Sales and not in Receipts 的结果。

Calendar Year	# Prods from Sales	# Prods from Receipts	# Prods in Sales and not in Receipts
⊟ **CY 2007**	**589**	**679**	**1**
January	149	479	8
February	148	501	5
March	172	526	11
April	169	561	7
May	174	591	5
June	156	579	10
July	145	575	5
August	160	585	8
September	173	605	8
October	178	605	9
November	160	609	3
December	184	628	12
⊟ **CY 2008**	**689**	**785**	
January	150	606	6
Total	**848**	**880**	

图 14-3　# Prods in Sales and not in Receipts 度量值对 Sales 中出现而 Receipts 中未出现的产品进行计数

该模式可以扩展到对表中的任何列进行非重复计数，只要这些列可以通过事实表中的多对一关系来访问即可。这是因为 SUMMARIZE 函数可以按照这些列中的任何一列进行分组。

14

## 第 15 章

事件进展

事件进展模式有着广泛的应用场景。在处理发展一段时间的事件（具有开始日期和结束日期的事件）时，它非常有用。事件处于开始日期和结束日期之间视为在进展中。下面以 Contoso 订单为例：每个订单都有一个订单日期和交付日期。订单的下单日视为起始日期，订单的交付日视为结束日期。已下单但未交付的订单视为未结订单。我们感兴趣的是计算某一天有多少笔未结订单，以及它们的金额是多少。

与前文描述的多种模式一样，事件进展既可以用度量值进行动态处理，也能够用快照表的形式获取静态结果。

15.1 事件进展的定义

要计算 Contoso 在特定日期有多少笔未结订单，在图 15-1 中你可以看到按"天"级别的计算结果；每天的未结订单数量是前一天的未结订单数，加上当天收到的订单，再减去当天已结算的订单数。EOP 代表期末（End of Period）。

Calendar Year	# Orders Received	# Orders Delivered	# Open Orders EOP
⊟ **CY 2007**	**11,703**	**11,421**	**282**
⊟ **January**	**1,546**	**1,063**	**483**
01/02/2007	27		27
01/03/2007	80		107
01/04/2007	118		225
01/05/2007	54		279
01/06/2007			279
01/07/2007	41		320
01/08/2007		2	318
01/09/2007	73	3	388
01/10/2007	115	17	486
01/11/2007	40	22	504
01/12/2007	24	33	495
01/13/2007	59	57	497
01/14/2007		49	448
01/15/2007	105	62	491
Total	**21,601**	**21,601**	

图 15-1 报表显示每天收到、交付和未结的订单数量

然而，这样的方法在计算一段时间（例如一个月或一年）的未结订单数时会产生歧义。下文会阐述这种歧义。为避免这种歧义，清楚地定义所需的结果尤为重要。如图 15-2 所示，就单日看，未结订单的数量是明确的。

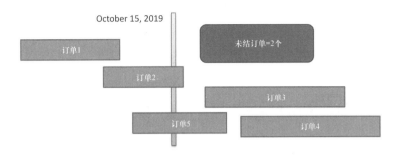

图 15-2　2019 年 10 月 15 日当天有两笔未结订单

在图 15-2 中，只有 2 号订单和 5 号订单在所考虑的日期（2019 年 10 月 15 日）未结。此时 1 号订单已交付，Contoso 尚未接到 3 号和 4 号订单。因此，能够清晰地定义计算逻辑。但是，对于更长的报表时间段（例如一个月），就很难定义计算逻辑。请看图 15-3，其持续时间要长得多，包括了整个 10 月。

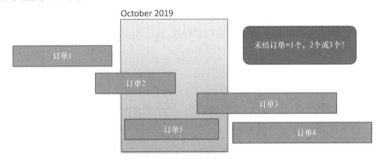

图 15-3　整个 2019 年 10 月，到底是有 1 个、2 个还是 3 个未结订单

在图 15-3 中，1 号订单在 10 月前就交付了，4 号订单在 10 月底之后，尚未由 Contoso 接收。因此，它们的状态是显而易见的。然而，2 号订单在月初时未结，月底完成了交付。3 号订单是 10 月的未结订单并在月底仍然未结。5 号订单在该月接收并交付。如你所见，在一天中可以直接进行的计算需要在汇总级别上有更明确的定义。

我们不想对每个可能的选项都做详尽描述。在这个模式下，对于计算超过"一天"时长的订单，只考虑以下 3 种定义——每个度量值都用列表中的后缀标识。

❏ **ALL**：返回该区间任意时段有过未结状态的订单。对于图 15-3，就有 3 个未结订单。5 号订单视为未结订单[1]，因为它在该区间内曾有一段时间是未结状态。

❏ **EOP**：考虑期末每个订单的状态。对于图 15-3，意味着仅有一个订单未结（3 号订单），因为所有其他订单在期末都已交付或尚未接收。

❏ **AVG**：计算该区间内每日未结订单数的平均值。这需要计算每一天未结订单的数量，然后在整个区间内对其求平均值。

对于未结订单可能还有不同的定义，但通常只是与上述 3 种情况略有不同。

① 另外两个是 2 号和 3 号订单。——译者注

15.2 未结订单

如果 Orders 表以正确的粒度存储数据（每个订单存储一行，包含订单日期和交付日期），则该模型如图 15-4 所示。

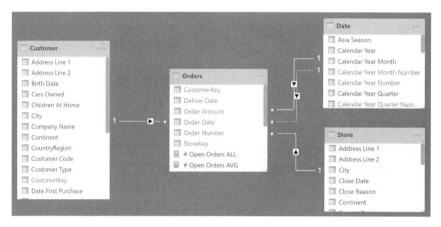

图 15-4 带有 Orders 表的数据模型

计算该模型未结订单的 DAX 代码非常简单。

Orders 表中的度量值

```
# Open Orders ALL :=
VAR MinDate = MIN ( 'Date'[Date] )
VAR MaxDate = MAX ( 'Date'[Date] )
VAR Result =
    CALCULATE (
        COUNTROWS ( Orders ),
        Orders[Order Date] <= MaxDate,
        Orders[Deliver Date] > MinDate,
        REMOVEFILTERS ( 'Date' )
    )
RETURN
    Result
```

值得注意的是，需要 REMOVEFILTERS 函数删除可能影响 Date 表的所有筛选器。

基于此度量值，你可以使用以下公式计算上文定义的另外两种未结订单数（期末和平均值）。

Orders 表中的度量值

```
# Open Orders EOP :=
CALCULATE (
    [# Open Orders ALL],
    LASTDATE ( 'Date'[Date] )
)
# Open Orders AVG :=
AVERAGEX (
    'Date',
    [# Open Orders ALL]
)
```

你可以在图 15-5 中看到这些公式的运算结果。

Calendar Year	# Orders Received	# Orders Delivered	# Open Orders ALL	# Open Orders EOP	# Open Orders AVG
⊟ **CY 2007**	**11,703**	**11,421**	**11,703**	**282**	**314.2**
January	1,546	1,063	1,546	483	433.9
February	1,278	1,423	1,711	338	480.8
March	1,128	1,152	1,418	314	352.4
April	1,332	1,199	1,601	447	427.6
May	1,144	1,166	1,512	425	355.0
June	723	926	1,097	222	279.0
July	913	880	1,076	255	273.9
August	725	746	955	234	239.5
September	773	824	997	183	266.8
October	582	491	738	274	180.5
November	779	837	1,031	216	268.0
December	780	714	963	282	231.9

图 15-5　3 种度量值分别计算出不同定义的未结订单数量

　　Orders 表中的每个订单可能有多行的记录。如果 Orders 表中每个订单的一条记录是一行，而不是每一个订单是一行，那么你应该在 Orders 表中包含每个订单唯一标识符的列上使用 DISTINCTCOUNT 函数，而不是使用 COUNTROWS 函数。示例模型中并没有这种情况，在这样的情形下，Open Orders ALL 度量值就要改动一行公式。

Orders 表中的度量值

```
# Open Orders ALL :=
VAR MinDate = MIN ( 'Date'[Date] )
VAR MaxDate = MAX ( 'Date'[Date] )
VAR Result =
    CALCULATE (
        DISTINCTCOUNT ( Orders[Order Number] ),    -- 如果有订单存在多行记录，使用 DISTINCTCOUNT 函数而非
                                                   -- COUNTROWS
        Orders[Order Date] <= MaxDate,
        Orders[Deliver Date] > MinDate,
        REMOVEFILTERS ( 'Date' )
    )
RETURN
    Result
```

　　如果要计算未结订单的美元金额，请使用 Sales Amount 度量值，而不要使用 COUNTROWS 或 DISTINCTCOUNT 函数。例如，Open Amount ALL 度量值的公式写法如下。

Orders 表中的度量值

```
Open Amount ALL :=
VAR MinDate = MIN ( 'Date'[Date] )
VAR MaxDate = MAX ( 'Date'[Date] )
VAR Result =
    CALCULATE (
        [Sales Amount],           -- 这里使用 Sales Amount 度量值而非 DISTINCTCOUNT 或者 COUNTROWS 函数
        Orders[Order Date] <= MaxDate,
        Orders[Deliver Date] > MinDate,
        REMOVEFILTERS ( 'Date' )
```

15

```
    )
RETURN
    Result
```

另外两种未结订单金额的度量值只是将基础度量值# Open Orders ALL 替换为#Open Amount ALL。

Orders 表中的度量值

```
Open Amount EOP :=
CALCULATE (
    [Open Amount ALL],
    LASTDATE ( 'Date'[Date] )
)
```

Orders 表中的度量值

```
Open Amount AVG :=
AVERAGEX (
    'Date',
    [Open Amount ALL]
)
```

图 15-6 显示了上面定义的度量值结果。

Calendar Year	Sales Amount	Delivered Amount	Open Amount ALL	Open Amount EOP	Open Amount AVG
⊟ **CY 2007**	**11,309,946.12**	**10,977,203.75**	**11,309,946.12**	**332,742.37**	**336,715.73**
January	794,248.24	578,954.57	794,248.24	215,293.67	244,229.27
February	891,135.91	764,149.38	1,062,037.07	342,280.20	314,930.36
March	961,289.24	1,036,668.02	1,279,111.61	266,901.42	339,674.85
April	1,128,104.82	1,097,388.37	1,379,979.47	297,617.87	405,690.70
May	936,192.74	831,896.19	1,183,655.41	401,914.42	310,091.28
June	982,304.46	978,997.31	1,341,849.56	405,221.58	358,079.60
July	922,542.98	1,135,885.72	1,306,013.92	191,878.84	365,149.51
August	952,834.59	752,205.77	1,130,437.87	392,507.66	318,889.87
September	1,009,868.98	1,053,201.67	1,397,466.29	349,174.97	387,043.26
October	914,273.54	915,091.22	1,237,929.67	348,357.29	338,129.57
November	825,601.87	864,090.04	1,143,645.57	309,869.11	319,769.31
December	991,548.75	968,675.49	1,262,992.31	332,742.37	337,810.46

图 15-6　3 种度量值依次显示各自定义的未结订单金额

本节描述的公式在小型数据集中运行效果很好，但是需要公式引擎做大量的运算。在中型规模及以上的数据库里，这样做会导致性能降低——想想成千上万的订单量要统计会如何。如果需要更好的性能，使用快照表是一个很好的选择。

15.3　结合快照的未结订单

建立快照表可简化计算并提高性能。一张按天生成的快照表，它的一行就记录着某一天及这天的未结订单号。因此，一份持续 10 天未结的订单在快照表中就会有 10 行记录。

图 15-7 展示了快照的一部分。

Order Number	Date
200701022CS425	1/2/2007
200701022CS425	1/3/2007
200701022CS425	1/4/2007
200701022CS425	1/5/2007
200701022CS425	1/6/2007
200701022CS425	1/7/2007
200701022CS425	1/8/2007
200701022CS425	1/9/2007
200701022CS425	1/10/2007
200701022CS425	1/11/2007
200701022CS425	1/12/2007
200701022CS425	1/13/2007

图 15-7　每个订单的行数与其保持未结状态的天数一致

对于快照表包含数千万行的大型数据模型，建议使用特定的 ETL 或 SQL 查询来获取快照结果。对于较小的数据模型，可以使用 Power Query 或 DAX 创建快照表。例如，可以通过以下 Open Orders 计算表的定义创建示例模型的快照。

计算表

```
Open Orders =
SELECTCOLUMNS (
    GENERATE (
        Orders,
        DATESBETWEEN (
            'Date'[Date],
            Orders[Order Date],
            Orders[Deliver Date] - 1
        )
    ),
    "StoreKey", Orders[StoreKey],
    "CustomerKey", Orders[CustomerKey],
    "Order Number", Orders[Order Number],
    "Date", 'Date'[Date]
)
```

在图 15-8 中，你可以看到 Open Orders 快照表与模型中的其他表均已建立关系。

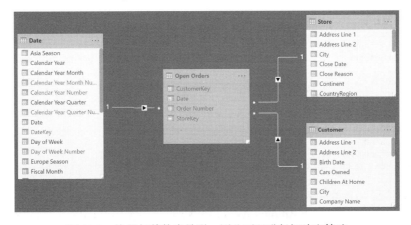

图 15-8　快照与其他表关联，因此可以进行切片和筛选

使用快照可以更快、更简洁地编写计算未结订单数量的公式。

Orders 表中的度量值

```
# Open Orders ALL :=
DISTINCTCOUNT ( 'Open Orders'[Order Number] )
```

Orders 表中（隐藏）的度量值

```
# Rows Open Orders :=
COUNTROWS ( 'Open Orders' )
```

Orders 表中的度量值

```
# Open Orders EOP :=
CALCULATE (
    [# Rows Open Orders],
    LASTDATE ( 'Date'[Date] )
)
```

Orders 表中的度量值

```
# Open Orders AVG :=
AVERAGEX (
    'Date',
    [# Rows Open Orders]
)
```

只有# Open Orders ALL 度量值需要用到 DISTINCTCOUNT 函数。另外两个度量值# Open Orders EOP 和# Open Orders AVG 计算每天的未结订单的数量，可以通过对快照表使用运行速度更快的 COUNTROWS 函数来完成。

Open Amount ALL 度量值需要你将未结订单列表作为筛选器应用于 Orders 表。这可以通过 TREATAS 函数来实现。

Orders 表中的度量值

```
Open Amount ALL :=
VAR OpenOrders =
    DISTINCT ( 'Open Orders'[Order Number] )
VAR FilterOpenOrders =
    TREATAS (
        OpenOrders,
        Orders[Order Number]
    )
VAR Result =
    CALCULATE (
        [Sales Amount],
        FilterOpenOrders,
        REMOVEFILTERS ( Orders )
    )
RETURN Result
```

Open Amount EOP 和 Open Amount AVG 度量值的公式参照基础度量值 Open Amount ALL，而不是# Open Orders ALL。

Orders 表中的度量值

```
Open Amount EOP :=
CALCULATE (
    [Open Amount ALL],
    LASTDATE ( 'Date'[Date] )
)
```

Orders 表中的度量值

```
Open Amount AVG :=
AVERAGEX (
    'Date',
    [Open Amount ALL]
)
```

快照的大小取决于订单数量和订单的平均持续时间。如果订单处于 Open 的状态通常只维持数天，那么可以使用日级别的数据粒度。如果订单通常在更长的时间段内（例如几年）处于活跃状态，则应考虑将快照数据粒度改为月的级别——每个月未结的每一个订单作为快照的一行。

一个可能的优化之处是要将 Orders 表和 Open Orders 表间的关系设为非活动状态[①]，而且仅在 Orders 表的每个订单只占用一行时才有用——此时 Orders[Order Number]列每个值都唯一，因此是一对多的关系。非活动关系如图 15-9 中突出显示的虚线关联那样。不要将表与表之间的非活动关联应用于多对多关系，因为基于 TREATAS 函数的纯 DAX 方法与非活动状态的表关联在查询性能上相似并且更易于管理。

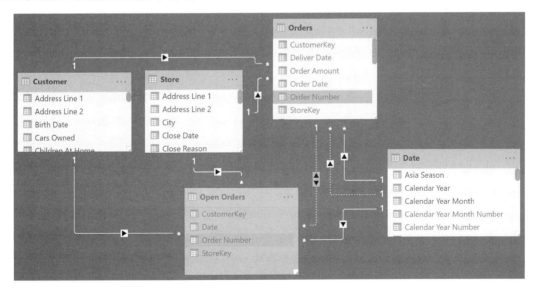

图 15-9　非活动的一对多关系能够带来性能上的优化

接着可以用 Open Amount ALL optimized 度量值代替先前的 Open Amount ALL 度量值。

---

① Power BI 中表之间的关系设置可参考 Microsoft 官网的文章"Power BI Desktop 中的模型关系"。——译者注

Orders 表中的度量值

```
Open Amount ALL optimized :=
CALCULATE (
    [Sales Amount],
    USERELATIONSHIP ( 'Open Orders'[Order Number], Orders[Order Number] ),
    CROSSFILTER ( Orders[Order Date], 'Date'[Date], NONE )
)
```

借助关系传递筛选条件减轻了公式引擎的负荷并提升了所有基于# Open Amount ALL 的度量值的性能。你只需考虑 USERELATIONSHIP 函数在不同的模型中会带来的副作用，并通过 CROSSFILTER 函数来消除数据模型中可能出现的歧义。像本例一样，通常把 Orders 表和 Date 表之间的关系禁用应该就足够了，但是要仔细核查、比对优化后的度量值和基于 TREATAS 函数的度量值，以确保结果的准确。

## 第 16 章

排名

对事物进行排名是很普遍的需求。找到最优质的客户、计算产品的排名或查出销量最佳的地区是管理层最常提出的问题。

排名既可以是静态的，也可以是动态的。静态排名是指筛选器不会影响产品的排名位置，而动态排名会在用户每次与报表进行交互时计算排名。例如，在动态排名中，对年份的选择会重新计算排名顺序。

所有基础的排名计算均基于 RANKX 函数，而更高级的技术（如筛选出排名前 10 的产品）则需要 TOPN 函数和进阶的表计算来完成。

16.1　静态排名

你可以使用计算列为产品进行静态排名。计算列是在数据刷新期间计算的。因此，静态排名的值不依赖报表筛选器。例如在图 16-1 中，第一个产品的排名为 1，因为 LCD HDTV M140 在所有类别的产品中都是销量最高的。第二个产品（SV 16xDVD M360 Black）的排名是 4 而不是 2，原因是排在第 2 位和第 3 位的产品不在类别切片器所选择的 TV and Video 类别里。然而，正因为静态排名不会考虑报表筛选器，所以它能显示报告中可见产品的全局排名。

Category		Product Name	Product Rank	Sales Amount
☐ Audio	⌄	Adventure Works 26" 720p LCD HDTV M140 Silver	1	1,303,983.46
☐ Cameras and camcorders		SV 16xDVD M360 Black	4	364,714.41
☐ Cell phones		Contoso Home Theater System 7.1 Channel M1700 Silver	76	54,620.16
☐ Computers		Litware Home Theater System 5.1 Channel M511 Silver	97	50,104.32
☐ Games and Toys		Contoso Home Theater System 7.1 Channel M1700 White	105	47,917.10
☐ Home Appliances		Contoso Home Theater System 5.1 Channel M1500 Silver	129	42,543.93
☐ Music, Movies and Audio Books		Contoso Home Theater System 7.1 Channel M1700 Black	143	39,693.85
■ TV and Video				

图 16-1　即便只有一部分产品可见，报告仍显示了所选产品的全局排名

移除对类别的筛选，全局排名按预期的那样显示出所有产品的排名，如图 16-2 所示。

Category		Product Name	Product Rank	Sales Amount
☐ Audio	⌄	Adventure Works 26" 720p LCD HDTV M140 Silver	1	1,303,983.46
☐ Cameras and camcorders		A. Datum SLR Camera X137 Grey	2	725,840.28
☐ Cell phones		Contoso Telephoto Conversion Lens X400 Silver	3	683,779.95
☐ Computers		SV 16xDVD M360 Black	4	364,714.41
☐ Games and Toys		Contoso Projector 1080p X980 White	5	257,154.75
☐ Home Appliances		Contoso Washer & Dryer 21in E210 Pink	6	182,094.12
☐ Music, Movies and Audio Books		Fabrikam Independent filmmaker 1/3'' 8.5mm X200 White	7	165,594.00
☐ TV and Video				

图 16-2　在类别没有被筛选的情况下，产品排名逐行递增

基于 Sales Amount 度量值计算产品的静态排名，需要在 Product 表中新增一个计算列。

Product 表中的计算列

```
Product Rank =
RANKX (
    ALL ( 'Product' ),
    [Sales Amount]
)
```

代码中的 ALL 函数不是必需的，但仍然加上了，因为它能阐明对所有产品进行排名的意图。随着时间的推移，这样做可以使代码有更好的可读性。

你可以使用类似的公式来获得产品子集的排名。例如，以下计算列用于计算产品在其所属类别内的排名。

Product 表中的计算列

```
Rank in Category =
RANKX (
    ALLEXCEPT ( 'Product', 'Product'[Category] ),
    [Sales Amount]
)
```

如图 16-3 所示，第四行（SV 16xDVD M360 Black）对应的 Product Rank 列结果为 4，而 Rank in Category 列结果为 2，因为后者是该产品在其所属类别内的排名。

Product Name	Category	Product Rank	Rank in Category	Sales Amount
Adventure Works 26" 720p LCD HDTV M140 Silver	TV and Video	1	1	1,303,983.46
A. Datum SLR Camera X137 Grey	Cameras and camcorders	2	1	725,840.28
Contoso Telephoto Conversion Lens X400 Silver	Cameras and camcorders	3	2	683,779.95
SV 16xDVD M360 Black	TV and Video	4	2	364,714.41
Contoso Projector 1080p X980 White	Computers	5	1	257,154.75
Contoso Washer & Dryer 21in E210 Pink	Home Appliances	6	1	182,094.12

图 16-3　Rank in Category 列显示的是产品在所属类别内的排名

16.2　动态排名

动态排名模式生成的排名结果随着报告筛选器的变化而改变。因此，它是基于度量值的而非计算列，如图 16-4 所示。

Category	Product Name	Sales Amount	Product Rank
☐ Audio	Adventure Works 26" 720p LCD HDTV M140 Silver	1,303,983.46	1
☐ Cameras and camcorders	SV 16xDVD M360 Black	364,714.41	2
☐ Cell phones	Contoso Home Theater System 7.1 Channel M1700 Silver	54,620.16	3
☐ Computers	Litware Home Theater System 5.1 Channel M511 Silver	50,104.32	4
☐ Games and Toys	Contoso Home Theater System 7.1 Channel M1700 White	47,917.10	5
☐ Home Appliances	Contoso Home Theater System 5.1 Channel M1500 Silver	42,543.93	6
☐ Music, Movies and Audio Books	Contoso Home Theater System 7.1 Channel M1700 Black	39,693.85	7
■ TV and Video			

图 16-4　动态排名使用报告筛选器对可见的产品进行排名

Product Rank 度量值的代码如下：

Product 表中的度量值

```
Product Rank :=
IF (
    ISINSCOPE ( 'Product'[Product Name] ),
    VAR SalesAmountCurrentProduct = [Sales Amount]
    VAR ProductRank =
        RANKX (
            ALLSELECTED ( 'Product' ),
            [Sales Amount]
        )
    VAR Result =
        IF (
            NOT ISBLANK ( SalesAmountCurrentProduct ),
            ProductRank
        )
    RETURN
        Result
)
```

要获得不同的排名，需要修改 RANKX 函数迭代的表。例如，图 16-5 展示的 Rank in Category 度量值返回同类别产品间的排名情况，并同时考虑报告中存在的所有其他筛选器。

Category	Sales Amount	Product Rank	Rank in Category
⊟ **Audio**	**13,805.31**		
Contoso 4GB Portable MP3 Player M450 Yellow	1,247.35	16	5
Contoso 8GB MP3 Player new model M820 Yellow	1,782.20	15	4
NT Bluetooth Stereo Headphones E52 Yellow	385.35	31	6
NT Wireless Bluetooth Stereo Headphones E302 Yellow	1,986.95	12	2
WWI 4GB Video Recording Pen X200 Yellow	6,541.60	4	1
WWI Stereo Bluetooth Headphones New Generation M370 Yellow	1,861.86	13	3
⊟ **Cameras and camcorders**	**2,409.33**		
Contoso Lens Cap Keeper E314 Yellow	329.08	33	2
Contoso USB Cable M250 Yellow	2,080.25	10	1
⊟ **Computers**	**10,379.00**		
Contoso Ultraportable Neoprene Sleeve E30 Yellow	549.12	27	5
SV 40GB USB2.0 Portable Hard Disk E400 Yellow	4,469.73	7	1
SV 4GB Laptop Memory M65 Yellow	3,823.60	8	2
SV 512MB Laptop memory E800 Yellow	842.95	20	3
SV 80GB USB2.0 Portable Hard Disk E500 Yellow	693.60	24	4

图 16-5　Rank in Category 度量值显示当前类别内的产品排名

Rank in Category 度量值的定义如下。

Product 表中的度量值

```
Rank in Category :=
VAR SalesAmountCurrentProduct = [Sales Amount]
VAR ProductsInCategory =
    CALCULATETABLE (
        'Product',
        REMOVEFILTERS ( 'Product'[Product Name] ),
        ALLSELECTED ( 'Product' ),
        VALUES ( 'Product'[Category] )
```

```
    )
VAR ProductRank =
    IF (
        ISINSCOPE ( 'Product'[Product Name] ),
        RANKX (
            ProductsInCategory,
            [Sales Amount]
        )
    )
VAR Result =
    IF (
        NOT ISBLANK ( SalesAmountCurrentProduct ),
        ProductRank
    )
RETURN
    Result
```

16.3   显示每个类别的前 3 名产品

排名对于获取基于给定组内产品的排名来筛选产品的报告非常有用。例如，图 16-6 的报告展示了如何获取每个类别的前三名产品。有两套可行的方案可用于该场景，具体取决于产品名称是否作为报表内容的一部分。

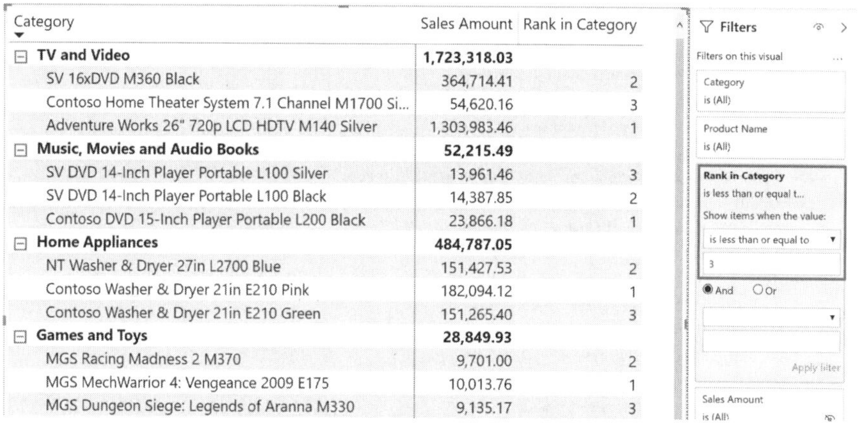

图 16-6   该报表通过视觉对象筛选器中的 Rank in Category 度量值，显示了每个类别的前三名产品

如果报表中包含产品名称，那么可以使用动态模式的 Rank in Category 度量值，并依靠 Power BI 视觉对象筛选器来完成筛选。

尽管这个技巧的功能不是最强的，但仍是筛选出前三名产品的非常有效的方法。此外，它还解决了按名称显示前三名产品这一常见的诉求。

然而，如果产品名称不在视图中，那么就不能使用该方法。因为视图的数据粒度无法和度量值保持兼容，所以无效。在图 16-7 中，我们从先前的报表中移除了产品名称。

视觉对象筛选器无效的原因是它只作用在视图层级的最大数据粒度——产品类别上。因此，视觉对象筛选器不一定适用于产品粒度。为了能够对产品名称进行筛选，显示 Sales Amount 的度量值必须以正确的粒度计算排名，并确定要计算的产品名称范围，最后把这些产品用作筛选器。此时必须使用 Sales Top 3 Products 度量值计算前三名产品的金额。

Category	Sales Amount	Rank in Category
TV and Video	4,392,768.29	
Music, Movies and Audio Books	314,206.74	
Home Appliances	9,600,457.04	
Games and Toys	360,652.81	
Computers	6,741,548.73	
Cell phones	1,604,610.26	
Cameras and camcorders	7,192,581.95	
Audio	384,518.16	
Total	**30,591,343.98**	

图 16-7　Sales Amount 显示每个类别的所有产品总金额，忽略了 Rank in Category 度量值的筛选作用

Sales 表中的度量值

```
Sales Top 3 Products :=
VAR TopThreeProducts =
    GENERATE (
        ALLSELECTED ( 'Product'[Category] ),
        TOPN (
            3,
            ALLSELECTED ( 'Product'[Product Name] ),
            [Sales Amount]                  -- 在每个类别中获取销售额排名前三的产品名称
        )
    )
VAR Result =
    CALCULATE (
        [Sales Amount],
        KEEPFILTERS ( TopThreeProducts )    -- 将获得的产品名称用作筛选器进而计算前三名产品的销售金额
    )
RETURN
    Result
```

从图 16-8 可以看到，与 Sales Amount 并列显示的 Sales Top 3 Products 度量值的计算结果。尽管产品名称不在报表中，但是 Sales Top 3 Products 度量值严格检索每个类别中前三名产品的销售金额，同时忽略了其余产品。报表的总计行结果也是如此。

Category	Sales Amount	Sales Top 3 Products
TV and Video	4,392,768.29	1,723,318.03
Music, Movies and Audio Books	314,206.74	52,215.49
Home Appliances	9,600,457.04	484,787.05
Games and Toys	360,652.81	28,849.93
Computers	6,741,548.73	561,915.65
Cell phones	1,604,610.26	92,242.59
Cameras and camcorders	7,192,581.95	1,575,214.23
Audio	384,518.16	88,428.16
Total	**30,591,343.98**	**4,606,971.13**

图 16-8　Sales Top 3 Products 度量值计算了每个类别里前三名产品的销售金额

在性能方面，**Sales Top 3 Products** 度量值公式比采用视觉对象筛选器的方法运行稍慢。因此建议在条件允许的情况下采用本节介绍的第一种方法，只在绝对必要或客户端工具不支持视觉对象筛选器的情况下再用度量值模式解决。

第 17 章

层次结构

在数据模型中创建层次结构，能让用户通过数据属性所建议的导航路径这种简便的方式对数据模型进行探查。层次结构的定义要遵循模型的需求。例如，Date 表通常包含由年、季、月、日组成的层次结构。同样，Product 表通常包括一个通用的层次结构，如类别、子类别、产品。

借助层次结构，我们能够在报表中一次性插入多列数据，层次结构对于驱动计算也很有帮助。例如，某个度量值可以将销售额显示为相对于当前层次结构的父级销售额的百分比。同样的思路，任何其他的计算都能自定义成与层次结构的每个级别相关联的计算。

17.1　检测当前级别的层次结构

涉及层次结构的计算都需要使用 DAX 代码检测层次结构的当前级别。因此，了解如何检测度量值计算时所处的层次结构的级别非常重要。图 17-1 展示了度量值 Product Level，其唯一的目的是检测当前浏览内容所处的层次结构。Product Level 度量值通常在模型中隐藏[①]，因为它仅用于在其他度量值中实现与层次结构相关的计算。

Category	Product Level
⊟ **Audio**	**Category**
⊟ **Bluetooth Headphones**	**Subcategory**
NT Bluetooth Active Headphones E202 Black	Product
NT Bluetooth Active Headphones E202 Red	Product
NT Bluetooth Active Headphones E202 Silver	Product
NT Bluetooth Active Headphones E202 White	Product
NT Bluetooth Stereo Headphones E52 Black	Product
NT Bluetooth Stereo Headphones E52 Blue	Product
NT Bluetooth Stereo Headphones E52 Pink	Product
NT Bluetooth Stereo Headphones E52 Yellow	Product
NT Wireless Bluetooth Stereo Headphones E102 Black	Product
NT Wireless Bluetooth Stereo Headphones E102 Blue	Product
NT Wireless Bluetooth Stereo Headphones E102 Silver	Product
Total	**No filter**

图 17-1　报告显示了正在浏览的产品级别

Product Level 度量值定义如下。

[①] 作为内部度量值嵌套在其他的度量值中。——译者注

Product 表中（隐藏）的度量值

```
Product Level :=
VAR IsProductInScope = ISINSCOPE ( 'Product'[Product Name] )
VAR IsSubcatInScope = ISINSCOPE ( 'Product'[Subcategory] )
VAR IsCatInScope = ISINSCOPE ( 'Product'[Category] )
VAR Result =
    SWITCH (
        TRUE (),
        IsProductInScope, "Product",
        IsSubcatInScope, "Subcategory",
        IsCatInScope, "Category",
        "No filter"
    )
RETURN
    Result
```

通过使用 ISINSCOPE 函数，IsProductInScope、IsSubcatInScope 和 IsCatInScope 这 3 个变量依次检查每一层级是否为当前数据项的直接分组依据。如果是，那么相应的列在筛选上下文中有唯一值。

SWITCH 语句从最细粒度的第一个可见级别开始检测层次结构，其中的条件顺序是相互关联的。当检测的数据项属于产品的范畴时，也必定属于更上一级的类别和子类别的范畴。因此，度量值必须首先检验最具约束条件的筛选器。对当前层级的计算必须从层次结构的最低级别开始依次往上做检验。

Product Level 度量值本身并没有直接用途，但是可以为基于层次结构的当前级别所做的计算提供帮助。利用该度量值能够便捷地为本章模式稍后介绍的度量值检测当前的层次级别。

> 注意：当ISINSCOPE函数不可用时，可以用ISFILTERED函数替代——这一方法适用于Excel 2019及之前的版本。但是，如果使用ISFILTERED，在层次结构上运行的DAX表达式会预设那些比当前视觉对象层次结构里最高层级还要高的级别未被其他外部筛选器筛选——也就是说，不应在切片器和筛选器设置中应用它们，也不应在其他视觉对象中选中它们。为了防止用户这样做，如果ISINSCOPE函数不可用，那么最佳的做法是只在隐藏的列里创建层次结构——这意味着要复制应用于层次结构级别的相关列，这些被复制的列可用作单独的筛选器和切片器，而不影响层次结构本身的DAX计算。

17.2 父节点百分比

一个常见的层级计算是用度量值求当前数值占父节点的百分比，如图 17-2 所示。

Category	Sales Amount	% Parent
⊟ **Audio**	**102,722.07**	**0.91%**
⊟ **Bluetooth Headphones**	**23,865.91**	**23.23%**
NT Bluetooth Active Headphones E202 Silver	227.70	0.95%
NT Bluetooth Stereo Headphones E52 Blue	20,378.34	85.39%
NT Bluetooth Stereo Headphones E52 Pink	164.42	0.69%
NT Wireless Bluetooth Stereo Headphones E102 Black	388.40	1.63%
NT Wireless Bluetooth Stereo Headphones E102 Silver	287.70	1.21%
NT Wireless Bluetooth Stereo Headphones E102 White	383.60	1.61%
NT Wireless Bluetooth Stereo Headphones E302 Black	275.74	1.16%
NT Wireless Bluetooth Stereo Headphones E302 Pink	324.40	1.36%
WWI Stereo Bluetooth Headphones E1000 Blue	539.20	2.26%
WWI Stereo Bluetooth Headphones E1000 Green	471.80	1.98%
WWI Stereo Bluetooth Headphones E1000 White	424.62	1.78%
⊟ **MP4&MP3**	**60,256.16**	**58.66%**
Contoso 1G MP3 Player E100 White	180.05	0.30%
Contoso 2G MP3 Player E200 Black	129.42	0.21%
Contoso 2G MP3 Player E200 Blue	120.79	0.20%
Contoso 2G MP3 Player E200 Silver	143.44	0.24%
Contoso 4G MP3 Player E400 Green	479.92	0.80%
Contoso 4G MP3 Player E400 Silver	43,366.77	71.97%
Contoso 4GB Flash MP3 Player E401 Blue	901.09	1.50%
Contoso 512MB MP3 Player E51 Blue	81.84	0.14%
Contoso 512MB MP3 Player E51 Silver	184.59	0.31%
Total	**11,309,946.12**	

图 17-2　百分比是根据层次结构中的父节点的值计算的

% Parent 度量值检测层次结构中当前单元格的级别，并将父级的数值作为分母进行计算。

Sales 表中的度量值

```
% Parent :=
VAR AllSelProds =
    ALLSELECTED ( 'Product' )
VAR ProdsInCat =
    CALCULATETABLE (
        'Product',
        AllSelProds,
        VALUES ( 'Product'[Category] )
    )
VAR ProdsInSub =
    CALCULATETABLE (
        'Product',
        ProdsInCat,
        VALUES ( 'Product'[SubCategory] )
    )
VAR Numerator = [Sales Amount]
VAR Denominator =
    SWITCH (
        [Product Level],
        "Category", CALCULATE ( [Sales Amount], AllSelProds ),
        "Subcategory", CALCULATE ( [Sales Amount], ProdsInCat ),
        "Product", CALCULATE ( [Sales Amount], ProdsInSub )
    )
VAR Result =
    DIVIDE (
        Numerator,
        Denominator
    )
RETURN
    Result
```

第18章

父子层次结构

父子层次结构通常用于展示会计科目表、商店、销售人员等。父子层次结构具有一种特殊的存储层次结构的方式，即它们具有可变的数据纵深度。在此模式中，我们会展示如何使用父子层次结构并结合会计科目表和地理层次结构划分来显示报表中的预算、实际和预测值。

18.1 介绍

在父子模式中，层次结构不是通过原始数据源的表中是否存在列来定义的。在层次结构所基于的结构中，每个节点都与其父节点的键关联。例如，图 18-1 显示定义地理结构的父子层次结构的前几行数据，它们用来划分销售区域。

基于此数据结构，我们需要在 Contoso North America 项下显示 Contoso United States，如图 18-2 所示。

EntityKey	ParentEntityKey	EntityName
1		Contoso North America
2		Contoso Europe
3		Contoso Asia
4	1	Contoso United States
5	2	Contoso UK
6	2	Contoso France
7	2	Contoso Italy

图 18-1　Entity 表为每个实体存储父实体的键值

Level1	Total
⊞ **Contoso Asia**	27,957,344.35
⊞ **Contoso Europe**	7,857,490.02
⊟ **Contoso North America**	7,110,490.04
⊞ **Contoso Canada**	-164,073.58
⊟ **Contoso United States**	7,274,563.63
⊟ **Contoso Alaska**	-221,591.89
Contoso Anchorage Store	-221,591.89
⊞ **Contoso Catalog Store**	-14,350,470.79
⊞ **Contoso Colorado**	-1,398,224.98
⊞ **Contoso Connecticut**	-46,258.81

图 18-2　父子层次结构中的明细数据从父键派生

父子模式实现了包含实体的表的某种自连接，这在表格模型[①]中是不被支持的。由于其内在特性，父子层次结构也可能具有可变的数据纵深度：根据导航路径的不同，从上到下遍历层次结构的级别数目可能不同。基于这些原因，父子层次结构应该按照本章描述的技术来实现。

父子层次结构通常用于会计科目表。在这种情况下，节点还定义了用于将值聚合到其父节点的标记。图 18-3 中的会计科目表显示了费用是从总额中减去的，而收入是增项，尽管显示的

---

① SQL Server Analysis Services (SSAS)有多种方法或模式，可用于创建商业智能语义模型：表格和多维。Power BI 本质就是　SSAS 的表格模型，详细内容参考 Microsoft 官网的"比较表格和多维解决方案"文档。——译者注

数字都是正数。

Level1	Total No Signs
⊟ Profit and Loss after tax	42,925,324.41
⊟ Profit and Loss before tax	78,729,580.06
⊟ Expense	273,188,226.99
⊟ Cost of Goods Sold	154,362,424.28
⊟ Selling, General & Administrative Expenses	118,825,802.71
⊟ Administration Expense	13,213,475.64
⊟ Human Capital	23,697,599.09
⊟ IT Cost	11,183,230.60
⊟ Light, Heat, Communication Cost	11,134,446.21
⊟ Marketing Cost	35,454,610.14
⊟ Back-to-School Ad Cost	6,646,719.98
⊟ Business Ad Cost	1,252,331.62
⊟ Holiday Ad Cost	24,581,461.24
Internet	8,129,807.30
Other	1,226,664.55
Print	11,775,980.25
Radio & TV	3,449,009.14
⊟ Spring Ad Cost	2,408,139.40
⊟ Tax Time / Summer Ad Cost	565,957.90
⊟ Other Expenses	2,471,889.07
⊟ Property Costs	21,670,551.96
⊟ Income	351,917,807.05
⊟ Sale Revenue	351,917,807.05
⊟ Taxation	35,804,255.64
Total	42,925,324.41

图 18-3   与会计科目表一起使用的父子层次结构可以定义用于聚合数值的符号

在父子层次结构上聚合数据的 DAX 表达式必须考虑用于在层次结构较低级别的节点聚合数据的标记。

18.2   基本的父子层次模式

表格模型既不支持可变深度的层次结构，也不支持自连接。处理父子层次结构的第一步是将层次结构展平为一个常规层次结构，该层次结构的每个可能的数据级别均由一列组成。我们必须将图 18-4 的数据结构扩展为图 18-5 的形式。在图 18-4 中，只含有定义父子层次结构所需的 3 列数据。

本例中父子层次结构的完全扩展需要 4 个级别。图 18-5 显示了层次结构的每个级别都有一个列，从 Level1 命名到 Level4。所需的列数取决于数据，因此可以添加额外的级别以适应将来对数据的更改。

EntityKey	ParentEntityKey	EntityName
1		Contoso North America
2		Contoso Europe
3		Contoso Asia
4	1	Contoso United States
5	2	Contoso UK
6	2	Contoso France
7	2	Contoso Italy

图 18-4   父子层次结构中的每个节点作为一行，每列都有特定名称，而不考虑层次结构中的级别数

EntityName	Level1	Level2	Level3	Level4
Contoso Ahal Province	Contoso Asia	Contoso Turkmenistan	Contoso Ahal Province	
Contoso Alaska	Contoso North America	Contoso United States	Contoso Alaska	
Contoso Albany Store	Contoso North America	Contoso United States	Contoso New York	Contoso Albany Store
Contoso Alberta	Contoso North America	Contoso Canada	Contoso Alberta	
Contoso Alexandria Store	Contoso North America	Contoso United States	Contoso Virginia	Contoso Alexandria Store
Contoso Alsace	Contoso Europe	Contoso France	Contoso Alsace	
Contoso Amsterdam Store	Contoso Europe	Contoso the Netherlands	Contoso North Holland	Contoso Amsterdam Store
Contoso Anchorage Store	Contoso North America	Contoso United States	Contoso Alaska	Contoso Anchorage Store
Contoso Annapolis Store	Contoso North America	Contoso United States	Contoso Maryland	Contoso Annapolis Store
Contoso Appleton Store	Contoso North America	Contoso United States	Contoso Wisconsin	Contoso Appleton Store
Contoso Arlington Store	Contoso North America	Contoso United States	Contoso Texas	Contoso Arlington Store
Contoso Armenia	Contoso Asia	Contoso Australia	Contoso Armenia	
Contoso Ashgabat No.2 Store	Contoso Asia	Contoso Turkmenistan	Contoso Ahal Province	Contoso Ashgabat No.2 Store
Contoso Ashgabat No.1 Store	Contoso Asia	Contoso Turkmenistan	Contoso Ahal Province	Contoso Ashgabat No.1 Store
Contoso Asia	Contoso Asia			

图 18-5 在扁平化的层次结构中，初始父子层次结构的每个级别都存储在单独的列里

第一步是使用 PATH 函数创建 EntityPath 辅助列。

Entity 表中的计算列

```
EntityPath =
PATH ( Entity[EntityKey], Entity[ParentEntityKey] )
```

EntityPath 辅助列包含了到达表中某行对应节点的完整路径，如图 18-6 所示。该辅助列用于定义 Level 列。

EntityKey	ParentEntityKey	EntityName	EntityPath
1		Contoso North America	1
2		Contoso Europe	2
3		Contoso Asia	3
4	1	Contoso United States	1|4
5	2	Contoso UK	2|5
6	2	Contoso France	2|6
7	2	Contoso Italy	2|7
8	2	Contoso Germany	2|8
9	2	Contoso the Netherlands	2|9
10	2	Contoso Denmark	2|10
11	2	Contoso Sweden	2|11

图 18-6 EntityPath 辅助列包含了从根级别至节点的遍历路径

所有 Level 列的代码都类似，只是对变量 LevelNumber 的赋值有所不同。下面是 Level1 列的代码。

Entity 表中的计算列

```
Level1 =
VAR LevelNumber = 1
VAR LevelKey = PATHITEM ( Entity[EntityPath], LevelNumber, INTEGER )
VAR LevelName = LOOKUPVALUE ( Entity[EntityName], Entity[EntityKey], LevelKey )
```

```
VAR Result = LevelName
RETURN
    Result
```

其他列具有不同的名称以及根据它们在层次结构中的相对位置赋给变量 LevelNumber 的相应的值。一旦所有 Level 列定义完成，就将它们隐藏，并在表中创建一个包含所有 Level 列的常规层次结构。只通过层次结构展示 Level 列，对确保用户能够以正确的方式浏览报表数据至关重要。

在报表中直接使用层次结构仍然不能达到最佳效果。因为所有的级别都会显示，即使它们可能不包含数值。图 18-7 显示了 Contoso Asia Online Store 下的一个空白行，尽管该节点的 Level4 列为空——这意味着该节点只能扩展 3 个级别，而不是 4 个级别。

为了隐藏不需要的行，必须检查每一行数据的当前级别是否对访问节点可用。你可以通过检查每个节点的纵深度来完成，这就需要借助层次结构表中定义每行数据节点纵深度的计算列。

Level1	Amount
⊟ **Contoso Asia**	**183,201,917.25**
⊞ **Contoso Australia**	**11,187,797.24**
⊞ **Contoso Bhutan**	**3,069,521.49**
⊟ **Contoso China**	**109,024,911.19**
⊟ **Contoso Asia Online Store**	**69,969,056.93**
	69,969,056.93
⊟ **Contoso Asia Reseller**	**23,267,326.65**
	23,267,326.65
⊟ **Contoso Beijing**	**3,726,108.03**
Contoso Beijing Store	3,726,108.03

图 18-7　Level 数据为空的行应该被隐藏，但默认情况下没有实现

Entity 表中的计算列

```
Depth =
PATHLENGTH ( Entity[EntityPath] )
```

我们需要两个度量值：EntityRowDepth 返回当前节点的最大纵深度，EntityBrowseDepth 利用 ISINSCOPE 函数返回当前矩阵数据的纵深度。

Entity 表中的度量值

```
EntityRowDepth :=
MAX ( Entity[Depth] )
```

Entity 表中的度量值

```
EntityBrowseDepth :=
    ISINSCOPE ( Entity[Level1] )
    + ISINSCOPE ( Entity[Level2] )
    + ISINSCOPE ( Entity[Level3] )
    + ISINSCOPE ( Entity[Level4] )
```

最后，如果 EntityRowDepth 大于浏览数据的纵深度，可用这两个度量值使结果为空。

StrategyPlan 表中的度量值

```
Sum Amount :=
SUM ( StrategyPlan[Amount] )
```

StrategyPlan 表中的度量值

```
Total Base :=
VAR Val = [Sum Amount]
```

```
VAR EntityShowRow =
    [EntityBrowseDepth] <= [EntityRowDepth]
VAR Result =
    IF ( EntityShowRow, Val )
RETURN
    Result
```

用 Total Base 度量值得到的报告不再包含空白的 Level 行，如图 18-8 所示。

Level1	Total Base
⊟ **Contoso Asia**	**183,201,917.25**
⊞ **Contoso Australia**	**11,187,797.24**
⊞ **Contoso Bhutan**	**3,069,521.49**
⊟ **Contoso China**	**109,024,911.19**
⊟ **Contoso Asia Online Store**	**69,969,056.93**
⊟ **Contoso Asia Reseller**	**23,267,326.65**
⊟ **Contoso Beijing**	**3,726,108.03**
Contoso Beijing Store	3,726,108.03

图 18-8　当 Total Base 度量值结果返回空值时，对应的 Level 为空的行也就不再显示

对于报告中可以使用父子层次结构的所有度量值，必须采用相同的模式。

18.3　会计科目表的层次结构

会计科目表是父子层次结构基本模式的变体，其层次结构还可用于驱动计算。层次结构中的每一行都被标记为收入、支出或税金。收入需要加总，支出和税金则必须从总额中减去。图 18-9 显示了包含层次结构各项的表的内容。

AccountKey	ParentAccountKey	AccountName	AccountType
1		Profit and Loss after tax	
2	24	Income	Income
3	24	Expense	Expense
4	2	Sale Revenue	Income
5	3	Cost of Goods Sold	Expense
6	3	Selling, General & Administrative Expenses	Expense
7	6	Administration Expense	Expense
8	6	IT Cost	Expense
9	6	Human Capital	Expense
10	6	Light, Heat, Communication Cost	Expense
11	6	Property Costs	Expense
12	6	Other Expenses	Expense
13	6	Marketing Cost	Expense
14	13	Holiday Ad Cost	Expense
15	13	Spring Ad Cost	Expense
16	13	Back-to-School Ad Cost	Expense
17	13	Business Ad Cost	Expense
18	13	Tax Time / Summer Ad Cost	Expense
19	1	Taxation	Taxation
20	14	Radio & TV	Expense
21	14	Print	Expense
22	14	Internet	Expense
23	14	Other	Expense
24	1	Profit and Loss before tax	

图 18-9　层次结构中的每一行都定义了 AccountType 用以驱动计算

其实现方法类似于父子模式，即按 AccountType 分组计算，并根据 AccountType 的值对计算结果应用适当的正负号。

StrategyPlan 表中的度量值

```
Total :=
VAR Val =
    SUMX (
        SUMMARIZE ( StrategyPlan, Account[AccountType] ),
        VAR SignToUse =
            IF ( Account[AccountType] = "Income", +1, -1 )
        VAR Amount = [Sum Amount]
        RETURN
            Amount * SignToUse
    )
VAR AccountShowRow = [AccountBrowseDepth] <= [AccountRowDepth]
VAR EntityShowRow = [EntityBrowseDepth] <= [EntityRowDepth]
VAR Result =
    IF ( AccountShowRow && EntityShowRow, Val )
RETURN
    Result
```

Total 度量值可以使用两种父子层次结构：在 Entity 表中定义的层次结构（如 18.2 节的示例）和在 Account 表中定义的层次结构（本节的主题）。

Total 度量值的公式返回层次结构中每个节点的正确结果。然而，在这类的报告中即便是支出项也通常被要求将数字显示为正数。你可以通过在报表级别更改计算结果的符号来满足此要求。以下 Total No Signs 度量值就以这种方式实现：首先确定要用于报表的符号，然后更改结果的符号，以便将支出显示为正数——即使它们在内部管理中实际是负数。

StrategyPlan 表中的度量值

```
Total No Signs :=
VAR BrowseLevel = [AccountBrowseDepth]
VAR AccountName =
    SWITCH (
        BrowseLevel,
        1, SELECTEDVALUE ( Account[Level1] ),
        2, SELECTEDVALUE ( Account[Level2] ),
        3, SELECTEDVALUE ( Account[Level3] ),
        4, SELECTEDVALUE ( Account[Level4] ),
        5, SELECTEDVALUE ( Account[Level5] ),
        6, SELECTEDVALUE ( Account[Level6] ),
        7, SELECTEDVALUE ( Account[Level7] )
    )
VAR AccountType =
    LOOKUPVALUE ( Account[AccountType], Account[AccountName], AccountName )
VAR ValueToShow = [Total]
VAR Result =
    IF ( AccountType = "Income", +1, -1 ) * ValueToShow
RETURN
    Result
```

图 18-10 显示了使用 Total No Signs 度量值得到的报告。

Level1	Total No Signs
⊟ **Profit and Loss after tax**	42,925,324.41
⊟ **Profit and Loss before tax**	78,729,580.06
⊟ **Expense**	273,188,226.99
⊟ **Cost of Goods Sold**	154,362,424.28
⊟ **Selling, General & Administrative Expenses**	118,825,802.71
⊟ **Administration Expense**	13,213,475.64
⊟ **Human Capital**	23,697,599.09
⊟ **IT Cost**	11,183,230.60
⊟ **Light, Heat, Communication Cost**	11,134,446.21
⊟ **Marketing Cost**	35,454,610.14
⊟ **Back-to-School Ad Cost**	6,646,719.98
⊟ **Business Ad Cost**	1,252,331.62
⊟ **Holiday Ad Cost**	24,581,461.24
Internet	8,129,807.30
Other	1,226,664.55
Print	11,775,980.25
Radio & TV	3,449,009.14
⊟ **Spring Ad Cost**	2,408,139.40
⊟ **Tax Time / Summer Ad Cost**	565,957.90
⊟ **Other Expenses**	2,471,889.07
⊟ **Property Costs**	21,670,551.96
⊟ **Income**	351,917,807.05
⊟ **Sale Revenue**	351,917,807.05
⊟ **Taxation**	35,804,255.64
Total	42,925,324.41

图 18-10　使用 Total No Signs 度量值的父子层次结构的结果

　　如果会计科目表包含 AccountType 列，那么上面显示的模式可以正常工作，该列将每个项目定义为收入或支出。有时会计科目表用不同的方式来定义要使用的符号。例如，可以有一列用于定义将科目聚合到其父级科目时要使用的符号，这就是图 18-11 所示的 Operator 列。

AccountKey	ParentAccountKey	AccountName	Operator
1		Profit and Loss after tax	
2	24	Income	+
3	24	Expense	-
4	2	Sale Revenue	+
5	3	Cost of Goods Sold	+
6	3	Selling, General & Administrative Expenses	+
7	6	Administration Expense	+
8	6	IT Cost	+
9	6	Human Capital	+
10	6	Light, Heat, Communication Cost	+
11	6	Property Costs	+
12	6	Other Expenses	+
13	6	Marketing Cost	+
14	13	Holiday Ad Cost	+
15	13	Spring Ad Cost	+
16	13	Back-to-School Ad Cost	+
17	13	Business Ad Cost	+
18	13	Tax Time / Summer Ad Cost	+
19	1	Taxation	-
20	14	Radio & TV	+
21	14	Print	+
22	14	Internet	+
23	14	Other	+
24	1	Profit and Loss before tax	+

图 18-11　Operator 列显示将一个科目聚合到其父级科目时所用的符号

18

这种情况下要编写的代码更复杂。我们需要为层次结构的每个级别建立辅助列，以表明该科目在层次结构的任意给定级别上聚合时的显示方式。一个科目可以在一个级别上作为正数聚合，但在另一个级别上又能作为负数聚合。

这些列需要从层次结构的底部构建。在本例中，因为存在 7 个级别，也就需要 7 列。这些列指示了在所需的级别聚合层次结构的特定项时要使用的符号。图 18-12 显示了这个例子中 7 列的结果。

AccountKey	ParentAccountKey	AccountName	Depth	Operator	S L1	S L2	S L3	S L4	S L5	S L6	S L7
1		Profit and Loss after tax	1		1						
2	24	Income	3	+	1	1	1				
3	24	Expense	3	-	-1	-1	-1				
4	2	Sale Revenue	4	+	1	1	1	1			
5	3	Cost of Goods Sold	4	+	-1	-1	-1	1			
6	3	Selling, General & Administrative Expenses	4	+	-1	-1	-1	1			
7	6	Administration Expense	5	+	-1	-1	-1	1	1		
8	6	IT Cost	5	+	-1	-1	-1	1	1		
9	6	Human Capital	5	+	-1	-1	-1	1	1		
10	6	Light, Heat, Communication Cost	5	+	-1	-1	-1	1	1		
11	6	Property Costs	5	+	-1	-1	-1	1	1		
12	6	Other Expenses	5	+	-1	-1	-1	1	1		
13	6	Marketing Cost	5	+	-1	-1	-1	1	1		
14	13	Holiday Ad Cost	6	+	-1	-1	-1	1	1	1	
15	13	Spring Ad Cost	6	+	-1	-1	-1	1	1	1	
16	13	Back-to-School Ad Cost	6	+	-1	-1	-1	1	1	1	
17	13	Business Ad Cost	6	+	-1	-1	-1	1	1	1	
18	13	Tax Time / Summer Ad Cost	6	+	-1	-1	-1	1	1	1	
19	1	Taxation	2	-	-1	-1					
20	14	Radio & TV	7	+	-1	-1	-1	1	1	1	1
21	14	Print	7	+	-1	-1	-1	1	1	1	1
22	14	Internet	7	+	-1	-1	-1	1	1	1	1
23	14	Other	7	+	-1	-1	-1	1	1	1	1
24	1	Profit and Loss before tax	2	+	1	1					

图 18-12　S L1 到 S L7 列显示了相应的层次结构级别聚合科目时所用的符号

例如，检查 AccountKey 为 4 和 5 的行：Account 4（销售收入）在 1、2、3 和 4 级汇总时必须求和，而在其他级别则不可见。Account 5（销货成本）在第 4 级汇总时必须求和，但在 1 级、2 级和 3 级合计时必须扣减。

在每个级别上计算符号的 DAX 公式要从最细粒度的级别开始，在我们的示例中是级别 7。在这个最细粒度的级别上，要使用的符号只是将运算符转换为+1 或-1，以便进一步计算。

Account 表中的计算列

```
SignToLevel7 =
VAR LevelNumber = 7
VAR Depth = Account[Depth]
RETURN
    IF ( LevelNumber = Depth, IF ( Account[Operator] = "-", -1, +1 ) )
```

所有其他列（从级别 1 到级别 6）遵循类似的模式，但是对于每个级别，DAX 表达式必须考虑更细粒度的相邻级别（存储在 PrevSign 变量中）的符号，并在该级别显示"−"符号时反转结果，如 SignToLevel6 列所示。

Account 表中的计算列

```
SignToLevel6 =
VAR LevelNumber = 6
VAR PrevSign = Account[SignToLevel7]
VAR Depth = Account[Depth]
VAR LevelKey =
    PATHITEM ( Account[AccountPath], LevelNumber, INTEGER )
VAR LevelSign =
    LOOKUPVALUE ( Account[Operator], Account[AccountKey], LevelKey )
RETURN
    IF (
        LevelNumber = Depth,
        IF ( Account[Operator] = "-", -1, +1 ),
        IF ( LevelNumber < Depth, IF ( LevelSign = "-", -1, +1 ) * PrevSign )
    )
```

所有的 SignToLevel 列就绪后，使用自定义符号计算总计的 Signed Total 度量值，如下所示。

StrategyPlan 表中的度量值

```
Signed Total :=
VAR BrowseDepth =
    MAX ( [AccountBrowseDepth], 1 )
VAR AccountShowRow = [AccountBrowseDepth] <= [AccountRowDepth]
VAR EntityShowRow = [EntityBrowseDepth] <= [EntityRowDepth]
VAR Result =
    IF (
        AccountShowRow && EntityShowRow,
        SWITCH (
            BrowseDepth,
            1, SUMX (
                VALUES ( Account[SignToLevel1] ),
                [Sum Amount] * Account[SignToLevel1]
            ),
            2, SUMX (
                VALUES ( Account[SignToLevel2] ),
                [Sum Amount] * Account[SignToLevel2]
            ),
            3, SUMX (
                VALUES ( Account[SignToLevel3] ),
                [Sum Amount] * Account[SignToLevel3]
            ),
            4, SUMX (
                VALUES ( Account[SignToLevel4] ),
                [Sum Amount] * Account[SignToLevel4]
            ),
            5, SUMX (
                VALUES ( Account[SignToLevel5] ),
                [Sum Amount] * Account[SignToLevel5]
            ),
            6, SUMX (
                VALUES ( Account[SignToLevel6] ),
                [Sum Amount] * Account[SignToLevel6]
            ),
            7, SUMX (
                VALUES ( Account[SignToLevel7] ),
                [Sum Amount] * Account[SignToLevel7]
```

18

```
            )
        )
    )
RETURN
    Result
```

你可以将最后一个 Signed Total l 度量值的结果与图 18-13 中之前的 Total 度量值的结果进行比较。

Level1	Total	Signed Total
⊟ **Profit and Loss after tax**	**42,925,324.41**	**42,925,324.41**
⊟ **Profit and Loss before tax**	**78,729,580.06**	**78,729,580.06**
⊟ **Expense**	**-273,188,226.99**	**-273,188,226.99**
⊟ **Cost of Goods Sold**	**-154,362,424.28**	**154,362,424.28**
⊟ **Selling, General & Administrative Expenses**	**-118,825,802.71**	**118,825,802.71**
⊟ **Administration Expense**	**-13,213,475.64**	**13,213,475.64**
⊟ **Human Capital**	**-23,697,599.09**	**23,697,599.09**
⊟ **IT Cost**	**-11,183,230.60**	**11,183,230.60**
⊟ **Light, Heat, Communication Cost**	**-11,134,446.21**	**11,134,446.21**
⊟ **Marketing Cost**	**-35,454,610.14**	**35,454,610.14**
⊟ **Back-to-School Ad Cost**	**-6,646,719.98**	**6,646,719.98**
⊟ **Business Ad Cost**	**-1,252,331.62**	**1,252,331.62**
⊟ **Holiday Ad Cost**	**-24,581,461.24**	**24,581,461.24**
Internet	-8,129,807.30	8,129,807.30
Other	-1,226,664.55	1,226,664.55
Print	-11,775,980.25	11,775,980.25
Radio & TV	-3,449,009.14	3,449,009.14
⊟ **Spring Ad Cost**	**-2,408,139.40**	**2,408,139.40**
⊟ **Tax Time / Summer Ad Cost**	**-565,957.90**	**565,957.90**
⊟ **Other Expenses**	**-2,471,889.07**	**2,471,889.07**
⊟ **Property Costs**	**-21,670,551.96**	**21,670,551.96**
⊟ **Income**	**351,917,807.05**	**351,917,807.05**
⊟ **Sale Revenue**	**351,917,807.05**	**351,917,807.05**
⊟ **Taxation**	**-35,804,255.64**	**-35,804,255.64**
Total	**42,925,324.41**	**42,925,324.41**

图 18-13　两个公式在层次结构中的同一节点返回带有不同符号的值

Total 度量值中的 Internet 总金额是负数，因为这是一项开支。但是在 Signed Total 度量值中，Internet 对应的数字是正数，只有当它遍历到 expense 节点时才会变为负数，而 expense 节点是用负号聚合到父节点的。

18.4　父子层次结构的安全模式

父子层次结构的一个常见的安全方面的需求是限制节点（或一组节点）的可见性，包括其所有子节点。PATHCONTAINS 函数常用于这类需求。

通过将以下表达式应用于 Account 表上的安全角色，就限制了 PATHCONTAINS 函数的第二个参数提供的节点的可见性。这样，用户就可以看到该节点的所有子节点，因为请求的节点（2，对应于收入）也是所有子节点的 AccountPath 值的一部分。

```
PATHCONTAINS (
    Account[AccountPath],
    2 -- 收入的键值
)
```

如果使用 AccountKey 列来限制可见性，那么最终只能将可见性限制到一行，用户将看不到子节点。通过利用 path 列，我们可以轻松地选择多个行，方法是在遍历包含过滤节点的路径时囊括可以到达的所有节点。

当安全角色处于活动状态时，用户只能看到从 Income 节点开始的树状分布中包含的节点（和值），如图 18-14 所示。

Level1	Total
⊟ **Profit and Loss after tax**	351,917,807.05
⊟ **Profit and Loss before tax**	351,917,807.05
⊟ **Income**	351,917,807.05
⊟ **Sale Revenue**	351,917,807.05
Total	351,917,807.05

图 18-14　层次结构仅限于活动中的安全角色可见的节点

Income 节点（Level3）以上的节点不再考虑 Total 度量值中的其他子节点。如果报告中存在误导，请考虑从报告中删除初始级别（在本例中为 Level1 和 Level2），或者使用 Level1 和 Level2 中节点的不同描述，以便更好地解释结果。

值得注意的是，如果在具有数千个节点的层次结构中使用 PATHCONTAINS 函数定义的安全角色可能会降低性能。当最终用户打开一个连接时，必须为层次结构中的每个节点计算安全角色中的表达式。当 PATHCONTAINS 函数应用于数千行或更多行时，付出的性能代价可能很高。

18

## 第 19 章

同类比较

19

同类销售额比较是一种根据一定的条件做调整，再进行两个时间段指标比较的方式，并将对比限制在具有相同特性的产品或商店中。在本例中，我们使用同类比较技术对比 Contoso 商店在所考虑的全部时间段内的销售额。商店的运营状态是持续变化的：商店新开张，商店关门或重新装修。同类比较只评估在所考虑的全部时间段内保持营业的门店。通过这种方式，报告不会显示在分析期间仅仅因为关门而表现不佳的商店。

与许多其他模式一样，同类比较能够静态或动态地计算，然后由用户根据性能和业务需求来做选择。下文阐述的 Same Store Sales 度量值的变化是就是同类销售额比较的例子。

19.1 介绍

在分析销售额时如果没有考虑所分析的时间段内商店是保持营业还是关门，那么图 19-1 所示的报告可能会让你误以为 2009 年出现了问题，由于销售额急剧下降。

CountryRegion	Brand	CY 2007	CY 2008	CY 2009
Canada ∨	A. Datum	111,650.79	95,652.05	39,326.78
	Adventure Works	91,005.43	151,783.52	81,406.38
	Contoso	368,183.96	314,781.48	143,651.54
	Fabrikam	254,605.79	365,726.91	103,550.61
	Litware	176,079.29	138,174.87	78,944.87
	Northwind Traders	44,105.39	61,465.21	13,191.43
	Proseware	129,118.19	230,146.25	42,887.68
	Southridge Video	68,326.69	56,096.06	37,126.83
	Tailspin Toys	2,178.28	1,484.96	
	The Phone Company	94,575.60	116,545.75	48,045.60
	Wide World Importers	91,764.94	206,801.72	32,737.94
	Total	**1,431,594.35**	**1,738,658.77**	**620,869.65**

图 19-1　2009 年的销售额大幅下降

2009 年有许多商店关门，因此这些数字其实是反映了由于营业门店数量的减少而导致的销售额的大幅下降，正如你在图 19-2 所示的报告中所看到的不同年份的开店情况，其中空白单元格代表商店在对应的年份关门。

在 Same Store Sales 度量值中，必须只对整个时间段（2007 年至 2009 年）内营业的门店的销售额进行计算，即图 19-3 中的 3 家门店。

CountryRegion	Store Name	CY 2007	CY 2008	CY 2009
Canada	Contoso Calgary Store	Open	Open	
	Contoso Montreal No.1 Store	Open	Open	Open
	Contoso Montreal No.2 Store		Open	Open
	Contoso Ottawa No.1 Store	Open	Open	Open
	Contoso Ottawa No.2 Store		Open	
	Contoso Toronto No.1 Store		Open	
	Contoso Toronto No.2 Store	Open	Open	
	Contoso Toronto No.3 Store	Open	Open	
	Contoso Vancouver No.1 Store		Open	Open
	Contoso Vancouver No.2 Store	Open	Open	
	Contoso Westminster Store	Open	Open	Open

图 19-2　并非所有的商店在 2007 年至 2009 年期间都是营业状态

Store Name	CY 2007	CY 2008	CY 2009
Contoso Montreal No.1 Store	168,746.53	153,915.08	127,914.90
Contoso Ottawa No.1 Store	213,596.88	156,587.95	124,981.59
Contoso Westminster Store	202,966.73	149,906.79	113,587.59
Total	**585,310.15**	**460,409.83**	**366,484.08**

图 19-3　在 2007 年至 2009 年只有 3 家商店保持营业

即使按不同的属性进行切片，度量值也必须计算正确的值，如图 19-4 所示。

CountryRegi...	Brand	CY 2007	CY 2008	CY 2009
Canada	A. Datum	48,847.03	33,992.65	11,366.88
	Adventure Works	51,484.26	30,234.99	32,699.33
	Contoso	145,742.12	86,563.32	104,033.14
	Fabrikam	105,102.41	93,027.33	50,545.71
	Litware	64,186.71	23,884.22	58,501.79
	Northwind Traders	18,583.98	21,613.96	
	Proseware	54,689.01	44,616.72	30,628.83
	Southridge Video	15,365.10	19,001.24	29,862.20
	Tailspin Toys	323.64		
	The Phone Company	39,310.60	31,625.65	21,183.00
	Wide World Importers	41,675.29	75,849.76	27,663.20
	Total	**585,310.15**	**460,409.83**	**366,484.08**

图 19-4　当按其他属性切片时，度量值的总计也相同

19.2　同店销售额的快照计算

解决同店销售场景的最佳方法是使用快照表来管理门店状态。在本节的后半部分，我们还将演示如何在没有快照表的情况下以动态方式计算同店销售额。然而，快照表仍是性能和可管理性方面的最佳选择。

快照表必须包含所有门店和年份，并通过额外的一列数据来显示门店状态，如图 19-5 所示。

Store Name ▲	Calendar Year Number	Status
Contoso Calgary Store	2007	Open
Contoso Calgary Store	2008	Open
Contoso Calgary Store	2009	Closed
Contoso Montreal No.1 Store	2007	Open
Contoso Montreal No.1 Store	2008	Open
Contoso Montreal No.1 Store	2009	Open
Contoso Montreal No.2 Store	2007	Closed
Contoso Montreal No.2 Store	2008	Open
Contoso Montreal No.2 Store	2009	Open

图 19-5   StoreStatus 快照表显示了每个门店在不同年份的状态

我们可以用以下计算表创建 StoreStatus 快照表。

计算表

```
StoreStatus =
VAR AllStores =
    CROSSJOIN (
        FILTER (
            ALLNOBLANKROW ( 'Date'[Calendar Year Number] ),
            'Date'[Calendar Year Number] IN { 2007, 2008, 2009 }
        ),
        ALLNOBLANKROW ( Store[StoreKey] )
    )
VAR OpenStores =
    SUMMARIZE (
        Receipts,
        'Date'[Calendar Year Number],
        Receipts[StoreKey]
    )
VAR Result =
    UNION (
        ADDCOLUMNS ( OpenStores, "Status", "Open" ),
        ADDCOLUMNS ( EXCEPT ( AllStores, OpenStores ), "Status", "Closed" )
    )
RETURN
    Result
```

StoreStatus 快照表具有按门店和年份划分的粒度。因此，它与 Store 表有常规的多对一强关系，而与 Date 表有多对多的弱关系（Many-Many-Relationship，MMR）。如果客户端（比如在 Power Pivot 中）不支持弱关系，那么必须使用 DAX 中的 TREATAS 或 INTERSECT 函数将筛选器从 Date 表转移到 Store 表，如图 19-6 所示。

Same Store Sales 度量值检查整个选定期间内状态始终为 Open 的门店。如果某家门店在任意期间为 Closed 状态，那么 SELECTEDVALUE 函数将返回空白或 Closed，过滤掉该门店。

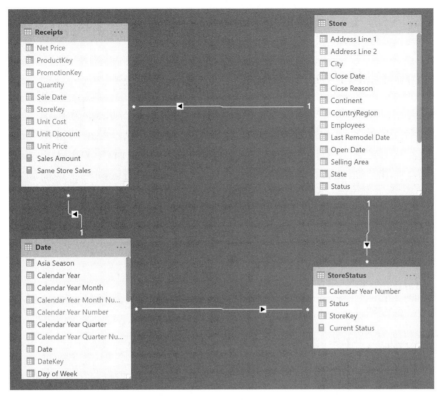

图 19-6 数据模型需要 Date 表和 StoreStatus 表之间的多对多弱关联

Receipts 表中的度量值

```
Same Store Sales :=
VAR OpenStores =
    CALCULATETABLE (
        FILTER (
            ALLSELECTED ( StoreStatus[StoreKey] ),        -- 基于选择的年份，筛选出状态始终为 OPEN 的门店
            CALCULATE (
                SELECTEDVALUE ( StoreStatus[Status] )
            ) = "Open"
        ),
        ALLSELECTED ( 'Date' )
    )
VAR FilterOpenStores =              -- 通过更改 OpenStores 的数据沿袭，用 OpenStores 筛选 Store[StoreKey]列
    TREATAS (
        OpenStores,
        Store[StoreKey]
    )
VAR Result =
    CALCULATE (
        [Sales Amount],
        KEEPFILTERS ( FilterOpenStores )
    )
RETURN
    Result
```

19

公式要求快照表包含所有年份和门店的数据。如果快照表中只存储门店营业的那些年份，那么代码将不再有效。

19.3   不使用快照的同店销售额

如果没有构建快照表的选项，那么可以使用 DAX 代码以更动态的方式计算同店销售额。

如果无法创建快照表，那就必须动态地计算报表的年份数，然后筛选出在所有年份里均有销售的门店。换言之，如果报告显示了 3 年的数据，那么只有在这 3 年里都有销售的商店才能通过筛选。如果一家商店在所选年份中的任意一年没有销售额，则该商店将不会被用于计算。

Receipts 表中的度量值

```
Same Store Sales Dynamic :=
VAR NumberOfYears =
    CALCULATE (
        DISTINCTCOUNT ( 'Date'[Calendar Year] ),
        CROSSFILTER ( Receipts[Sale Date], 'Date'[Date], BOTH ),
        ALLSELECTED ( )
VAR StoresAndYears =
    CALCULATETABLE (
        SUMMARIZE (
            Receipts,
            Store[StoreKey],
            'Date'[Calendar Year]
        ),
        ALLSELECTED ( )
    )    -- 基于所选的所有年份和门店，对 Receipts 表按门店和年份分组，对门店在哪些年有销售进行计数
VAR StoresAndYearCount =
    GROUPBY (
        StoresAndYears,
        Store[StoreKey],
        "@Years", SUMX ( CURRENTGROUP (), 1 )
    )
VAR OpenStores =
    FILTER (
        StoresAndYearCount,
        [@Years] = NumberOfYears
    )
VAR Result =
    CALCULATE (
        [Sales Amount],
        KEEPFILTERS ( OpenStores )        -- 筛选符合条件的 Store[StoreKey]
    )
RETURN
    Result
```

从计算的角度来看，这个公式比使用快照的公式要昂贵得多。此外，判断一个商店是营业还是关门的整个逻辑都在公式中。根据经验，这样的业务逻辑最好在 DAX 公式之外做处理，可以考虑将结果存储在数据源中。

因此，如果数据源中没有可用的信息，我们建议使用快照表来实现，即使对于较小的数据模型也是一样。

Same Store Sales Dynamic 度量值显示了加拿大有 3 家商店在整个区间内（2007～2009 年）保持营业，如图 19-7 所示。

Store Name	CY 2007	CY 2008	CY 2009
Contoso Montreal No.1 Store	168,746.53	153,915.08	127,914.90
Contoso Ottawa No.1 Store	213,596.88	156,587.95	124,981.59
Contoso Westminster Store	202,966.73	149,906.79	113,587.59
Total	**585,310.15**	**460,409.83**	**366,484.08**

图 19-7　加拿大只有 3 家商店在 2007～2009 年保持营业

19

第 20 章

转移矩阵

转移矩阵模式可以定期分析实体属性的变化。例如，每月对客户进行排名，或者每周对产品进行评分。要测量两个时间点之间排名等级或评分的变化，需要评估在考虑的时间间隔内，有多少项目从某一个等级转移到另一个等级。此模式可使最终用户无须编写任何自定义查询，只需操作报表中的筛选器，就可以进行转移矩阵分析。

20.1 介绍

我们基于当前月份对前一个月的销售额增长百分比，来对每个产品进行月度评分。配置如图 20-1 所示。

简单的动态分组可以分析每月在各等级之下分别有多少个产品，如图 20-2 所示。

Rating	Min Growth	Max Growth
Decreasing	0.00%	80.00%
Stable	80.00%	120.00%
Increasing	120.00%	99999900.00%

Calendar Year	Decreasing	Stable	Increasing	Total
⊟ **CY 2008**	**2,223**	**1,301**	**1,622**	**2,223**
January	601	123	289	**1,013**
February	735	113	245	**1,093**
March	695	163	227	**1,085**
April	786	149	279	**1,214**
May	751	188	257	**1,196**
June	725	266	187	**1,178**
July	704	239	236	**1,179**
August	779	208	191	**1,178**
September	756	193	200	**1,149**
October	832	177	210	**1,219**
November	781	143	229	**1,153**
December	780	156	236	**1,172**

图 20-1　评分的配置表基于增长百分比　　图 20-2　使用动态分组可以计算每个等级中的产品数量

你可以想象，随着时间的推移，同一个产品可能会被分到不同的等级。图 20-3 是聚焦于单一产品的示例矩阵，展示了产品 A. Datum SLR Camera 的情况。

从更广泛的角度来看，一个有趣的分析是：在起始月份，赋予所有产品一个等级，观察它们随着时间推移如何变化。在接下来的几个月里，等级是否提升或下降？你可以在图 20-4 中看到结果。

报告显示了在 2007 年 3 月被评为"稳定"的 36 种产品。同一组产品的等级会随着月份的不同而有所变化，并且一个产品只有在销售的月份中才会有等级。因此，具有等级的产品的数量可能会随着时间的推移而变化。

Product Name	
A. Datum SLR Camera X136 Silver ∨	

Calendar Year	Decreasing	Stable	Increasing
⊟ **CY 2007**	1	1	1
January	1		
February		1	
March			1
May	1		
July	1		
August			1
September		1	
November	1		

图 20-3 随着时间变化，同样的产品被分配到不同的等级

Starting Month	
March 2007	∨
Starting Rating	
Stable	∨
Brand	
Contoso	∨

Calendar Year	Decreasing	Stable	Increasing	**Total**
⊟ **CY 2007**	36	36	32	**36**
January	26			**26**
February	21	9	6	**36**
March		36		**36**
April	8	10	13	**31**
May	11	6	9	**26**
June	20	5	3	**28**
July	7	8	9	**24**
August	14	6	4	**24**
September	9	5	10	**24**
October	13	4	5	**22**
November	14	5	3	**22**
December	19	3	6	**28**

图 20-4 报告显示了在 2007 年 3 月被评为“稳定”的 36 种产品的等级变化情况

下面以 4 月份为例，在 36 种产品中，8 种产品等级降低、10 种保持不变、13 种等级提高。最初的 36 种产品中，有 5 种在 2007 年 4 月没有等级，因为这 5 种产品没有销售额。

4 月份的数据只考虑在 2007 年 3 月具有等级的产品，仅有的变化是产品的月度等级，并且，4 月份的数据不包括没有销售额的 5 种产品，因为这些产品在该月份没有等级。该推理适用于所有其他月份，分析始终基于在 3 月被评为“稳定”的 36 种产品。

有多种方法可以创建转移矩阵，此处列出两个方法。第一个方法基于快照表来生成一个非常快速的静态转移矩阵。第二种方法基于纯 DAX 代码来得到一个较慢但更灵活的动态转移矩阵。

这两种方法的数据建模需求部分是相同的。因此，本章首先介绍较为简单的静态转移矩阵，接下来通过动态转移矩阵来深入了解更多细节。在动态转移矩阵部分，我们不会复述在静态转移矩阵中已经解释过的内容。因此，如果你需要实现动态转移矩阵模式，请先查看静态转移矩阵模式，以收集与设置模式相关的必要信息。

20.2 静态转移矩阵

静态转移矩阵使用快照表，快照表中包含每月每个产品的评级。在提供的示例中我们通过

DAX 计算表生成快照。在你的场景中，你的数据源可能已经提供了相同的信息。重要的是，该表必须包含月份、产品和分配的评级。在图 20-5 可以看到 Monthly Ratings 快照表的摘录。

Calendar Year Month Number	Calendar Year Month	ProductKey	Product Name	Product Rating
200702	February 2007	457	WWI Desktop PC1.60 E1600 White	Decreasing
200702	February 2007	459	WWI Desktop PC1.80 E1801 White	Increasing
200702	February 2007	469	Proseware LCD17 E200 Black	Decreasing
200702	February 2007	472	Proseware CRT19 E201 Black	Stable
200702	February 2007	473	Proseware CRT17 E104 Black	Stable
200702	February 2007	474	Proseware CRT15 E10 Black	Decreasing
200702	February 2007	483	Proseware LCD17 E200 White	Increasing
200702	February 2007	484	Proseware LCD17W E202 White	Increasing
200702	February 2007	485	Proseware LCD15 E103 White	Stable
200702	February 2007	486	Proseware CRT19 E201 White	Decreasing
200702	February 2007	487	Proseware CRT17 E104 White	Decreasing

图 20-5   快照包含月份、产品和每个月的产品评级

仅有快照表还不足以解决该场景。在此还需要两个额外的表，以便用户选择起始月份和起始等级。提供给用户的用户界面如图 20-6 所示。

Calendar Year	Decreasing	Stable	Increasing	Total
CY 2007	125	125	109	125
January	79			79
February	82	23	20	125
March		125		125
April	27	23	42	92
May	42	19	28	89
June	57	19	18	94
July	35	16	27	78
August	51	18	10	79
September	43	13	21	77

图 20-6   模型中需要有 4 个独立的列，以便用户创建此报告

起始月份的切片器❶不能基于 Date[Calendar Year Month] 列。实际上，Date 表已用于矩阵的行❸。因此，Date 表无法被外部切片器筛选以显示某个月份，例如，即使起始月份是 2007 年 3 月，也无法显示 2007 年 9 月。同样，起始等级的切片器❷也不能基于已经应用于矩阵列❹的快照表等级属性列。矩阵和切片器的列必须来自不同的表。此处需要两个计算表，分别为 Starting Month 和 Starting Rating。

计算表

```
Starting Month =
SELECTCOLUMNS (
    SUMMARIZE ( Sales, 'Date'[Calendar Year Month], 'Date'[Calendar Year Month Number] ),
    "Starting Month", 'Date'[Calendar Year Month],
    "Starting Month Sort", 'Date'[Calendar Year Month Number]
)
```

计算表

```
Starting Rating =
SELECTCOLUMNS (
    SUMMARIZE ( Rating, Rating[Rating], Rating[RatingKey] ),
    "Starting Rating", Rating[Rating],
    "Starting Rating Sort", Rating[RatingKey]
)
```

这两个切片器表没有与模型中的其他表相关联。只有 DAX 代码会读取切片器中被选中的选项并使用它来计算度量值。

但是，快照表必须通过适当的关系来关联模型的其余部分。在此示例中，我们基于 Calendar Year Month Number 列与 Date 表建立多对多弱关系，基于 ProductKey 列与 Product 表建立简单一对多强关系。图 20-7 展示了以上关系。

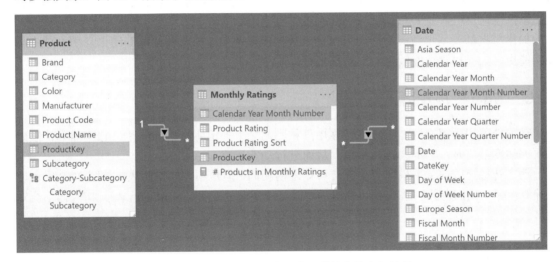

图 20-7　快照表必须与模型中的其他实体表相关联

设置模型之后，DAX 代码必须读取两个切片器表上的当前选择，并使用该信息来确定所选月份中处于选定状态的产品列表。一旦计算出产品列表，它就被用来筛选快照表，以便将计算严格限制在相关产品上。

Sales 表中的度量值

```
# Products Matrix :=
VAR SelectedStartingMonths =
    TREATAS (
        VALUES ( 'Starting Month'[Starting Month] ),
        'Date'[Calendar Year Month]
    )
VAR SelectedStartingRatings =
    TREATAS (
        VALUES ( 'Starting Rating'[Starting Rating] ),
        'Monthly Ratings'[Product Rating]
    )
```

```
VAR StartingProducts =
    CALCULATETABLE (
        VALUES ( 'Monthly Ratings'[ProductKey] ),
        SelectedStartingRatings,
        SelectedStartingMonths,
        REMOVEFILTERS ( 'Monthly Ratings'[Product Rating Sort] ),
        REMOVEFILTERS ( 'Date' )
    )
VAR Result =
    CALCULATE (
        DISTINCTCOUNT ( 'Monthly Ratings'[ProductKey] ),
        KEEPFILTERS ( StartingProducts )
    )
RETURN
    Result
```

由于静态转移矩阵基于计算表，所以结果不是动态的。这意味着，如果用户筛选某个特定地区的客户，转移矩阵中的数字并不会改变。唯一会影响结果的表是与快照表有物理关联的表。在此示例中，这些表是 Date 表和 Product 表。

如果每次都要基于当前选择，且在整个数据模型中动态地重新计算其结果，那么就必须使用功能更强大（尽管速度较慢）的动态转移矩阵。

20.3 动态转移矩阵

动态转移矩阵解决的是与静态转移矩阵相同的场景，但明显不同的是，它不需要快照表。每次评估度量值时，它都会计算结果，从而进行动态计算。

动态转移矩阵的数据模型与静态转移矩阵的相同，但是不需要快照表。在图 20-8 中可以看到计算结果，我们在其中添加了一个切片器以筛选不同的大洲（Continent）。此切片器不会对静态转移矩阵产生任何影响。

Starting Month	Calendar Year	Decreasing	Stable	Increasing	Total
March 2007 ⌄	⊟ **CY 2007**	**64**	**64**	**30**	**64**
	January	32			**32**
Starting Rating	February	35	10	19	**64**
Stable ⌄	March		64		**64**
	April	2	15	5	**22**
Continent	May	19	6	1	**26**
Europe ⌄	June	15	3	2	**20**
	July	15	3	2	**20**
	August	16		1	**17**
	September	17	2	1	**20**
	October	18	2	2	**22**
	November	11	2	3	**16**
	December	18	2	3	**23**

图 20-8   动态转移矩阵响应报告中的任何筛选器

由于该模式需要对一个产品的排名进行多次计算，所以我们创建了一个度量值来返回给定月份的产品等级。

Sales 表中的度量值

```
Status :=
CALCULATE (
    DISTINCT ( Rating[Rating] ),
    FILTER (
        ALLNOBLANKROW ( Rating ),
        VAR CurrentValue = [% Of Previous Month]
        VAR LowerBoundary = Rating[Min Growth]
        VAR UpperBoundary = Rating[Max Growth]
        RETURN
            AND ( CurrentValue >= LowerBoundary, CurrentValue < UpperBoundary )
    )
)
```

最后的度量值相当复杂，分为以下两个步骤。

1. 计算处于所选状态和所选月份的产品列表，该列表由用户使用切片器选择。由于每个产品的评级在一开始时是未知的，所以，为了执行此操作，DAX 代码会计算每个产品的排名，然后筛选掉未选中的产品。

2. 在当前筛选器上下文中，对稍早计算出的产品状态进行计算。第二步与第一步非常相似；重要的区别在于对日期和产品的筛选。下列代码注释提供了更详细的说明。

Sales 表中的度量值

```
# Products Matrix Dynamic :=
VAR SelectedStartingMonths =
    TREATAS (
        VALUES ( 'Starting Month'[Starting Month] ),
        'Date'[Calendar Year Month]            -- 首先将起始月份与 Date 表建立虚拟关联，使其能够筛选日期
    )
VAR SelectedStartingRatings =
    VALUES ( 'Starting Rating'[Starting Rating] )  -- 接下来存储当前选中项以作为产品起始等级
VAR CurrentRatings =
    VALUES ( Rating[Rating] )
                                                -- 存储当前筛选上下文所决定的等级（非起始等级，而是当前等级）

VAR StartingProdsAndMonths =
    CALCULATETABLE (
        SUMMARIZE (
            'Sales',
            'Product'[ProductKey],
            'Date'[Calendar Year Month]         -- 以变量形式存储起始时间区间的产品和月份
        ),
        SelectedStartingMonths,
        REMOVEFILTERS ( 'Date' )   -- 注意报告会筛选不同时间区间，因此需要移除 Date 表上的外部筛选器，并用起始月份替换
    )
VAR StartingProdAndStatus =
    CALCULATETABLE (
        FILTER (
            StartingProdsAndMonths,
            [Status] IN SelectedStartingRatings
        ),
        REMOVEFILTERS ( 'Date' )     -- 在此计算起始时间区间产品的等级，只保留符合选定等级的产品，同时移除对 Date 表
                                     -- 的筛选
    )
VAR StartingProductsInStatus =
    DISTINCT (
        SELECTCOLUMNS (
```

20

```
            StartingProdAndStatus,
            "ProductKey", 'Product'[ProductKey]
        )
    )
-- 最后，我们只对产品编号有兴趣，所以移除表 StartingProdAndStatus 的其他列。此变量只会筛选出产品

-- 此时已经决定了在起始月份给定等级的产品列表。下一步是使用报告矩阵中所创建的当前筛选上下文，来确认这些产品是否存在
-- 于各时间段内

-- 代码与前述相当类似，这次使用 StartingProductsInStatus 筛选 Sales，以限制分析的范围

VAR CurrentProdsAndMonths =            -- 决定当前区间的产品及月份
    CALCULATETABLE (
        SUMMARIZE (
            'Sales',
            'Product'[ProductKey],
            'Date'[Calendar Year Month]
        ),
        StartingProductsInStatus
    )                                  -- 将可见产品限制在 StartingProductsInStatus 所决定的范围内
VAR CurrentProdAndStatus =
    CALCULATETABLE (
        FILTER (                       -- 计算当前区间每个产品每月的等级
            CurrentProdsAndMonths,
            [Status] IN CurrentRatings
        ),
        REMOVEFILTERS ( 'Date' )
    )
VAR CurrentProducts =
    DISTINCT (
        SELECTCOLUMNS (                -- 我们希望计算产品的数量，因此移除其他列，只保留 ProductKey 的唯一值
            CurrentProdAndStatus,
            "ProductKey", 'Product'[ProductKey]
        )
    )
VAR Result =
    COUNTROWS ( CurrentProducts )
RETURN
    Result
```

正如你所看到的，这段代码非常重要。如果想要修改这段代码使其适合你的具体需要，就必须深入了解代码内部的运作原理。

尽管功能强大，但动态转移矩阵对 CPU 和内存的要求极高。运算速度主要取决于产品的数量。在包含成千上万个产品的数据模型中，不太可能使用动态转移矩阵。在较小的模型上动态转移矩阵工作得很好，尽管静态转移矩阵会展现出更好的性能。

## 第 21 章

调查

21

调查模式使用数据模型分析与同一个实体有关的不同事件之间的相关性，如客户对调查问题的回答。例如，在医疗机构中，调查模式可用于分析有关患者状况、诊断和处方药的数据。

模式描述

你有一个存储问题和答案的模型。请考虑这样一个表格，它包含问题和可能的答案，如图 21-1 所示。

答案存储在 Answers 表中，每行包含调查对象（在本例中为 Customer）、一个问题和一个答案。如果同一个客户对同一个问题提供了多个答案，则存在多个行。实际的模型会使用整数键存储信息；而在图 21-2 中，我们使用字符串来阐明这个概念。

Question	Answer
Gender	Female
Gender	Male
Job	Consultant
Job	IT Pro
Job	Teacher
Movie Preferences	Cartoons
Movie Preferences	Comedy
Movie Preferences	Horror

图 21-1　每个问题都有数个可能的答案

Customer	Question	Answer
Allen Cortez	Job	IT Pro
Allen Cortez	Job	Teacher
Alvin Benton	Gender	Male
Alvin Benton	Movie Preferences	Cartoons
Alvin Benton	Movie Preferences	Horror
Ana Carlson	Gender	Female
Ana Carlson	Job	IT Pro
Ana Carlson	Movie Preferences	Cartoons
Ann Hood	Gender	Female

图 21-2　在 Answers 表中的每一行，包含一个客户对一个特定问题的答案

使用 DAX 公式可以回答这样的问题："按照工作和性别分类，有多少客户喜欢卡通片？"以图 21-3 为例，在这个表格中，总数并不是严格意义上的总数。这点将在后文中解释。

该报告包括两个切片器，用于选择要在报告中交叉筛选的问题。矩阵中的列是 Question 1 切片器所选问题的答案，而矩阵中的行则提供 Question 2 切片器所选的问题和答案的详细信息，突出显示的单元格代表有 9 名客户对"电影偏好"的回答为"卡通片"，对"性别"的回答为"女性"。

21

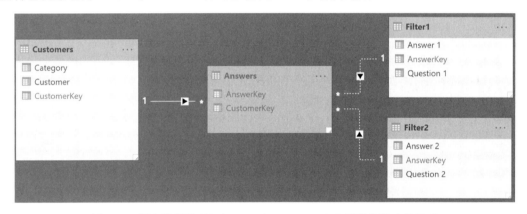

图 21-3   每个单元格都显示了喜欢某种电影的客户数量，并对工作和性别给出了不同的答案

为了实现这个模式，你需要加载两次 Questions 表。这样你可以使用两个切片器进行分析。此外，问题的两个副本之间的关系必须是非活动状态的。因为我们使用这些表作为筛选，所以我们将它们命名为 Filter1 和 Filter2。你可以在图 21-4 中看到结果。

图 21-4   调查数据模型包含 Filter 与 Answers 表之间的非活动的关系

要计算回答 Q1（由 Filter1 筛选的问题）和 Q2（由 Filter2 筛选的问题）的客户数量，可以使用以下公式。

Customers 表中的度量值

```
CustomersQ1andQ2 :=
VAR CustomersQ1 =
    CALCULATETABLE (
        VALUES ( Answers[CustomerKey] ),
        USERELATIONSHIP ( Answers[AnswerKey], Filter1[AnswerKey] )
    )
VAR CustomersQ2 =
    CALCULATETABLE (
        VALUES ( Answers[CustomerKey] ),
        USERELATIONSHIP ( Answers[AnswerKey], Filter2[AnswerKey] )
    )
RETURN
    CALCULATE (
```

```
        COUNTROWS ( Customers ),
        CROSSFILTER ( Answers[CustomerKey], Customers[CustomerKey], BOTH ),
        CustomersQ1,
        CustomersQ2
    )
```

　　当计算 CustomersQ1 和 CustomersQ2 时，公式激活了正确的关系。接下来公式使用这两个变量作为 Answers 表的筛选器，通过 CROSSFILTER 修改器函数对客户进行筛选。

　　你可以使用前面的公式执行任何计算——前提是用 CROSSFILTER 修改器函数，使 Answers 表去筛选代码引用的表。因此，你可以将 COUNTROWS（Customer）替换为涉及 Customers 表的任何表达式。例如，度量值 RevenueQ1andQ2 计算从所选客户获得的总收入。与度量值 CustomersQ1andQ2 唯一的不同之处在于，度量值 Revenue Amount 取代了以前的 COUNTROWS（Customer）表达式。

Customers 表中的度量值

```
RevenueQ1andQ2 :=
VAR CustomersQ1 =
    CALCULATETABLE (
        VALUES ( Answers[CustomerKey] ),
        USERELATIONSHIP ( Answers[AnswerKey], Filter1[AnswerKey] )
    )
VAR CustomersQ2 =
    CALCULATETABLE (
        VALUES ( Answers[CustomerKey] ),
        USERELATIONSHIP ( Answers[AnswerKey], Filter2[AnswerKey] )
    )
RETURN
    CALCULATE (
        [Revenue Amount],
        CROSSFILTER ( Answers[CustomerKey], Customers[CustomerKey], BOTH ),
        CustomersQ1,
        CustomersQ2
    )
```

图 21-5 显示了度量值 RevenueQ1andQ2 的结果。

Question 2	Cartoons	Comedy	Horror	Total
⊟ **Gender**	**1,441,200.00**	**1,085,100.00**	**1,162,800.00**	**2,725,000.00**
Female	648,000.00	512,100.00	661,700.00	**1,460,500.00**
Male	793,200.00	573,000.00	501,100.00	**1,264,500.00**
⊟ **Job**	**1,537,200.00**	**1,347,200.00**	**1,378,500.00**	**3,323,700.00**
Consultant	718,200.00	469,200.00	816,100.00	**1,510,700.00**
IT Pro	654,900.00	558,900.00	648,200.00	**1,361,800.00**
Teacher	844,900.00	640,900.00	725,600.00	**1,756,600.00**
Total	**1,986,000.00**	**1,852,500.00**	**1,852,900.00**	**4,407,000.00**

图 21-5　每个单元格都显示了从喜爱某种电影的客户所获得的收入，
并对工作和性别问题给出了不同的答案

如果仅计算客户数量，则可以使用以下的变化来简化和加快上述代码。

Customers 表中的度量值

```
CustomersQ1andQ2optimized :=
VAR CustomersQ1 =
    CALCULATETABLE (
        VALUES ( Answers[CustomerKey] ),
        USERELATIONSHIP ( Answers[AnswerKey], Filter1[AnswerKey] )
    )
VAR CustomersQ2 =
    CALCULATETABLE (
        VALUES ( Answers[CustomerKey] ),
        USERELATIONSHIP ( Answers[AnswerKey], Filter2[AnswerKey] )
    )
RETURN
    CALCULATE (
        DISTINCTCOUNT ( Answers[CustomerKey] ),
        CustomersQ1,
        CustomersQ2
    )
```

了解每个单元格计算的条件是很重要的。我们通过图 21-6 进行进一步解释。在图 21-6 中我们标记了从 A 到 E 的单元格。

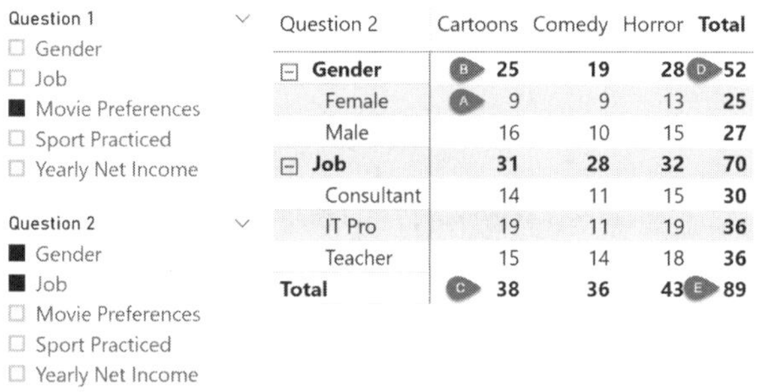

图 21-6　每个单元格计算一个不同的数字

以下是每个单元格的计算结果。

选项	说明
A	女性 且 喜欢卡通片
B	女性或男性 且 喜欢卡通片
C	女性（或男性或顾问或 IT 专家或教师） 且 喜欢卡通片
D	女性或男性 且 喜欢 卡通片或剧情片或恐怖片
E	女性（或男性或顾问或 IT 专家或教师）且 喜欢 卡通片或剧情片或恐怖片

公式对 Question 1 和 Question 2 中选择的问题的交集使用 AND 条件，而对同一个问题的答案使用 OR 条件。请记住，OR 条件意味着"任何组合"（不要将其与"排他的 OR"混淆），而且 OR 条件还意味着满足度量值的"非累加"特性。[①]

[①] 度量值的"非累加"特性，指的是度量值总是在其筛选上下文中计算，而与选择元素是否累加无关。有时恰好表现出与累加效应一致，如多个产品的总销售额等于各自的销售额之和；有时则会返回不一致的结果，如多个产品后的总利润率不等于各自的利润率之和。——译者注

第 22 章

购物篮分析

购物篮分析模式建立在调查模式的具体应用上。购物篮分析的目的是分析事件之间的关系。一个典型的例子是分析哪些产品经常被一起购买，这意味着它们被放置在同一个"购物篮"中，这也是该模式名称的由来。

当两个产品出现在同一个购物篮中时，它们是相关联的。换句话说，事件粒度就是购买的单个产品。购物篮既可以是很直观的，例如将一张销售订单视为一个购物篮；购物篮也可以是一个客户。如果同一个客户购买了不同产品，即使它们分散在不同的订单，这些产品仍是彼此关联的，可以被视为在同一个购物篮中。

由于购物篮模式是在两个产品之间存在关系时进行检查，因此数据模型包含同一产品表的两个副本。这两个副本分别命名为 Product 和 And Product。用户从 Product 表中选择一组产品；度量值则显示 And Product 表中的产品与从 Product 表中选择的产品相关联的可能性有多大。

这个模式包含了额外的关联规则指标：支持度、可信度和提升度。这些指标使得用户理解结果变得更加容易，并且可以从模式中掌握更丰富的见解。

22.1 定义关联规则指标

此模式包含几个关联规则指标，这些将在本节中详细说明。为了更好地理解，我们先看至少包含一个 Cameras and camcorders 品类产品且包含一个 Computers 品类产品的订单，如图 22-1 所示。

图 22-1　对含有 Cameras and camcorders 品类产品且含有 Computers 品类产品的订单分析

图 22-1 中的报告使用了两个切片器：Category 切片器显示 Product [Category] 列的选择，而 And Category 切片器显示 And Product[And Category] 列的选择。# Orders 度量值显示有多少订单至少包含一个 Cameras and camcorders 品类产品，而#Orders And 度量值显示有多少订单至少包含一个 Computers 品类产品。我们后续会介绍其他度量值。

首先需要注意：当对调 Category 和 And Category 的选择时，结果是不同的。大多数度量值（# Orders Both、% Orders Support、Orders Lift）提供了相同的计算结果，而置信度（% Orders Confidence）取决于选择 Category 和 And Category 的顺序。图 22-2 中显示了图 22-1 的报告，不同之处在于，Category 和 And Category 切片器中的选择是相反的。

图 22-2 对含有 Computers 品类产品且含有 Cameras and camcorders 品类产品的订单分析

接下来将介绍模式中所使用的全部度量值的定义。所有度量值都有两种版本：一种是将订单视为一个购物篮，另一种是将客户视为一个购物篮。例如，# And 的描述同时适用于# Orders And 和# Customers And。

22.1.1

Orders 和 # Customers 返回当前筛选上下文中特定购物篮的数量。图 22-1 显示了 2,361 个订单，这些订单至少包含一个来自 Cameras and camcorders 品类的产品，而图 22-2 显示了 2,933 张订单，这些订单至少包含一个来自 Computers 品类的产品。

22.1.2 # And

Orders And 和# Customers And 返回符合 And Product 切片器当前筛选上下文所选产品的特定购物篮的数量。这些度量值会忽略 Product 切片器的选择。图 22-1 显示了 2,933 个订单，这些订单至少包含一个来自 Computers 品类的产品。

22.1.3 # Total

Orders Total 和#Customers Total 返回购物篮总数，并忽略所有在 Product 切片器及 And Product 切片器上的筛选。图 22-1 和图 22-2 都显示了 21,601 个订单。请注意，默认情况下 And

Product 上的筛选器是会被忽略的，因为关系没有被激活；度量值中唯一显式忽略的筛选器只有 Product 上的筛选器。如果有一个应用于 Date 的筛选器，度量值将只报告选定时间段中的购物篮数量，并且仍然忽略 Product 切片器的筛选。

22.1.4　# Both

Orders Both 和# Customer Both 返回同时包含切片器所选品类产品的购物篮的数量。图 22-1 显示，有 400 张订单同时包含了两类产品：Cameras and camcorders 和 Computers。

22.1.5　% Support（支持度）

% Orders Support 和% Customers Support 返回对关联规则的支持度。支持度是指# Both 和 # Total 之间的比率。图 22-1 显示，有 1.85%的订单同时包含两类产品：Cameras and camcorders 和 Computers。

22.1.6　% Confidence（置信度）

% Orders Confidence 和% Customers Confidence 返回关联规则的置信度。置信度是# Both 和 #之间的比率。图 22-1 显示，在所有包含 Cameras and camcorders 品类的订单中，16.94%的订单包含了 Computers 品类产品。

22.1.7　Lift（提升度[①]）

Orders Lift 和 Customers Lift 返回置信度与购买 AndProduct 所选产品概率的比率，即提升度

$$\text{Lift} = \frac{\%\text{Confidence}}{\left(\dfrac{\#\text{And}}{\#\text{Total}}\right)}$$

提升度大于 1 表示关联规则足以预测事件。提升度越大，关联性越强。图 22-1 显示 Cameras and camcorders 和 Computers 之间的关联规则是 1.25，计算方式为：分子是% Confidence(16.94%)，分母是# Orders And 除以# Orders Total (2933/21601 = 13.58%)。代表已知购买 22.1.1 节所述#度量值中商品的前提下，购买 22.1.2 节所述#And 度量值中商品的概率相对于一般情况下购买概率的比例。

22.2　报告范例

本节介绍在示例模型上生成的几个报告。这些报告有助于更好地理解模式的功能。

图 22-3 中的报告显示了更有可能出现在包含 Contoso Optical USB Mouse M45 White 订单中的产品。

22

[①] 提升度定义为"置信度{A，B}/支持度{B}"，它表示已知项集 A 购买的前提下，购买项集 B 的概率相对于一般情况下购买概率的比例。——译者注

Category	Product Name					
Computers ⌄	Contoso Optical USB Mouse M45 White ⌄					

Basket Analysis by Order

And Category	# Orders Both	% Orders Support	% Orders Confidence	Orders Lift	# Orders And	# Orders
□ **Computers**						
SV Keyboard E90 White	720	3.33%	99.45%	29.67	724	724
Contoso Education Essentials Bundle M300 Grey	1	0.00%	0.14%	1.24	24	724
Proseware CRT17 E104 White	1	0.00%	0.14%	9.95	3	724
Proseware LCD17W E202 White	1	0.00%	0.14%	2.13	14	724
□ **Games and Toys**						
SV Hand Games women M40 Black	5	0.02%	0.69%	0.67	224	724
MGS Flight Simulator 2002 M360	2	0.01%	0.28%	1.22	49	724
MGS Zoo Tycoon 2: Extinct Animals M210	1	0.00%	0.14%	1.15	26	724
□ **Audio**						
Contoso 4G MP3 Player E400 Silver	3	0.01%	0.41%	0.16	568	724
NT Bluetooth Stereo Headphones E52 Blue	3	0.01%	0.41%	0.15	586	724
□ **Cell phones**						
Contoso Single-line phones E10 Black	1	0.00%	0.14%	3.32	9	724
□ **Home Appliances**						
Contoso Washer & Dryer 21in E210 White	1	0.00%	0.14%	1.19	25	724

图 22-3　按品类分组的产品购物篮分析

SV Keyboard E90 White 的置信度是 99.45%，代表在包含 Contoso Optical USB Mouse M45 White 的订单中，有 99.45%的订单也会同时购买 SV Keyboard E90 White 这个产品。3.33%的支持度表明这种产品组合的订单占订单总数的 3.33%（如图 22-1 所示中的 21,601）。较高的提升度（29.67）也是说明这两个产品之间关联规则质量的有效指标。

图 22-4 中的报告显示了最有可能出现同一张订单上的产品，按置信度排序。

All Products by Order

Product Name	And Product	# Orders Both	% Orders Support	% Orders Confidence	Orders Lift
A. Datum SLR Camera X137 Grey	Contoso Telephoto Conversion Lens X400 Silver	880	4.07%	99.89%	24.49
Contoso Telephoto Conversion Lens X400 Silver	A. Datum SLR Camera X137 Grey	880	4.07%	99.89%	24.49
Contoso Optical USB Mouse M45 White	SV Keyboard E90 White	720	3.33%	99.45%	29.67
SV Keyboard E90 White	Contoso Optical USB Mouse M45 White	720	3.33%	99.45%	29.67
Adventure Works 26" 720p LCD HDTV M140 Silver	SV 16xDVD M360 Black	2,160	10.00%	99.40%	9.82
SV 16xDVD M360 Black	Adventure Works 26" 720p LCD HDTV M140 Silver	2,160	10.00%	98.77%	9.82
SV 40GB USB2.0 Portable Hard Disk E400 Silver	Contoso USB Cable M250 White	400	1.85%	98.77%	50.20
Contoso 4G MP3 Player E400 Silver	NT Bluetooth Stereo Headphones E52 Blue	560	2.59%	98.59%	36.34
NT Bluetooth Stereo Headphones E52 Blue	Contoso 4G MP3 Player E400 Silver	560	2.59%	95.56%	36.34
Contoso USB Cable M250 White	SV 40GB USB2.0 Portable Hard Disk E400 Silver	400	1.85%	94.12%	50.20
Contoso 4G MP3 Player E400 Silver	A. Datum SLR Camera X137 Grey	33	0.15%	5.81%	1.42
Contoso 4G MP3 Player E400 Silver	Contoso Telephoto Conversion Lens X400 Silver	33	0.15%	5.81%	1.42
NT Bluetooth Stereo Headphones E52 Blue	A. Datum SLR Camera X137 Grey	33	0.15%	5.63%	1.38
NT Bluetooth Stereo Headphones E52 Blue	Contoso Telephoto Conversion Lens X400 Silver	33	0.15%	5.63%	1.38
A. Datum SLR Camera X137 Grey	Contoso 4G MP3 Player E400 Silver	33	0.15%	3.75%	1.42
A. Datum SLR Camera X137 Grey	NT Bluetooth Stereo Headphones E52 Blue	33	0.15%	3.75%	1.38
Contoso Telephoto Conversion Lens X400 Silver	Contoso 4G MP3 Player E400 Silver	33	0.15%	3.75%	1.42
Contoso Telephoto Conversion Lens X400 Silver	NT Bluetooth Stereo Headphones E52 Blue	33	0.15%	3.75%	1.38

图 22-4　产品之间的购物篮分析

当两个产品的顺序颠倒时，此示例中使用的数据集会返回与原顺序时相近的置信度值。然而这种情况并不常见。请看图 22-4 中突出显示的行：当 Contoso USB Cable M250 White 在第一列时，与 SV 40GB USB2.0 Portable Hard Disk E400 Silver 之间的置信度是稍微小于相反情况的。

在真实的数据集中，这些差异通常更大。虽然此例的支持度和提升度看起来相同，但选择顺序对于置信度来说仍然是非常关键的。

同样的模式能将客户作为购物篮，而不是订单。将客户作为购物篮，每个购物篮会有更多的产品。有了更多的数据，就可以按产品的品类而不是按单个产品来进行分析。例如，图 22-5 中的报告显示了客户购买历史记录中品类之间的关联。

% Customers Confidence

Category	Audio	Cameras and camcorders	Cell phones	Computers	Games and Toys	Home Appliances	Music, Movies and Audio Books	TV and Video
Audio		22.87%	11.23%	20.46%	31.59%	17.95%	7.22%	24.77%
Cameras and camcorders	12.17%		12.44%	39.72%	34.92%	22.74%	7.63%	23.22%
Cell phones	20.29%	42.21%		48.19%	24.09%	46.38%	21.92%	40.58%
Computers	9.77%	35.63%	12.74%		32.95%	20.31%	6.99%	22.13%
Games and Toys	5.45%	11.31%	2.30%	11.89%		10.82%	2.09%	20.69%
Home Appliances	9.20%	21.89%	13.16%	21.79%	32.17%		8.02%	27.65%
Music, Movies and Audio Books	19.10%	37.93%	32.10%	38.73%	32.10%	41.38%		38.99%
TV and Video	7.22%	12.72%	6.55%	13.50%	34.99%	15.73%	4.30%	

图 22-5　品类间的购物篮分析

购买 Cell phones 的顾客可能也会购买 Computers（置信度为 48.19%），而购买 Computers 的顾客只有 12.74%会购买 Cell phones。

22.3　基本模式示例

购物篮分析模型需要一个 Product 表的副本，用于在报表中选择 And Product。你可以使用下面的定义创建 And Product 表作为计算表。

计算表

```
And Product =
SELECTCOLUMNS (
    'Product',
    "And Category", 'Product'[Category],
    "And Subcategory", 'Product'[Subcategory],
    "And Product", 'Product'[Product Name],
    "And ProductKey", 'Product'[ProductKey]
)
```

And Product 表和 Sales 表之间有一个非活动的关系，连接了 Product 和 Sales 关系中所使用的 Sales[ProductKey] 列。这种关系必须是非活动的，因为它只用于本章介绍的模式的度量值，没有影响模式中的其他度量值。图 22-6 显示了 Product、And Product 和 Sales 表之间的关系。

我们使用两个购物篮：订单和客户。订单由 Sales[Order Number] 识别，而客户由 Sales[CustomerKey] 识别。从现在开始，我们只显示订单的度量值，因为客户的度量值有一个基本的变化——用 Sales[Order Number] 替换 Sales[CustomerKey]。有兴趣的读者可以在示例文件中找到客户度量值。

22

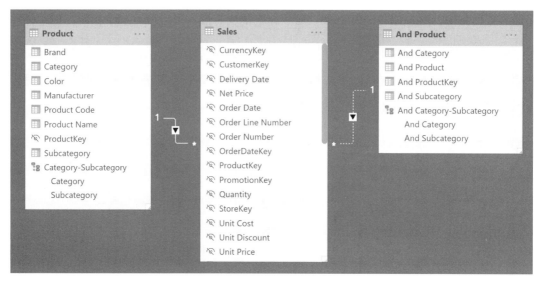

图 22-6　Product、And Product 及 Sales 表间的关系

第一个度量值计算当前筛选器上下文中特定订单的数量。

Sales 表中的度量值

```
# Orders :=
SUMX ( SUMMARIZE ( Sales, Sales[Order Number] ), 1 )
```

在我们描述模式中其余的度量值之前，先稍稍跑个题。# Orders 度量值实际上是对 Sales [Order Number]执行 DISTINCTCOUNT。出于灵活性和性能的考虑，我们使用替代方法来实现。下面来详细说明这一选择的理由。

你可以使用带有 DISTINCTCOUNT 的公式来编写 # Orders 度量值。

```
DISTINCTCOUNT ( Sales[Order Number] )
```

在 DAX 中，这是一种对 DISTINCT 执行 COUNTROWS 的较为简短的方法。

```
COUNTROWS ( DISTINCT ( Sales[Order Number] ) )
```

你可以用 SUMMARIZE 替换 DISTINCT。

```
COUNTROWS ( SUMMARIZE ( Sales, Sales[Order Number] ) )
```

以上三条公式在性能和查询计划方面都会返回相同的结果。使用 SUMX 而不是 COUNTROWS 也会产生同样的结果。

```
SUMX ( SUMMARIZE ( Sales, Sales[Order Number] ), 1 )
```

通常，用 SUMX 替换 COUNTROWS 会生成性能较低的查询计划。然而，购物篮分析的特殊性使得 SUMX 的替代方案在这个模式中更快。关于这种优化的更多细节可以在这篇文章 "Analyzing the performance of DISTINCTCOUNT in DAX" 中获得。

使用 SUMMARIZE 函数的优点是，只要表与 Sales 相关联，即使是在另一个表，我们也可以将第二个参数替换为表示购物篮的列。例如，计算客户所在城市有多少的度量值可以这样编写。

```
SUMX ( SUMMARIZE ( Sales, Customer[City] ), 1 )
```

SUMMARIZE 函数的第一个参数必须是包含交易数据的 Sales 表，如 Sales。如果第二个参数是 Customer 中的一列，那么你别无选择，必须使用该列。例如，对于客户的城市，你指定 Customer[City]。如果是使用定义关系的列（如关联 Customer 表的 CustomerKey），那么可以选择使用 Sales[CustomerKey] 或是 Customer[CustomerKey]。如果可能，最好使用 Sales 中的可用列，以避免遍历模型关系中所有的组合。这就是为什么我们使用 Sales[CustomerKey] 而不是 Customer [CustomerKey]来将客户标识为一个购物篮：

```
SUMX ( SUMMARIZE ( Sales, Sales[CustomerKey] ), 1 )
```

我们已经解释了为什么使用 SUMMARIZE 而不是 DISTINCT 来标识购物篮的属性，现在继续讨论模式中的其他度量值。

Orders And 借助 And Product 中的选择来计算订单数。它激活了 Sales 表 和 And Product 表之间的非活跃关系。

Sales 表中的度量值

```
# Orders And :=
CALCULATE (
    [# Orders],
    REMOVEFILTERS ( 'Product' ),
    USERELATIONSHIP ( Sales[ProductKey], 'And Product'[And ProductKey] )
)
```

#　Orders Total 返回订单数量，忽略 Product 中的任何选择。

Sales 表中的度量值

```
# Orders Total :=
CALCULATE (
    [# Orders],
    REMOVEFILTERS ( 'Product' )
)
```

Orders Both (Internal)是一个隐藏度量值，用以计算至少包括一个 Product 产品及一个 And Product 产品的订单数量。

Sales 表中的度量值

```
# Orders Both (Internal) :=
VAR OrdersWithAndProducts =
    CALCULATETABLE (
        SUMMARIZE ( Sales, Sales[Order Number] ),
        REMOVEFILTERS ( 'Product' ),
        REMOVEFILTERS ( Sales[ProductKey] ),
        USERELATIONSHIP ( Sales[ProductKey], 'And Product'[And ProductKey] )
    )
VAR Result =
    CALCULATE (
        [# Orders],
        KEEPFILTERS ( OrdersWithAndProducts )
```

22

```
    )
RETURN
    Result
```

这个隐藏的度量值对于计算# Orders Both 度量值，以及后续会介绍的优化模式版本中的其他计算非常有用。# Orders Both 添加了一个检查，该检查在 Product 和 And Product 的选项包含完全相同的产品时返回空白值。这样做是为了防止报告显示产品与其本身之间的关联。

Sales 表中的度量值

```
# Orders Both :=
IF (
    ISEMPTY (
        INTERSECT (
            DISTINCT ( 'Product'[ProductKey] ),
            DISTINCT ( 'And Product'[And ProductKey] )
        )
    ),
    [# Orders Both (Internal)]
)
```

% Orders Support 是 # Orders Both 与 # Orders Total 的比率。

Sales 表中的度量值

```
% Orders Support :=
DIVIDE ( [# Orders Both], [# Orders Total] )
```

% Orders Confidence 是 # Orders Both 与 # Orders 的比率。

Sales 表中的度量值

```
% Orders Confidence :=
DIVIDE ( [# Orders Both], [# Orders] )
```

Orders Lift 是将% Orders Confidence 除以# Orders And 和# Orders Total 之比的结果，正如我们前面介绍的公式：

$$\text{Lift} = \frac{\%\text{Confidence}}{\left(\dfrac{\#\text{And}}{\#\text{Total}}\right)}$$

Sales 表中的度量值

```
Orders Lift :=
DIVIDE (
    [% Orders Confidence],
    DIVIDE (
        [# Orders And],
        [# Orders Total]
    )
)
```

本节描述的代码是可以运行的。然而，如果产品数量超过几千个，这些度量值可能会导致性能问题。优化模式提供了一个更快的解决方案，但它同时需要额外的计算表和关系来提高性能。

22.4 优化模式示例

优化后的模式降低了查询时考虑最佳产品组合所需要的工作量。通过创建一个预先计算可用购物篮中现有产品组合的计算表，性能可以得到改进。由于我们将订单和客户视为购物篮，因此创建了两个与 Product 相关联的计算表，如图 22-7 所示。

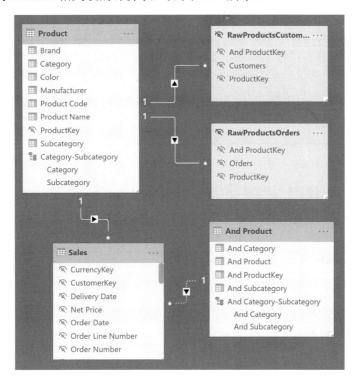

图 22-7　Product、RawProductsCustomersRawProductsOrders、RawProductsOrders、
And Product 及 Sales 各表的关系

RawProductsOrders 表和 RawProductsCustomers 表在每一行中包含两个产品键（Productkey 和 And Productkey），并同时包含这两个产品的购物篮数量。将相同产品组合在一起的行会则被排除在外。

计算表

```
RawProductsOrders =
FILTER (
    SUMMARIZECOLUMNS (
        'Sales'[ProductKey],
        'And Product'[And ProductKey],
        "Orders", [# Orders Both (Internal)]
    ),
    NOT ISBLANK ( [Orders] ) && 'And Product'[And ProductKey] <> 'Sales'[ProductKey]
)
```

22

计算表

```
RawProductsCustomers =
FILTER (
    SUMMARIZECOLUMNS (
        'Sales'[ProductKey],
        'And Product'[And ProductKey],
        "Customers", [# Customers Both (Internal)]
    ),
    NOT ISBLANK ( [Customers] ) && 'And Product'[And ProductKey] <> 'Sales'[ProductKey]
)
```

Product 中的筛选会自动传递到两个 RawProducts 表。只有来自 And Product 的筛选必须在 # Orders Both 度量值中通过 DAX 表达式来传递。事实上，# Orders Both 是唯一不同于基本模式的度量值：

Sales 表中的度量值

```
# Orders Both :=
VAR ExistingAndProductKey =
    CALCULATETABLE (
        DISTINCT ( RawProductsOrders[And ProductKey] ),
        TREATAS (
            DISTINCT ( 'And Product'[And ProductKey] ),
            RawProductsOrders[And ProductKey]
        )
    )
VAR FilterAndProducts =
    TREATAS (
        EXCEPT (
            ExistingAndProductKey,
            DISTINCT ( 'Product'[ProductKey] )
        ),
        Sales[ProductKey]
    )
VAR OrdersWithAndProducts =
    CALCULATETABLE (
        SUMMARIZE ( Sales, Sales[Order Number] ),
        REMOVEFILTERS ( 'Product' ),
        FilterAndProducts
    )
VAR Result =
    CALCULATE (
        [# Orders],
        KEEPFILTERS ( OrdersWithAndProducts )
    )
RETURN
    Result
```

由于应用筛选器的方式不同，# Orders Both 不能使用与 # Orders Both（Internal）相同的方法。# Orders Both 将筛选器从 And Product 传递到 RawProductsOrders，然后再传递到 Sales，以检索包含 Any Product 中项目的订单。这种技术有点复杂，但是对于减少公式引擎的工作负载很有用。这些结果都会提升查询性能。

## 第 23 章

汇率转换

货币转换是一个复杂的场景，其中数据模型和 DAX 代码的质量都起着非常重要作用。该场景中有两种货币：用于收集订单的货币和用于生成报告的货币。确实，你可能用多种货币收集订单，但是仅能使用单一货币来报告这些订单，以便能够用相同的计量单位比较所有的值。或者，你可以以单一货币收集（或存储）订单，但需要使用不同的货币来报告这些值。最后，你可能同时拥有以不同货币收集的订单和需要显示多种不同货币的报告。

在这个模式中，我们涵盖了 3 种不同的场景，接下来只使用 EUR 和 USD 来简化描述。

❑ **多个来源，单一目标**：订单使用 EUR 和 USD，但报告必须将所有货币转换成 USD。

❑ **单一来源，多个目标**：订单使用 USD，但用户可以选择以 EUR 或 USD 查看报告。

❑ **多个来源，多个目标**：订单使用 EUR 和 USD，但用户可以选择以 EUR 或 USD 查看报告。

这些公式取决于可用的货币汇率换算表。通常一年中的每一天都需要执行货币转换，而有时候只能在不同粒度上例如在月级别执行货币转换。管理这些情况的差异很小，我们会在 DAX 代码中突出显示这些差异。

出于演示的目的，我们创建了包含每日和每月货币转换的模型。因此，你可以在同一个示例文件中找到两者的公式和模型，但是对于特定需求的实现，你应该只在两种汇率粒度中选择其一。

我们通过调整 Contoso 的可用数据，创建了每日货币换算表。因此，这些例子包含虚构的汇率，唯一的目的就是展示相关的技术，我们并不保证汇率数据的准确性。

23.1 多种来源货币，单一报告货币

在此场景中，源数据包含不同货币的订单，报表将这些值转换为单一货币。例如，订单使用 EUR、USD 和其他货币；报告必须将不同的订单货币统一转换为 USD。

首先要分析的是图 23-1 所示的模型。

Sales 表用本地货币存储交易值。包含货币数量的每一列都使用本地货币记录，如 Net Price、Unit Price 和 Unit Discount。Sales 表与 Currency 表关联，详细关系取决于交易使用的货币。

计算销售额的简单方法只有在按源交易货币划分时才有效；事实上，如果不先执行货币转换，要聚合不同货币的值是不可能的。出于这个原因，我们将处理这个计算的度量值命名为 Sales（Internal），同时我们也对用户隐藏了这个度量值：

```
Sales (Internal) := SUMX ( Sales, Sales[Quantity] * Sales[Net Price] )
```

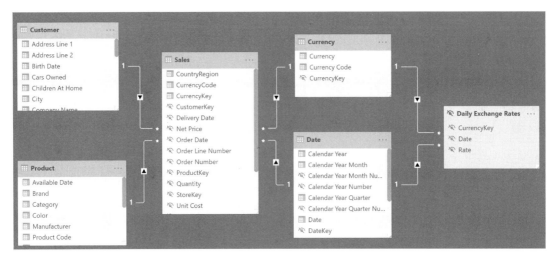

图 23-1   模型显示如何通过 Date 和 Currency，将 Sales 与 Daily Exchange Rates 关联起来

如图 23-2 所示，Sales (Internal) 生成的是一个没有意义的总计，因为它是对不同来源货币的值进行求和。相反，度量值 Sales USD(Monthly)和 Sales USD (Daily)产生了有意义的结果，因为它们将 Sales(Internal)值转换为 USD。报告中的 Sales USD (Monthly)和 Sales USD (Daily)度量值之间的差异来自每个月汇率的波动。

Currency	Sales (Internal)	Sales USD (Monthly)	Sales USD (Daily)
Australian Dollar	9,450,623.49	7,933,488.34	8,139,714.02
British Pound	1,912,319.96	3,600,158.51	3,687,092.41
Canadian Dollar	910,355.97	853,860.13	874,937.42
EURO	2,544,568.45	3,536,014.77	3,618,749.70
Indian Rupee	4,702,011.45	97,149.69	97,767.82
Japanese Yen	5,412,928.66	56,871.57	58,309.90
South Korean Won	76,603,112.92	60,845.21	61,387.63
US Dollar	9,557,875.85	9,557,875.85	9,557,875.85
Total	**111,093,796.76**	**25,696,264.06**	**26,095,834.75**

图 23-2   Sales(Internal) 的合计将不同货币的值加总，产生了一个毫无意义的总计

为了执行有效的货币转换，我们先在货币汇率的粒度上聚合 Sales (Internal)，然后再应用转换。例如，度量值 Sales USD (Daily)使用 SUMX 迭代每个日期和单一货币（只有一行的表），以实现日粒度的计算。

Sales 表中的度量值

```
Sales USD (Daily) :=
VAR AggregatedSalesInCurrency =
    ADDCOLUMNS (
        SUMMARIZE (
            Sales,
            'Date'[Date],                    -- 日粒度
            'Currency'[Currency]
        ),
```

```
    "@SalesAmountInCurrency", [Sales (Internal)],
    "@Rate", CALCULATE (
        SELECTEDVALUE ( 'Daily Exchange Rates'[Rate] )
    )
)
VAR Result =
    SUMX (
        AggregatedSalesInCurrency,
        [@SalesAmountInCurrency] / [@Rate]
    )
RETURN
    Result
```

为了获得最佳性能，必须减少检索汇率的迭代次数。为每笔交易执行货币转换非常耗时，因为同一天使用同一货币进行的所有交易都具有相同的汇率。使用 SUMMARIZE 可以显著降低整个公式的粒度。如果汇率转换率在月级别可用，则公式必须将粒度减少至月级别，如 Sales USD (Monthly)。

Sales 表中的度量值

```
Sales USD (Monthly) :=
VAR AggregatedSalesInCurrency =
    ADDCOLUMNS (
        SUMMARIZE (
            Sales,
            'Date'[Calendar Year Month], -- 月粒度
            'Currency'[Currency]
        ),
        "@SalesAmountInCurrency", [Sales (Internal)],
        "@Rate", CALCULATE (
            SELECTEDVALUE ( 'Monthly Exchange Rates'[Rate] )
        )
    )
VAR Result =
    SUMX (
        AggregatedSalesInCurrency,
        [@SalesAmountInCurrency] / [@Rate]
    )
RETURN
    Result
```

本例中使用的度量值不会检查货币汇率是否可用，因为正在执行的操作是除法——如果汇率值缺失，这将导致除以零的错误。另一种做法是使用 IF 判断语句，当转换汇率缺失时显示错误消息。你应该使用这两种技术中的任何一种，防止转换汇率缺失，否则报告将在没有任何警告的情况下显示不准确的数字。

23.2　一种来源货币，多种报告货币

在这个场景中，源数据包含单一货币订单（在我们的示例中是 USD），用户通过切片器更改要在报表中使用的货币。报表根据交易日期将原始货币金额转换为用户选择的货币金额。

图 23-3 所示的模型没有显示 Sales 表和 Currency 表之间的任何直接关系。实际上，所有的销售交易都使用的是 USD 货币，Currency 表则是允许用户选择所需的报表货币。

23

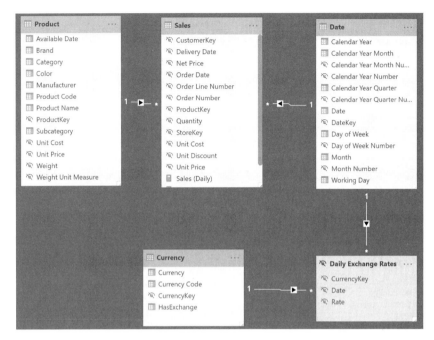

图 23-3　Sales 及 Currency 两表之间没有直接关系

用户可以使用切片器选择所需的货币，或者如图 23-4 所示将 Currency 表的[Currency] 列置于矩阵中，使用每月汇率执行货币转换。

Brand	US Dollar	EURO	Swiss Franc	Japanese Yen
A. Datum	1,876,700.93	1,349,641.55	2,188,060.92	207,131,483.49
Adventure Works	3,487,205.96	2,502,060.56	4,062,967.87	385,565,761.33
Contoso	6,373,833.45	4,525,161.41	7,267,013.90	678,207,396.28
Fabrikam	4,550,734.83	3,215,644.06	5,154,600.03	475,927,753.05
Litware	2,805,103.65	1,959,499.34	3,131,210.26	288,508,223.27
Northwind Traders	929,007.20	651,631.42	1,056,457.09	99,082,749.82
Proseware	2,094,389.36	1,492,048.49	2,394,307.59	220,829,404.98
Southridge Video	1,185,827.04	853,425.81	1,376,666.12	130,044,881.12
Tailspin Toys	247,577.19	174,871.49	278,909.35	25,575,107.97
The Phone Company	994,610.67	706,391.99	1,131,215.32	104,353,077.46
Wide World Importers	1,544,506.69	1,096,004.63	1,749,311.25	161,069,948.85
Total	**26,089,496.96**	**18,526,380.74**	**29,790,719.70**	**2,776,295,787.61**

图 23-4　这份报告显示了各产品品牌以不同货币计算的销售额

这个获得预期结果的公式的结构与前面的示例相似，尽管由于数据模型不同，其实现也略为有些不同。度量值 Sales (Daily)对每一天应用不同的汇率。

Sales 表中的度量值

```
Sales (Daily) :=
IF (
    HASONEVALUE ( 'Currency'[Currency] ),
```

```
    VAR AggregatedSalesInUSD =
        ADDCOLUMNS (
            SUMMARIZE (
                Sales,
                'Date'[Date]        -- 日粒度
            ),
            "@Rate", CALCULATE ( SELECTEDVALUE ( 'Daily Exchange Rates'[Rate] ) ),
            "@USDSalesAmount", [Sales (internal)]
        )
    VAR Result =
        SUMX (
            AggregatedSalesInUSD,
            IF (
                NOT ( ISBLANK ( [@Rate] ) ),
                [@USDSalesAmount] * [@Rate],
                ERROR ( "Missing conversion rate" )
            )
        )
    RETURN
        Result
)
```

使用 HASONEVALUE 进行初始测试，可以确保在当前筛选器上下文中只有一种货币可见。变量 AggregatedSalesInUSD 存储一个表，包含以 USD 为单位的销售额，以及按日粒度计算的相应汇率。@Rate 列检索适当的汇率，这要归功于对 Currency[Currency]执行了筛选的筛选器，以及由 SUMMARIZE 聚合对 Date[Date]执行的上下文转换。变量 Result 通过将变量@Rate 与变量 @USDSalesAmount 的乘积结果相加（有多个）以得到最终结果，或者在@Rate 值缺失或不可用时显示错误提示。这使得报告中断，并显示一条描述数据质量问题（Missing conversion rate）的错误消息。

如果汇率仅在月级别可用，则度量值 Sales (Monthly)与度量值 Sales (Daily)只在 SUMMARIZE 函数中使用的参数不同。

Sales 表中的度量值

```
Sales (Monthly) :=
IF (
    HASONEVALUE ( 'Currency'[Currency] ),
    VAR AggregatedSalesInUSD =
        ADDCOLUMNS (
            SUMMARIZE (
                Sales,
                'Date'[Calendar Year Month Number] — 月粒度
            ),
            "@Rate", CALCULATE ( SELECTEDVALUE ( 'Monthly Exchange Rates'[Rate] ) ),
            "@USDSalesAmount", [Sales (internal)]
        )
    VAR Result =
        SUMX (
            AggregatedSalesInUSD,
            IF (
                NOT ( ISBLANK ( [@Rate] ) ),
                [@USDSalesAmount] * [@Rate],
                ERROR ( "Missing conversion rate" )
            )
        )
    RETURN
        Result
)
```

23

23.3　多种来源货币，多种报告货币

这个场景是前两个场景的结合。源数据包含不同货币的订单，且用户通过切片器更改要在报告中使用的货币。报告根据交易日期、原始来源货币和用户选择的报表货币对原始金额进行转换。

数据模型中有两个货币表：Source Currency 和 Target Currency。Source Currency 表与 Sales 关联，代表交易时使用的货币。Target Currency 表允许用户为报表选择所需的货币。模型如图 23-5 所示。

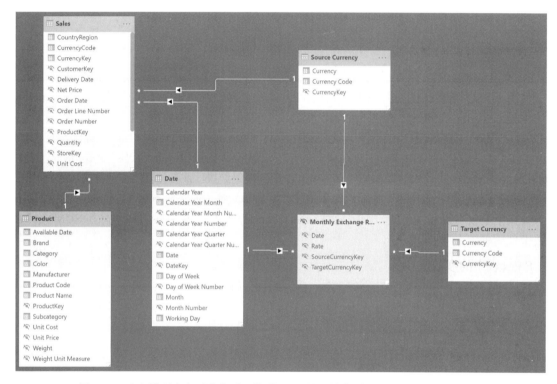

图 23-5　这个模型中有两种货币：关联 Sales 的原始货币和用户选择的目标货币

此模型支持将任何源货币转换为任何目标货币。图 23-6 显示了按每月汇率收集数个国家以不同货币记录的订单。报表将原始金额转换为矩阵列中显示的货币金额。

度量值的公式与模型类似，是前两个公式的混合。HASONEVALUE 函数检查是否只选择了一个目标货币。变量 AggregatedSalesInCurrency 包含一个表，包含了按可用粒度的货币汇率聚合的销售额，同时还包含了源货币。@rate 列通过 Target Currency'[Currency] 上现有筛选器获取适当的汇率，并通过 SUMMARIZE 聚合的 Date[Date]和 Source Currency[Currency]上下文转换获得适当的汇率。变量 Result 通过将变量@rate 和@SalesAmount 乘积的结果（有多个）相加得到最终结果，或者在 @Rate 不可用时显示错误提示。

Currency	US Dollar	EURO	Swiss Franc	Japanese Yen
⊟ **Australian Dollar**	**7,933,488.34**	**5,527,565.12**	**8,991,966.71**	**855,377,050.84**
Australia	7,933,488.34	5,527,565.12	8,991,966.71	855,377,050.84
⊟ **British Pound**	**3,600,158.51**	**2,510,508.10**	**4,089,163.38**	**381,055,228.14**
United Kingdom	3,600,158.51	2,510,508.10	4,089,163.38	381,055,228.14
⊟ **Canadian Dollar**	**853,860.13**	**608,319.24**	**989,280.76**	**94,774,145.95**
Canada	853,860.13	608,319.24	989,280.76	94,774,145.95
⊟ **EURO**	**3,340,064.92**	**2,395,524.83**	**3,887,251.92**	**369,306,897.75**
France	985,051.43	714,129.44	1,151,301.91	107,510,881.06
Germany	2,180,279.87	1,557,234.24	2,547,349.09	245,249,618.39
Portugal	174,733.61	124,161.15	188,600.92	16,546,398.29
⊟ **Indian Rupee**	**97,149.69**	**69,082.51**	**104,958.68**	**9,188,362.62**
India	97,149.69	69,082.51	104,958.68	9,188,362.62
⊟ **Japanese Yen**	**56,871.57**	**40,585.82**	**61,611.01**	**5,412,928.66**
Japan	56,871.57	40,585.82	61,611.01	5,412,928.66
Total	**15,881,593.14**	**11,151,585.61**	**18,124,232.45**	**1,715,114,613.95**

图 23-6 该模型将所有来源货币转换为目标货币

Sales 表中的度量值

```
Sales (Daily) :=
IF (
    HASONEVALUE ( 'Target Currency'[Currency] ),
    VAR AggregatedSalesInCurrency =
        ADDCOLUMNS (
            SUMMARIZE (
                Sales,
                'Date'[Date],                -- 日粒度
                'Source Currency'[Currency]
            ),
            "@SalesAmount", [Sales (Internal)],
            "@Rate", CALCULATE ( SELECTEDVALUE ( 'Daily Exchange Rates'[Rate] ) )
        )
    VAR Result =
        SUMX (
            AggregatedSalesInCurrency,
            IF (
                NOT ( ISBLANK ( [@Rate] ) ),
                [@SalesAmount] * [@Rate],
                ERROR ( "Missing conversion rate" )
            )
        )
    RETURN
        Result
)
```

与前面的示例相同，货币转换表的粒度非常重要。如果汇率仅在月级别可用，则度量值 Sales(Monthly) 与度量值 Sales(Daily) 只有在 SUMMARIZE 函数中使用的参数不同。

Sales 表中的度量值

```
Sales (Monthly) :=
IF (
    HASONEVALUE ( 'Target Currency'[Currency] ),
    VAR AggregatedSalesInCurrency =
        ADDCOLUMNS (
```

```
            SUMMARIZE (
                Sales,
                'Date'[Calendar Year Month],    -- 月粒度
                'Source Currency'[Currency]
            ),
            "@SalesAmount", [Sales (Internal)],
            "@Rate", CALCULATE ( SELECTEDVALUE ( 'Monthly Exchange Rates'[Rate] ) )
        )
    VAR Result =
        SUMX (
            AggregatedSalesInCurrency,
            IF (
                NOT ( ISBLANK ( [@Rate] ) ),
                [@SalesAmount] * [@Rate],
                ERROR ( "Missing conversion rate" )
            )
        )
    RETURN
        Result
)
```

第 24 章　预算

预算模式包括一些编程技术，你会发现这些技术对编制预算很有用，但它不仅仅适用于预算。我们以预算为例，说明如何以不同粒度重新分配度量值，以及如何将来自不同粒度表的度量值组合到同一个图表中。

此外，每家公司都有自己编制和管理预算的方法。这个模式仅作为展示编制预算用法的示例。你必须根据你的具体业务调整此模式中显示的度量值和技巧。

24.1　介绍

用于预算的初始表格包含了以一定粒度编制的销售预测。在本章示例中，这个表包含按国家地区、产品类别和年份分类的销售预测，预测分为低、中和高 3 种场景。图 24-1 显示了完整的数据集。

CountryRegion	China			Germany			United States		
Scenario	CY 2008	CY 2009	CY 2010	CY 2008	CY 2009	CY 2010	CY 2008	CY 2009	CY 2010
⊟ High									
Audio	22,741.98	32,652.58	79,149.63	48,840.18	53,187.05	53,256.31	49,183.10	41,832.44	80,901.46
Cameras and camcorders	1,014,379.01	940,003.97	836,707.90	1,371,666.05	628,004.48	565,460.90	1,434,119.79	1,091,740.03	676,593.36
Cell phones	186,172.07	207,453.03	294,348.65	214,064.20	162,933.66	225,682.32	170,028.64	197,756.05	283,919.17
Computers	1,392,080.19	823,375.85	851,143.90	808,569.14	756,248.25	691,700.09	948,909.45	968,075.04	806,608.26
Games and Toys	31,921.31	41,629.25	83,603.77	33,259.50	28,700.71	72,718.12	41,645.50	57,473.35	40,535.82
Home Appliances	962,636.14	2,065,497.67	1,446,198.48	878,675.11	931,151.82	1,223,877.35	1,040,724.86	1,829,195.83	1,316,539.49
Music, Movies and Audio Books	52,890.66	39,882.87	34,968.37	23,098.24	40,263.07	51,497.48	30,647.14	61,848.20	41,273.14
TV and Video	570,624.32	435,158.50	513,254.38	861,068.50	263,013.84	359,939.03	1,245,888.53	409,893.88	571,128.22
⊟ Low									
Audio	16,076.23	22,299.32	48,905.46	33,975.77	36,483.68	35,195.47	32,924.23	28,236.90	49,330.16
Cameras and camcorders	718,518.46	564,002.38	532,450.48	922,327.17	416,953.79	399,722.36	1,010,119.16	688,071.45	454,759.47
Cell phones	129,851.11	136,089.19	197,802.29	134,453.55	113,110.97	147,184.12	115,273.65	134,538.95	193,158.13
Computers	959,248.53	522,140.78	614,303.86	516,397.10	500,099.65	455,221.43	640,716.64	661,124.42	581,031.37
Games and Toys	20,313.56	28,576.01	57,164.97	23,394.39	19,057.27	46,876.14	29,645.95	38,473.90	27,470.55
Home Appliances	582,239.60	1,382,550.86	976,183.98	598,089.78	623,466.87	832,236.60	624,434.91	1,159,977.84	851,878.50
Music, Movies and Audio Books	35,402.62	27,787.24	23,603.65	15,591.31	28,114.73	33,782.35	19,998.55	44,786.63	27,162.66
TV and Video	406,879.95	285,229.94	362,817.75	538,167.81	170,185.43	248,738.35	823,553.43	263,265.17	379,191.69
⊟ Medium									
Audio	19,605.16	25,484.94	60,488.34	41,620.32	47,033.18	43,994.34	42,679.55	34,860.37	65,773.55
Cameras and camcorders	845,315.84	736,963.11	663,834.37	1,229,769.56	519,905.35	448,468.99	1,284,472.51	899,080.02	593,405.65
Cell phones	156,447.12	159,323.93	244,898.08	160,990.43	122,536.89	192,320.58	145,532.99	173,441.79	235,047.84
Computers	1,123,022.67	656,023.03	777,131.38	706,648.66	561,087.41	597,108.63	770,482.03	794,923.40	683,566.32
Games and Toys	25,589.81	32,809.49	72,885.34	27,058.58	22,960.57	58,895.67	34,586.94	49,398.58	34,170.69
Home Appliances	745,266.69	1,699,038.40	1,084,648.86	679,311.85	777,309.35	949,728.83	765,973.49	1,412,793.53	1,205,905.92
Music, Movies and Audio Books	43,933.37	31,056.33	30,888.72	19,441.02	35,403.73	37,078.18	26,491.59	54,916.93	37,392.76
TV and Video	486,271.16	347,395.44	451,309.88	652,976.94	214,389.43	286,780.69	1,140,304.75	313,252.23	435,368.24

图 24-1　预测数据集包含国家地区、产品类别、年份和场景的数据

基于这个数据集，我们处理以下需求。

❑ 以不同的粒度分配预测。例如，根据前一年的销售额计算月度预测。

❑ 在同一份报告中综合使用过去几个月的实际值和当前年度未来几个月的预测值，将实际数据和预测数据结合起来。

❑ 根据与当前年度过去几个月的差距，修正对未来几个月的预测。

此外，还要考虑这些年可能推出的新产品，以及无需计算预测值的停产产品。为此，我们使用了一个名为 Override 的表，该表显示新产品的推出时间，以及新产品在第一年的销售预测。Override 表还包含停产产品的停产日期，这些停产产品没有用于分配预测。按国家地区分配的新产品销售的预测，必须以其他产品过去的销售额为基础。

24.2　数据模型

在深入研究计算的细节之前，有必要对数据模型进行一些考虑。

我们正在分析的场景是一个自上向下的预测场景。因此，源数据包含了不同场景下低粒度的销售预测。低粒度意味着提供的信息位于非常高的级别：年份、国家地区和产品类别，没有关于个别产品、月份或商店的详细信息。因此，Forecast 表使用多对多弱关系（Many-Many-Relationship，MMR）与相关表链接，并且它只与 Scenario 表有一对多关系（Single-Many-Relationship，SMR），如图 24-2 所示。

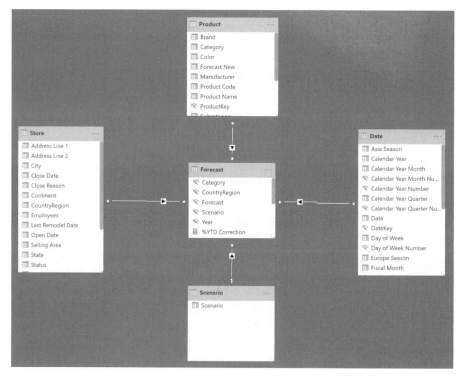

图 24-2　Forecast 与其他维度（Scenario 除外）之间的关系是多对多弱关系

以下关系从 Forecast 表开始：
- ❏ 基于 CountryRegion 与 Store 表建立多对多关系；
- ❏ 基于 Category 与 Product 表建立多对多关系；
- ❏ 基于 Year 与 Date 表建立多对多关系；
- ❏ 基于 Scenario 与 Scenario 表建立一对多关系。

所有多对多关系都是弱关系（不能检查关系的一端是否包含键的唯一值）；它们只在建立关系的粒度上进行筛选。在更细（更高）的粒度上，它们只在所支持的粒度上重复合计。

> 注意：使用MMR和SMR是为了避免与多对多关系的其他定义混淆。有关Power BI中对MMR和SMR关系的完整描述，请参阅"Relationships in Power BI and Tabular models"一文。

Scenario 表实现了总是使用维度表进行切片的最佳实践，而不是使用事实表（本例中的 Forecast 表）的列作为切片器和筛选器。

模式的预测信息来自一个 Excel 文件。同一个文件还包括另一个名为 Override 的表，它包含了有关新产品和停产产品的信息。Override 表中的相关列如下。

- ❏ **Year New**：新产品推出的一年。
- ❏ **Year Del**：一个产品被（或将被）停产的年份。
- ❏ **Amount**：新产品第一年在所有国家的销售额预测。

因为 Override 表与 Product 表具有相同的粒度，所以我们使用 Power Query 将以上三列数据直接合并到产品表中。图 24-3 显示了从 Override 表导入 Product 表的三列的内容。

Category	Subcategory	Product Name	Year New	Year Del	Forecast New
Computers	Laptops	Microsoft Surface azure	2010		25,000.00
Computers	Laptops	Microsoft Surface black	2010		25,000.00
Computers	Laptops	Microsoft Surface gray	2010		55,000.00
Clothes	Shirts	Power BI T-shirt black	2010		5,000.00
Clothes	Shirts	Power BI T-shirt blue	2010		6,000.00
Clothes	Shirts	Power BI T-shirt gray	2010		7,000.00
Audio	Recording Pen	WWI 1GB Digital Voice Recorder Pen E100 Pink		2010	0.00
Audio	Recording Pen	WWI 2GB Pulse Smart pen M100 White		2010	0.00

图 24-3　新产品或停产产品的相关信息都存储在 Product 表中

这不一定是最佳的模型。我们设计它是为了展示 DAX 代码，不同的需求使用不同的模型才是正确的。你应该更新计算以反映你特定的需求和数据模型。

24.3　业务选择

与模型一样，我们需要设置一些业务选择，以编写 DAX 代码。下文描述了在此模式中应用的业务规则。

24.3.1　基于上一年度的分配

当需要重新分配预测时，我们可以将上一年的销售额作为分配因子。换句话说，为了显示子类别的预测值，我们按给定子类别在上一年度在主类别中的销售额占比，重新将主类别的预算分配给子类别。

图 24-4 更直观地展示了重新分配后的数据。

CountryRegion	Sales PY	% Sales PY (BG)	Forecast Amount
⊟ **China**	**235,478.92**	**100.00%**	**197,802.29**
⊟ **Cell phones**	**235,478.92**	**100.00%**	**197,802.29**
Cell phones Accessories	64,544.86	27.41%	54,217.68
Home & Office Phones	12,223.51	5.19%	10,267.75
Smart phones & PDAs	69,460.60	29.50%	58,346.90
Touch Screen Phones	89,249.95	37.90%	74,969.96
⊟ **Germany**	**196,245.49**	**100.00%**	**147,184.12**
⊟ **Cell phones**	**196,245.49**	**100.00%**	**147,184.12**
Cell phones Accessories	49,266.84	25.10%	36,950.13
Home & Office Phones	7,816.40	3.98%	5,862.30
Smart phones & PDAs	87,579.85	44.63%	65,684.89
Touch Screen Phones	51,582.40	26.28%	38,686.80
⊟ **United States**	**232,720.63**	**100.00%**	**193,158.13**
⊟ **Cell phones**	**232,720.63**	**100.00%**	**193,158.13**
Cell phones Accessories	60,502.83	26.00%	50,217.35
Home & Office Phones	11,179.50	4.80%	9,278.99
Smart phones & PDAs	100,769.80	43.30%	83,638.93
Touch Screen Phones	60,268.50	25.90%	50,022.86
Total	**664,445.05**	**100.00%**	**538,144.54**

图 24-4　基于上一年度的销售情况，将预测分配到各个子类别

因此，先前存在但一年内没有销售的产品，在接下来一年的预测值将为零。

24.3.2　停产的产品不会对分配产生影响

如果一种产品停产了，那么它在新年度的预测值是零，因为这个产品已经不会再销售。因此，对新年的预测不包括停产的产品。如果忽略了这个条件，那么分配会产生我们不希望看到的结果。

举例来说，试想所有产品类别为手机配件的产品都停产时的状况。在美国，这些产品贡献了 26% 的销售额，如图 24-4 所示。由于这类别的产品都已停产，所以明年的销售预测并不包含它们的销售额。分配公式必须考虑到这一点，增加其他子类别的百分比来补偿这一类别的缺失。否则，所分配的预测总量加起来只能达到总预测的 74%，26% 的预测量因为不再分配给停产产品而消失了。

总之，如果一个产品在当年停产，其在前一年度的销售额就不会被考虑在预测分配的计算中。

24.3.3　新产品有自己的预测数量

这实际上不是一个业务决策，而是一个简化模型的选择。如果一种产品是以新产品的形式推出的，那么它前一年销售额就是零。如前所述，这将导致对来年的空白预测。

基于这个原因，每个新产品在推出的年度都会有一个预测的数量。这是一个单一值，根据其他产品在各商店的贡献比例，预测的数量在不同的商店间进行分配。

与其他选项一样，这不一定是最佳解；但我们还是必须做出选择以编写工作代码。在其他情况下，也许可以设置一个包含更详细预测的表，或者对特定的业务忽略这个议题。因此，请将其视为可选的执行选项，而不是一个强制性要求。

24.3.4　以年的基础停产或推出产品

为了使模型足够简单，我们引入人为的限制：新产品都在年初推出（在当年的一月开始销售），停产产品都在年底退出市场（在新的一年里没有销售）。

在不同的时间点引入产品，会增加模型的复杂程度。实际上，在计算新产品的预测时，应该只从给定时间点开始分配。被淘汰或停产的产品也存在类似的问题。我们决定不处理这种复杂性，将更多的注意力放在分配算法。具体和更详细的业务需求可能需要我们对所使用的公式进行一些调整。

24.4　预测分配

预测的分配要使用前一年度的销售额，以确定必须分配给当前选项的总预测额的占比。该公式由两个主要部分组成：预测额的分配和新产品预测额的计算。

图 24-5 通过并排显示 Forecast Amount 和% Sales PY (BG)，可帮助我们更好地理解计算过程。% Sales PY (BG)是在预算粒度上的分配百分比，它在 Forecast Amount 内部计算。该示例文件中包含了% Sales PY (BG)的单独定义，以显示与模式无关的中间计算。

CountryRegion	Sales PY	% Sales PY (BG)	Forecast Amount
China	235,478.92	100.00%	204,498.39
Cell phones	235,478.92	100.00%	197,802.29
Cell phones Accessories	64,544.86	27.41%	54,217.68
Home & Office Phones	12,223.51	5.19%	10,267.75
Smart phones & PDAs	69,460.60	29.50%	58,346.90
Touch Screen Phones	89,249.95	37.90%	74,969.96
Clothes			6,696.10
Shirts			6,696.10
Germany	196,245.49	100.00%	152,368.79
Cell phones	196,245.49	100.00%	147,184.12
Cell phones Accessories	49,266.84	25.10%	36,950.13
Home & Office Phones	7,816.40	3.98%	5,862.30
Smart phones & PDAs	87,579.85	44.63%	65,684.89
Touch Screen Phones	51,582.40	26.28%	38,686.80
Clothes			5,184.67
Shirts			5,184.67

图 24-5　显示了按产品分配的预测的相关部分

报告选择了两个类别：Cell phones 和 Clothes。Clothes 是一个新的产品类别，上一年中没有出现。每个国家地区（在图 24-5 中是 China 和 Germany）的完整预测，包含该国家地区分配到的预测值，再加上指定给新产品的预测值（Forecast New 列，由 Excel 文件内的 Override 表中的 Amount 列导入）。

该模型的设计方式是，每个产品都有一个全年的预测数额。全年的预测数额必须根据在该国上一年的销售额分配，如图 24-6 中按% Sales PY by Store 所示。这一次，分配仅按国家地区进行，不涉及其他列。

以下是度量值 Forecast Amount 的定义。

CountryRegion	Sales PY	% Sales PY by Store
China	235,478.92	35.44%
Germany	196,245.49	29.54%
United States	232,720.63	35.02%
Total	**664,445.05**	**100.00%**

图 24-6　该图显示了依国家分配预测的相关部分

Forecast 表中的度量值

```
Forecast Amount :=
IF (
    HASONEVALUE( 'Date'[Calendar Year Number] ),
    VAR SelectedScenario = SELECTEDVALUE ( Scenario[Scenario], "Medium" )
    VAR Categories = VALUES ( 'Product'[Category] )
    VAR Countries = VALUES ( Store[CountryRegion] )
    VAR CurrentYear = VALUES ( 'Date'[Calendar Year Number] )

    -- 此处我们以预测的粒度（即 Category、CountryRegion 和 Year）计算前一年度销售额，为此我们删除了粒度表上的所有筛
    -- 选器，然后仅还原了与预测粒度相对应的筛选器
    VAR PYSalesAmountAtGrain =
        CALCULATE (
            [Sales PY],
            REMOVEFILTERS ( 'Product' ),
            REMOVEFILTERS ( 'Store' ),
            REMOVEFILTERS ( 'Date' ),
            Categories,
            Countries,
            CurrentYear,
            KEEPFILTERS ( 'Product'[Year Del] < CurrentYear )
        )

    -- 尽管可能会有进一步筛选，但我们对预测量还是不作任何特殊处理，因为它已经处于 Category、CountryRegion 和
    -- Year 的粒度
    VAR CurrentForecastedAmount =
        CALCULATE (
            SUM ( Forecast[Forecast] ),
            Scenario[Scenario] = SelectedScenario
        )
    VAR CategoriesCountries =
        CROSSJOIN ( Categories, Countries )

    -- 要计算预测值，我们需要对类别和国家地区进行迭代（请注意：始终选择单一年份，而无须对年份进行迭代），以计算类别/
    -- 国家地区级别的销售额。然后，我们将结果除以在预测粒度上的销售额，以获得用以分配预算的百分比。Product [Year Del]
    -- 上的筛选可确保不考虑在当前年份之前停产的产品，因为它们不会有预测额
    VAR ForecastValue =
        CALCULATE (
            SUMX (
                KEEPFILTERS ( CategoriesCountries ),
                VAR PYSalesAmount = [Sales PY]
                VAR AllocationFactor = DIVIDE ( PYSalesAmount, PYSalesAmountAtGrain )
                RETURN AllocationFactor * CurrentForecastedAmount
            ),
            KEEPFILTERS ( 'Product'[Year Del] < CurrentYear )
```

```
    )
    -- 现在我们要计算新产品在不同国家的预测额，按上一年同期所有产品的销售额进行分配
VAR NewProductsAmount =
    CALCULATE (
        SUM ( 'Product'[Forecast New] ),
        KEEPFILTERS ( 'Product'[Year New] = CurrentYear )
    )
    -- 在此，我们以预测的粒度计算前一年度销售额，且不考虑产品和国家的筛选，因为新产品的预测是一个汇总所有国家销售额
    -- 的数字
VAR PYSalesAmountAtGrainAnyProduct =
    CALCULATE (
        [Sales PY],
        REMOVEFILTERS ( 'Product' ),
        REMOVEFILTERS ( 'Store' ),
        REMOVEFILTERS ( 'Date' ),
        CurrentYear
    )
    -- 与我们在计算预算时所做的类似，我们分配新值。这一次我们只需要对国家进行迭代，因为只选定了特定的某年，而且类别不应
    -- 该参与迭代
VAR NewValue =
    SUMX (
        KEEPFILTERS ( Countries ),
        VAR PYSalesAmountAnyProduct =
            CALCULATE (
                [Sales PY],
                REMOVEFILTERS ( 'Product' )
            )
        VAR AllocationFactor =
            DIVIDE ( PYSalesAmountAnyProduct, PYSalesAmountAtGrainAnyProduct )
        RETURN
            AllocationFactor * NewProductsAmount
    )
    -- 计算结果是根据不同的业务需求将重新分配的预测值加上新产品的预测值
VAR Result =
    ForecastValue + NewValue
RETURN
    Result
)
```

这个公式适用于选定的单一年份，并且即便移除了一年内的所有日期，公式仍然产生正确的结果。此外，亦可以对度量值 Forecast Amount 进行时间智能计算，例如年初至今的预测数字。

Forecast 表中的度量值

```
YTD Forecast: =
CALCULATE (
    [Forecast Amount],
    DATESYTD ( 'Date'[Date] )
)
```

24.5 在同一图表上显示实际数据和预测数据

一个常见的要求是在一个图表中同时显示实际和预测的度量值。这类请求最终生成的报告可能并不十分有用，如图 24-7 所示。度量值 YTD Sales (not filtered) 显示销售额的年度至今日期；由于 Sales 表包含截至 2010 年 8 月 14 日的数据，所以 8 月至 12 月是一条平直线。

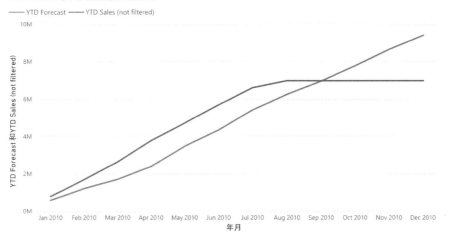

图 24-7　根据预测度量值，实际销售额和预测销售额出现在同一图中

更好的可视化是使用至最后可用截止日的实际销售额，加上接下来几天的预测额，以完成未来几个月的图表。图 24-8 通过折线图显示了这种类型的报告。

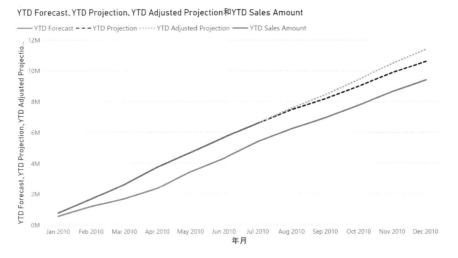

图 24-8　用投射度量值，将实际销售额和预测销售额在同一折线图中展示

显示 YTD Sales Amount 数据的最后一个完整月份是 2010 年 7 月。由于在度量值中进行了日期检查，所以接下来的月份都不会显示销售额的数值。

Sales 表中的度量值

```
YTD Sales Amount :=
VAR LastAvailableDate =
    CALCULATE (
        MAX ( Sales[Order Date] ),
        REMOVEFILTERS ( 'Date' )
```

```
    )
VAR LastVisibleDate =
    MAX ( 'Date'[Date] )
VAR Result =
    IF (
        LastVisibleDate <= LastAvailableDate,
        CALCULATE ( [Sales Amount], DATESYTD ( 'Date'[Date] ) )
    )
RETURN
    Result
```

度量值 YTD Forecast 只用于在折线图中显示完整的预测；它计算了 24.4 节定义的 Forecast Amount 的年度至今值。

Forecast 表中的度量值

```
YTD Forecast :=
CALCULATE (
    [Forecast Amount],
    DATESYTD ( 'Date'[Date] )
)
```

度量值 YTD Projection 可计算度量值 Projection Amount 年度至今的值。后者根据 Sales 表中 Order Date 列的可用日期（在本例中为截至 2010/8/14）计算 Sales Amount 度量值，并且在 Sales 表中 Order Date 列最大日期之后（在本例中为大于 2010/8/14）使用 Forecast Amount 度量值。

Forecast 表中的度量值

```
YTD Projection :=
CALCULATE (
    [Projection Amount],
    DATESYTD ( 'Date'[Date] )
)
```

Forecast 表中的度量值

```
Projection Amount :=
VAR LastAvailableDate =
    CALCULATE (
        MAX ( Sales[Order Date] ),
        REMOVEFILTERS ( 'Date' )
    )
VAR ActualSalesAmount = [Sales Amount]
VAR ForecastedAmount =
    CALCULATE (
        [Forecast Amount],
        KEEPFILTERS ( 'Date'[Date] > LastAvailableDate )
    )
VAR Result =
    ActualSalesAmount + ForecastedAmount
RETURN
    Result
```

度量值 YTD Adjusted Projection 的计算方法与度量值 YTD Projection 的相似，但它会根据现有交易与相应预测的比较，为预测金额加入调整系数。

Forecast 表中的度量值

```
YTD Adjusted Projection :=
CALCULATE (
    [Adjusted Projection Amount],
    DATESYTD ( 'Date'[Date] )
)
```

Forecast 表中的度量值

```
Adjusted Projection Amount :=
VAR LastAvailableDate =
    CALCULATE (
        MAX ( Sales[Order Date] ),
        REMOVEFILTERS ( 'Date' )
    )
VAR ActualSalesAmount = [Sales Amount]
VAR AdjustmentFactor = [% Adjustment]
VAR ForecastAmount =
    CALCULATE (
        [Forecast Amount] * AdjustmentFactor,
        KEEPFILTERS ( 'Date'[Date] > LastAvailableDate )
    )
VAR Result =
    ActualSalesAmount + ForecastAmount
RETURN
    Result
```

根据特定的业务需求，由度量值% Adjustment 计算的调整因子可以有许多不同的实现。在这个例子中，我们将销售额与预测额之间的比率作为调整因子，应用于 Sales 表中可见的日期。

Forecast 表中的度量值

```
% Adjustment :=
VAR LastAvailableDate =
    CALCULATE (
        MAX ( Sales[Order Date] ),
        REMOVEFILTERS ( 'Date' )
    )
VAR CurrentYear =
    SELECTEDVALUE ( 'Date'[Calendar Year] )
VAR Result =
    CALCULATE (
        DIVIDE (
            [Sales Amount],
            [Forecast Amount]
        ),
        'Date'[Date] <= LastAvailableDate,
        'Date'[Calendar Year] = CurrentYear
    )
RETURN
    Result
```